普通高等教育植物生产类专业教材　　中国轻工业"十四五"规划立项教材

烟草品质分析

黄 莺　主编

中国轻工业出版社

图书在版编目（CIP）数据

烟草品质分析 / 黄莺主编. --北京：中国轻工业出版社，2025.8. --ISBN 978-7-5184-5598-0

Ⅰ．TS45

中国国家版本馆CIP数据核字第2025DN7907号

责任编辑：贾　磊　　　责任终审：劳国强
文字编辑：王彩缘　　　责任校对：刘小透　晋　洁　　　封面设计：锋尚设计
策划编辑：贾　磊　　　版式设计：砚祥志远　　　　　　　责任监印：张　可

出版发行：中国轻工业出版社（北京鲁谷东街5号，邮编：100040）

印　　刷：三河市万龙印装有限公司

经　　销：各地新华书店

版　　次：2025年8月第1版第1次印刷

开　　本：787×1092　1/16　印张：14.75

字　　数：340千字

书　　号：ISBN 978-7-5184-5598-0　定价：45.00元

邮购电话：010-85119873

发行电话：010-85119832　010-85119912

网　　址：http://www.chlip.com.cn

Email：club@chlip.com.cn

版权所有　侵权必究

如发现图书残缺请与我社邮购联系调换

241671J1X101ZBW

前　言

烟草及其制品的可用性、安全性、多用途利用是当今烟草科技最为重视的领域，其核心是烟草及其制品中的物质组分及其转化，目前从烟草和烟气中鉴定出的物质成分高达9000余种，但仍有大量未知物质。为了准确测定烟草及其制品中物质的含量，追踪其转化，鉴定未知成分，需要学习更为先进的分析化学知识。

随着科技的进步，技术的不断创新，仪器分析逐渐成为现代分析化学的主流方法，在烟草及其制品成分分析中应用也越来越广泛。仪器分析基于物质的物理或物理化学性质，利用精密仪器对物质进行定性、定量及结构分析。分析仪器是实现仪器分析的重要工具。当前，烟草和烟气成分的分析逐渐向微量、痕量发展，测试技术也逐渐向多仪器联合分析、多组分检测、无损检测等方向发展，各种分析仪器大量涌现。本教材尽量详细地介绍当下国内外用于烟草化学成分测定的各种仪器和每一种仪器分析方法的理论基础，便于学生理解和自学。

本教材主要介绍了烟草化学品质分析中主要仪器的基本工作原理、仪器构造、使用方法和应用实例。内容涵盖传统的化学分析方法和光谱分析、色谱分析、质谱分析等多种仪器分析方法，还介绍了在烟草化学品质检测中应用日益广泛的连续流动分析法。为了让研究者系统地学习烟草成分的分析测试技术，本教材仍然保留了部分化学分析的内容。

本教材紧紧围绕专业培养目标要求，突出了基础知识，同时也充分体现了学科的新发展和教学改革的新成果。全书共10章，编写过程中力求语言简洁明了，内容深入浅出，使读者能够掌握烟草化学组分分析的核心要点。同时，本教材还注重实践应用，每章加入典型案例和习题，帮助读者巩固所学知识，提高解决问题的能力。

为配合新时代教学需求，本教材配套制作了教学慕课。学生可扫描二维码登录学银在线平台进行在线学习。

本教材由贵州大学烟草学院组织编写，黄莺担任主编，丁梦娇、宾俊参加编写。编

扫码学习"烟草品质分析"慕课

写分工：黄莺编写第一至四章；丁梦娇编写第五至九章；宾俊编写第十章。在编写过程中，蔡茂兰、卢肖肖、张新旺、王坡等同学参与了资料的收集及核对。

　　本书是高等院校烟草专业教材，是烟草化学成分分析的基础教材，可供高等院校烟草、农学等专业学生使用，也可供从事烟草品质分析相关工作的科研、技术人员参考和阅读。

　　由于编者水平有限，书中不当之处恳请专家与读者批评指正。

编者
2025年6月

目 录

第一章 绪论 ··· 1

一、烟草化学成分研究现状 ·· 2
二、烟草化学成分分类 ·· 3
三、烟草化学成分分析研究现状与发展趋势 ································ 5
思考题 ··· 6

第二章 烟草及其制品的样品前处理技术 ··· 7

第一节 样品前处理技术概述 ··· 8
第二节 无机组分测定的样品前处理技术 ···································· 9

一、消解技术 ··· 9
二、微波消解技术 ·· 10
三、流动注射在线消解技术 ··· 10
四、灰化技术 ·· 11

第三节 有机组分测定的样品前处理技术 ··································· 11

一、固相萃取技术 ·· 11
二、固相微萃取技术 ··· 12
三、加速溶剂萃取技术 ·· 13
四、微波萃取技术 ·· 13
五、液相微萃取技术 ··· 14
六、顶空技术 ·· 14
七、超临界流体萃取技术 ·· 15
八、凝胶渗透色谱 ·· 16
九、QuEChERS技术 ·· 16

第四节 烟气的收集 ·· 17

一、大气环境要求 ·· 18
二、抽吸卷烟的制备 ··· 18

三、总粒相物的收集 ··· 19
　　思考题 ·· 20

第三章　重量分析法与滴定分析法在烟草化学成分分析中的应用 ········ 21

第一节　重量分析法 ·· 22
　　一、重量分析法的特点及类型 ······································· 22
　　二、重量分析的条件 ·· 23
　　三、沉淀的类型与沉淀形成条件 ··································· 23
　　四、影响沉淀溶解度的因素 ··· 26
　　五、影响沉淀纯度的因素 ·· 27
　　六、重量分析的步骤及后处理 ······································ 28
　　七、应用实例——硅钨酸重量法测定烟草中烟碱 ············· 29

第二节　滴定分析法 ·· 31
　　一、滴定分析法的特点及类型 ······································· 31
　　二、滴定反应的条件 ·· 33
　　三、滴定方式 ··· 34
　　四、标准溶液及其配制方法 ··· 34
　　五、滴定分析的结果计算 ·· 35
　　六、应用实例——烟草中还原糖和水溶性总糖的测定 ······· 37
　　思考题 ·· 39

第四章　光谱分析在烟草化学成分分析中的应用 ·················· 40

第一节　光谱分析概述 ··· 41
　　一、电磁辐射 ··· 41
　　二、光学分析方法分类 ··· 43
　　三、光的吸收及其影响因素 ··· 45

第二节　紫外-可见分光光度法 ··· 47
　　一、紫外-可见吸收光谱法的基本原理 ··························· 47
　　二、紫外-可见分光光度计 ·· 50
　　三、紫外-可见分光光度法分析条件的控制 ···················· 53
　　四、紫外-可见分光光度法的分析方法 ··························· 54

五、应用实例——紫外分光光度法测定烟叶中烟碱含量 ………… 55
 第三节　红外光谱法 ……………………………………………………57
　　一、红外光谱法的基本原理 ……………………………………… 57
　　二、红外光谱仪 …………………………………………………… 63
　　三、红外光谱仪分析条件的控制 ………………………………… 65
　　四、红外光谱法的分析方法 ……………………………………… 66
　　五、应用实例——近红外光谱法测定烟气总粒相物中
　　　　烟碱含量 …………………………………………………… 67
 第四节　原子发射光谱法 ………………………………………………68
　　一、原子发射光谱法的基本原理 ………………………………… 68
　　二、原子发射光谱仪 ……………………………………………… 70
　　三、原子发射光谱的分析方法 …………………………………… 72
　　四、应用实例——电感耦合等离子体质谱法测定烟叶中的
　　　　金属元素 …………………………………………………… 74
 第五节　原子吸收光谱法 ………………………………………………76
　　一、原子吸收光谱法的基本原理 ………………………………… 76
　　二、原子吸收光谱仪 ……………………………………………… 78
　　三、测定条件的控制及干扰消除 ………………………………… 81
　　四、定量分析方法 ………………………………………………… 82
　　五、应用实例——原子吸收分光光度法测定烟叶中铁、锰、
　　　　铜、锌 ……………………………………………………… 83
 第六节　原子荧光光谱法 ………………………………………………85
　　一、原子荧光光谱法的基本原理 ………………………………… 85
　　二、原子荧光光谱仪 ……………………………………………… 87
　　三、测定条件控制及干扰消除 …………………………………… 88
　　四、定量分析方法 ………………………………………………… 88
　　五、应用实例——原子荧光分光光度法测定烟叶中砷、汞 …… 88
 思考题 ……………………………………………………………………91

第五章　色谱分析在烟草化学成分分析中的应用 ……………… 92

 第一节　色谱分析概述 …………………………………………………93

一、色谱分析法简介 ……………………………………………… 93
二、色谱分离原理和基本理论 …………………………………… 96
三、色谱定性和定量分析方法 …………………………………… 98
第二节 气相色谱法 ………………………………………………… 101
一、气相色谱法概述 ……………………………………………… 101
二、气相色谱仪 …………………………………………………… 103
三、气相色谱分离条件选择 ……………………………………… 105
四、应用实例——气相色谱法测定烟叶中的4种糖 …………… 107
第三节 高效液相色谱法 …………………………………………… 109
一、高效液相色谱法概述 ………………………………………… 109
二、高效液相色谱的类型及其分离原理 ………………………… 111
三、高效液相色谱仪 ……………………………………………… 115
四、高效液相色谱固定相和流动相 ……………………………… 118
五、高效液相色谱仪的选择 ……………………………………… 120
六、超高效液相色谱 ……………………………………………… 120
七、应用实例——高效液相色谱法测定烟草及烟草制品多酚类
化合物 ………………………………………………………… 122
思考题 …………………………………………………………………… 124

第六章 质谱分析在烟草品质分析中的应用 …………………………… 125

第一节 质谱分析原理 ……………………………………………… 126
一、质谱分析原理及相关概念 …………………………………… 126
二、质谱分析的流程 ……………………………………………… 128
三、质谱分析的特点 ……………………………………………… 128
第二节 质谱仪 ……………………………………………………… 129
一、质谱仪的结构 ………………………………………………… 129
二、质谱仪的性能指标 …………………………………………… 135
第三节 质谱分析中的离子类型及谱图解析过程 ………………… 137
一、质谱分析中常用离子类型 …………………………………… 137
二、质谱图解析的一般过程 ……………………………………… 139
第四节 质谱联用技术 ……………………………………………… 140

一、气相色谱-质谱联用技术（GC-MS） …………………………………… 140
　　二、液相色谱-质谱联用技术（LC-MS） …………………………………… 147
　　思考题 ……………………………………………………………………… 155

第七章　核磁共振波谱在烟草成分分析中的应用　　156

第一节　核磁共振基本原理 …………………………………………… 157
　　一、原子核的自旋 …………………………………………………………… 157
　　二、核磁共振的产生 ………………………………………………………… 158
　　三、饱和与弛豫 ……………………………………………………………… 159
　　四、化学位移 ………………………………………………………………… 160
　　五、质子高分辨核磁谱图 …………………………………………………… 161

第二节　核磁共振仪 …………………………………………………… 162
　　一、仪器分类 ………………………………………………………………… 162
　　二、仪器主要结构 …………………………………………………………… 163
　　三、仪器的性能指标 ………………………………………………………… 165
　　四、核磁共振分析法注意事项 ……………………………………………… 166

第三节　核磁共振氢谱 ………………………………………………… 168
　　一、核磁共振氢谱的解析 …………………………………………………… 168
　　二、核磁共振氢谱的解析步骤 ……………………………………………… 170
　　三、应用实例——核磁共振氢谱测定电子烟烟液中烟碱 ………………… 170

第四节　核磁共振碳谱 ………………………………………………… 172
　　一、核磁碳谱的解析 ………………………………………………………… 172
　　二、核磁碳谱的解析实例 …………………………………………………… 174
　　思考题 ……………………………………………………………………… 175

第八章　X射线衍射分析法在烟草成分分析中的应用　　176

第一节　X射线衍射分析的基本原理 ………………………………… 177
　　一、X射线的性质 …………………………………………………………… 177
　　二、X射线衍射原理 ………………………………………………………… 178
　　三、X射线衍射法的定性定量分析 ………………………………………… 179

第二节　X射线衍射仪 ………………………………………………… 179

一、X射线衍射仪的原理 ……………………………………………… 179
二、X射线衍射仪的结构 ……………………………………………… 180
三、应用实例——能量色散X射线荧光光谱法快速测定烟草中的
　　镉和铅 ………………………………………………………………… 181
思考题 …………………………………………………………………… 183

第九章　连续流动分析法在烟草成分分析中的应用 …………… 184

第一节　连续流动分析类型与原理 …………………………………… 185
一、连续流动分析法类型 ………………………………………………… 185
二、连续流动分析技术基本原理 ………………………………………… 187

第二节　连续流动分析仪仪器构造 …………………………………… 189
一、连续流动分析系统的组成和结构 …………………………………… 189
二、管路的特点及改进 …………………………………………………… 191
三、连续流动分析仪常用的分析检测方法 ……………………………… 194

第三节　连续流动分析中误差的控制 ………………………………… 194
一、样品处理 ……………………………………………………………… 194
二、系统清洗 ……………………………………………………………… 195

第四节　应用实例——连续流动分析法测定烟草中硝酸盐
　　　　　和亚硝酸盐 ………………………………………………… 196
一、原理 …………………………………………………………………… 196
二、试剂 …………………………………………………………………… 196
三、标准溶液制备 ………………………………………………………… 197
四、主要仪器及材料 ……………………………………………………… 197
五、分析步骤 ……………………………………………………………… 197
六、结果计算与表述 ……………………………………………………… 198
思考题 …………………………………………………………………… 198

第十章　现代仪器分析中的背景消除及多组学分析 …………… 199

第一节　色谱分析干扰及消除方法 …………………………………… 200
一、噪声去除方法 ………………………………………………………… 201
二、基线校正方法 ………………………………………………………… 201

三、色谱仪基线噪声大的原因及解决方法 …………………………………… 202
第二节　光谱分析干扰及消除方法 ……………………………………………… 203
　　一、紫外-可见分光光度法 ………………………………………………… 203
　　二、红外光谱法 …………………………………………………………… 204
　　三、拉曼光谱法 …………………………………………………………… 205
　　四、原子吸收光谱法与原子荧光光谱法 …………………………………… 206
　　五、原子发射光谱法 ……………………………………………………… 209
第三节　质谱分析干扰及消除方法 ……………………………………………… 210
　　一、原子质谱法 …………………………………………………………… 210
　　二、分子质谱法 …………………………………………………………… 212
第四节　多组分分析的意义 ……………………………………………………… 213
　　一、多组分分析的数据预处理技术 ………………………………………… 214
　　二、波长选择方法 ………………………………………………………… 215
　　三、非线性校正模型技术 …………………………………………………… 215
　　四、模拟后的误差分析 ……………………………………………………… 216
　　思考题 ……………………………………………………………………… 217

附录 ………………………………………………………………………… 218

参考文献 ……………………………………………………………………… 221

第一章　绪论

本章导读与思政点

本章将概述烟草及其制品中物质成分分析方法的研究进展和研究意义,探讨现代仪器分析的发展对烟草品质分析的影响。通过学习,学生将了解烟草及其制品中物质成分分析的历史、现状和发展趋势,理解分析测试技术发展和创新在解决烟草品质及其组分分析中的重要性。本章旨在培养学生对科学技术进步的认知和激发学生对科学创新的兴趣。在学习过程中,强调科学技术创新对行业发展、社会进步的重要性和必要性,培养学生的科研意识和创新能力。

◎ **学习目标**

(1) 了解烟草化学成分研究现状。
(2) 掌握烟草化学成分的数量与分类。
(3) 了解烟草化学成分分析现状与发展趋势。

◎ **学习内容**

(1) 了解烟草化学成分的研究历史和现状。
(2) 学习烟草化学成分及其分类,并明确其研究意义。
(3) 了解现代仪器分析在烟草品质分析中的运用与发展趋势。

◎ **学习重点**

(1) 烟草化学成分及其分类。
(2) 现代仪器分析在烟草品质分析中的运用与发展趋势。

◎ **学习难点**

现代仪器分析在烟草品质分析中的运用与发展趋势。

人们常从烟叶外观质量、化学质量、吸食质量、物理质量和安全性5个方面对烟草品质进行评价和研究,而外观质量、吸食质量、物理质量、安全性均与烟草化学物质的组成(化学质量)密切相关。烟草品质是由多种化学成分共同决定的,这些化学成分的含量与比例直接影响着烟叶的外观,燃吸时的口感、香气、刺激性等特征,还对烟草加工工艺产生影响。目前，人们最为关注的吸烟与健康问题，也是围绕烟叶或烟气中有害化学物质含量来展开研究的。因此，烟草品质的研究重点，主要集中在烟草化学成分研究上。

一、烟草化学成分研究现状

尽管烟草以不同的形式被人们利用已经近5个世纪，但对其构成成分的研究始于19世纪末期，受制于研究方法，直到20世纪50年代初，用经典化学方法仅鉴定出300多种烟草成分和几十种烟气成分。即便是这样，通过对这些化学物质的研究，所得成果为探究烟叶质量特征、生产各具特色的烟草制品和研究吸烟与健康提供了重要支撑。20世纪50年代以后，伴随着复杂体系中化学物质分离和鉴定技术的飞速发展，从烟草及烟气中鉴定出大量的化合物，到目前为止，已有9400多种，其中烟草中约有5600种、烟气中约有6000种，二者共有的约为2200种。

烟草与其他作物一样，能够通过复杂的生理生化过程把简单的物质转化为供自身生长所需的各种复杂成分。烟草就像一个化学工厂，含有大量可被利用的化学物质。烟碱及其衍生物常被用作杀虫剂，也可用作生产吡啶类化学品的初始原料。茄尼醇是泛醌类药物中间体不可替代的成分，是合成维生素K侧链、辅酶Q_{10}以及抗癌等药物的天然原料。烟叶中蛋白质及氨基酸含量高于大部分农作物，近年来对其开发利用的研究也逐渐增加。据估计，烟草及烟气中仍有数以万计的化合物有待发现，这些物质可能包含不同类型的DNA、RNA，种类繁多的复合酶、蛋白质、糖类和氨基酸低聚物等。

烟草化学成分研究最早最多的当属各种营养元素，主要是植物生长所需的C、H、O、N、S、P、K、Ca、Na、Mg、Fe、Mn、Cu、Zn、Mo、Cl、Ni 17种必需营养元素。实际上，陆续在烟草中发现了碱土金属、重金属、稀有金属等常见元素，还有报道烟草中存在放射性元素。这些元素主要来自土壤和农事操作中，也可能通过空气沉降到烟叶上，还有可能来自烟叶加工生产的各个环节中。烟叶中的元素通过燃烧会转移到烟气中，这项研究从20世纪50年代就开始了，至今仍然有研究。

一般认为，烟草化学成分决定了烟气成分类型及数量，烟草中的各种有机物质对此有决定性的影响。在烟草生长期间，无时无刻不在进行各种新陈代谢，总是有大量的有机化合物生成和降解，每种化合物的形成或变化，都将影响烟叶的品质。在烟草采收后的烘烤、陈化、发酵等环节，烟叶内部也存在有机化合物的形成、改变和相互作用，这种改变使烟叶具备了各种香气物质或香气前体物质，是形成各种风格烟气的基础物质。通过燃吸，烟叶中蛋白质、糖类、色素、多酚等众多种物质在通过分解、裂解等转变为几千种化合物，直接或辅助形成烟草或烟气中独特的香气物质，同时也产生一些对人体有害的物质。除了烟草本身的化合物，田间生长过程中施用的农药、抑芽剂，存储过程中防止霉变的制剂，加工过程中添加的香精香料，其实也存在于烟草或烟气中，这也增加了烟草化学成分的复杂性。

烟草和烟气中组分被大量鉴定出来，得益于分析技术的发展。在20世纪50年代初期以前，物质成分的分离是采用化学分析技术来实现的，例如，采用有机溶剂、水、碱性或酸性溶液对烟气进行萃取，然后蒸馏或结晶获得中性、酸性和碱性成分。50年代，液相色谱、气相色谱的出现，紫外和红外光谱的运用，提高了研究者分离和鉴定烟草烟气中物质成分的能力。到了60年代，质谱、核磁共振技术也开始使用，成为鉴定物质结构的有力工具。之后，仪器分析技术得到不断更新。例如，在70年代出现的毛细管气相色谱、色谱与质谱联用技术、高效液相色谱等使得烟草和烟气中被鉴定出的物质增加到几千种。总之，由于具有较高的准确度，烟草及烟气中常量组分的检测仍然以化学分析方法作为标准方法，如氮、蛋白质、烟碱、钾、水溶性糖、还原糖等含量的检测。对于微量与痕量组分的鉴定和检测，主要采用仪器分析法进行，如烟草和烟气中各种致香物质、有害物质的测定。

二、烟草化学成分分类

为了更加深入地研究烟草的物质组成，学者们试图对构成烟草的物质进行分类。Frankenburg在1946年的报道中将烟草化学物质分为10大类。早期较为系统的分类是Hobbs在1972年提出来的，他对混合型卷烟的烟草化学成分进行了分类，并估计了其近似含量。从质量分数来看，混合型烤烟中含水12%，保润剂3%，香料2.5%，其余为烤烟干物质。在烤烟干物质中，碳水化合物（糖、纤维素、果胶、淀粉和戊聚糖）占了近41%，木质素占4%，蛋白质和氨基酸占10%，挥发性碱和烟碱占4%，蜡质和树脂占10%，金属元素占6%，其他无机离子占1.8%，酚类化合物占8%，酸类占11%，还有一些尚未鉴定出来的物质占了约4%。这种分类方法未严格按照化学规律对烟草化合物进行划分，更多地考虑了化学物质对烟草品质的影响。中国对烟草化学成分的划分借鉴了这一方法，至今在研究和生产领域仍大量使用。众多学者结合国内烟叶生产的具体实际，对中国不同产地的烟草中化学成分进行了定量研究，发现烟区生态环境特征、烟草类型、栽培方式、烘烤调制方式等对烟草中化学成分的影响较为显著。

由于20世纪70年代后，更多的化合物在烟草及烟气中被发现，人们试图重新对烟草化学成分进行分类。有的继续沿用Hobbs分类系统作为一级分类，在各类物质后构建二级分类，相当于是对上述分类系统的细化。有的直接运用化学学科的分类，但是对于含有多种官能团的物质往往界定不清。在这一时期，涌现出的代表性成果是Alan Rodgman和Thomas在他们所著的《烟草及烟气化学》一书中提出的分类。他们将烟草成分分为四大类，包括烃类、含氧成分、含氮成分和混杂成分。对于含有多个官能团的化合物，仿照贝尔斯坦数据库中化学物的管理分类方法，即分为不含官能团化合物、羟基化合物、羰基化合物、羧酸类、胺类等，并采用了母体和衍生物的概念，如所有取代酚类化合物均作为酚类衍生物归并为酚类。烟草化学组分的具体分类见表1-1。

表1-1　烟草化学组分的具体分类

化合物类型	平均含量/%	化合物类型	平均含量/%
含氧化合物	75.7	烯烃和炔烃	0.09
醇类	1.7	脂环族	0.22
植物甾醇及其衍生物	0.2	单环芳烃	0.08
醛类	1.4	多环芳烃	0.0001
酮类	1.8	含氮化合物	12.98
羧酸类	9.8	腈	0.0001
脂类（蜡质）和树脂	9	蛋白质、酶和胺	6.4
氨基酸类	2	酰胺类	0.06
酯类	0.9	酰亚胺类	0.02
内酯类	0.001	亚硝胺类	0.002
酸酐类	0.0001	硝基烷烃、芳香硝基、硝基酚类	0.00001
碳水化合物	40.2	氮杂环组分（挥发性碱）	6.5
纤维素：13.3%		生物碱	2
果胶：11.4%		内酰胺类	0.0001
糖类化合物：14.1%		恶唑类	0.00001
淀粉：1.4%		氮杂芳烃、氮杂芳烃衍生物和杂环胺	0.000001
酚类	8.3	杂类化合物	10.61
木质素：2.25%		含硫化合物	0.7
其他酚类：6.05%		含卤素和恒定气体	1.5
醌类	0.001	金属、非金属和离子	7.2
醚类	0.4	农药残留	0.00001
碳氢化合物	0.71	其他	1.205577
烷烃	0.32		

三、烟草化学成分分析研究现状与发展趋势

当前，由于吸烟与健康问题受到前所未有的关注，研究者与公众都希望精确了解烟草及烟气中的成分及其含量、毒性等信息，人们投入了大量的时间和精力对烟叶及其制品中的化学成分进行了研究。可以这么说，从来没有任何一种植物的化学成分像烟草一样被详细地鉴定。即便如此，仍有大量物质未被鉴定出来。正如研究者们常说的，在每一个色谱峰的后面可能还有几十个甚至上百个物质被掩盖着。

现代分析化学中，越来越多的物质检测与鉴定依赖于仪器进行。与化学分析相比，仪器分析不仅能进行物质的定性和定量分析，而且可以进行物质的状态、价态和结构的分析，具有重现性好、分析速度快、灵敏度高、试样用量少、操作简便、可实现多组分的同时测定等优点。尽管仪器分析的优点十分突出，但它并不能完全取代化学分析方法，主要原因如下：

①价格昂贵，维护成本高。对于大部分仪器分析来说，仪器的价格昂贵仍是制约其普及的主要原因。

②仪器分析的误差一般较大，相对误差一般为2%~5%，甚至更大。许多仪器分析方法对常量和含量较高的物质分析，准确度远低于化学分析法。

③为了提高仪器分析的准确度，往往需要对样品进行前处理，较为烦琐。

④仪器分析一般需要标准物质，标准物质较难获得。

随着生物学领域的发展，基因组学、蛋白质组学、代谢组学等研究的出现，向烟草组分检测提出了更高的要求。对烟草组分的检测不再局限于测定物质的组成和含量，还要对物质的形态（价态、晶型、配位态等）和结构（空间分布）进行分析，要对烟草或烟气中组分的瞬时变化进行原位监测和过程控制，要对活性物质进行无损检测，综合分析完整生物体内的基因、蛋白质、代谢物等的时空变化规律和相互关联。因此，多种仪器联合分析、多组分同时测定、无损检测、智能化检测成为烟草物质组分检测发展的必然趋势，分析仪器的微型化、自动化是重要的发展方向。由此，涌现了一些新的技术。将生物学领域涉及的样品制备、生物与化学反应、分离检测等基本操作集成到一块芯片上，用以实现不同生物或化学反应过程及其反应产物的检测，被称为微全分析。它可以实现物质检测过程的微型化、自动化、集成化和便携化，是分析化学领域的新兴学科。绿色分析强调在分析过程中减少对环境的污染，是分析化学技术发展的前沿领域，目前在样品的原位采集、数据的原位收集以及样品前处理技术，如微波消解、超临界流体萃取等研究较多；减少化学试剂的使用甚至不用化学试剂的检测方法也是研究热点，如红外光谱法、连续流动分析法等。

经过长期的研究，学者们找到了常量成分与烟草品质、烟气特征之间的相关性，能较好地反映烟草及烟气的品质特征。近年来，大量学者对微量组分、痕量组分与烟草（烟气）品质特征间的关系进行了大量研究，但尚未形成共识，这一工作仍需大量开展。

思考题

1. 烟草及其制品中有哪些化学成分？
2. 试述烟草成分分析与分析化学发展的关系。
3. 对比分析烟草化学组分分析中化学分析与仪器分析的优缺点。
4. 谈谈现代仪器分析在烟草化学组分分析中的运用。

第二章　烟草及其制品的样品前处理技术

本章导读与思政点

　　本章将深入探讨现代仪器分析中样品的纯化、分离、浓缩的前处理技术以及复杂成分的联合处理技术。通过学习，学生将掌握各种分析技术中样品前处理的分离机制和杂质消除策略，理解多组分物质联合处理技术在解决实际问题中的重要性。本章旨在培养学生解决复杂问题的能力和辨证思维，同时增强他们对科技进步的认识。在学习过程中，强调面对复杂问题时科学精神与辨证思维在科技工作中的必要性，培养学生严谨的科学态度和科学思维。

◎ **学习目标**

　　（1）理解现代仪器分析中前处理对分析结果的影响。
　　（2）掌握无机组分、有机组分的分离及纯化方法，以及烟气收集等技术。
　　（3）了解多组分析净化技术的基本原理及其在复杂体系分析中的应用。
　　（4）能够运用溶解、消解、萃取、色谱、多组分析净化等不同前处理技术进行实际样品的分析。

◎ **学习内容**

　　（1）了解分析化学中样品前处理的主要类型、原理。
　　（2）无机组分测定的样品前处理技术：探讨溶解法、消解法、灰化法等技术特点及其对杂质的消除方法，掌握不同方法的工作流程。
　　（3）有机组分测定的样品前处理技术：探讨现代分析技术中常见的固相萃取技术、固相微萃取技术、加速溶剂萃取技术、微波萃取技术、液相微萃取技术、顶空技术、超临界流体萃取技术、凝胶渗透色谱和QuEChERS多组分分析净化方法等技术原理与工作流程。
　　（4）烟气收集：阐述烟气收集的环境条件、烟支条件和抽吸过程中的各参数。

◎ **学习重点**

　　（1）无机组分测定的样品前处理技术：消解法中强氧化剂、酸或碱的适用场景，主要步骤；灰化法的技术特点及其温度控制对杂质的影响；了解现代分析技术中微量分析技术的流动注射在线消解技术。

（2）有机组分测定的样品前处理技术：掌握固相萃取技术、固相微萃取技术、加速溶剂萃取技术、微波萃取技术、液相微萃取技术、顶空技术、超临界流体萃取技术、凝胶渗透色谱和QuEChERS多组分分析净化方法等技术原理与工作流程。

（3）烟气收集：了解烟气收集的环境条件、烟支条件和抽吸过程中的各参数及其影响因素。

◎ **学习难点**

（1）无机组分测定的样品前处理技术：消解法中强氧化剂、酸或碱的适用场景，灰化技术的温度控制，微量分析技术的流动注射在线消解技术。

（2）有机组分测定的样品前处理技术：固相萃取技术、固相微萃取技术、加速溶剂萃取技术、微波萃取技术、液相微萃取技术、顶空技术、超临界流体萃取技术、凝胶渗透色谱和QuEChERS多组分分析净化方法等技术原理。

（3）烟气收集：烟气收集的环境条件、烟支条件和抽吸过程参数的调控。

第一节 样品前处理技术概述

样品前处理，又称样品预处理，是指通过特定的处理方法，使原始样品适于仪器检测的过程。样品前处理总的原则是：消除试样中的干扰因素，保留完整的被测组分，以获得可靠的分析结果。所以，样品前处理的目的是：通过分离，除去杂质，消除干扰，提高测定的精确度和灵敏度；浓缩微量组分，降低最小检测浓度；通过化学衍生，增加检测灵敏度和选择性；消除对分析系统有害的物质，保护仪器。

样品前处理按照测定目标物可以分为两大类，分别是无机物的分离提取和有机物的分离提取。无机物的提取要将有机物破坏掉，对于易溶解的无机组分也可采用水或酸提取。有机物的分离提取方法较多，传统的有液-液分配、振荡-过滤、索氏提取、柱层析、离心等方法，现在仍在广泛使用。同时一些为适应现代仪器分析的样品前处理技术也在不断涌现，如固相萃取、固相微萃取、超临界流体萃取、微波萃取法、自动液-液分配、自动索氏提取、凝胶渗透色谱等。这些新技术都具有灵敏度高、速度快、选择性强、提取或净化效率高、样品用量少、溶剂少、易于自动化的共同特点。

烟草制品在燃吸过程中，经过高温燃烧，有的成分直接挥发进入烟气，有的经过热解、冷凝等过程形成新的物质。烟气中绝大部分物质是燃烧过程中新形成的，为了鉴定这些化合物，需要在测定前采集烟气物质。烟支的吸阻、长度以及燃烧时的温度、风速、气压差都会影响烟气中的物质组成。因此，采用的收集方法不同，烟气组分也会存在差异。目前，国内使用的烟气采集标准是参照国际标准化组织（ISO）的标准制定的。

下面就烟及制品组分分析中常用的前处理技术进行介绍。

第二节 无机组分测定的样品前处理技术

对于测定无机物组分的烟草样品前处理，常见的处理技术有溶解法、消解法、灰化法等。溶解法是将试样溶解于水、酸、碱或其他溶剂中。消解法是通过酸、氧化剂等试剂将有机质氧化，也称为湿灰化法。灰化法是将有机样品用一定的高温灼烧，使有机物质充分氧化后挥发，无机成分余留在灰烬中。在此，主要介绍消解法和灰化法。

一、消解技术

消解法是用强氧化剂、酸或碱破坏样品中的有机物，从而达到分解样品的目的。这是常用的样品无机化方法，主要测定有机物中金属元素、硫、卤素等元素的含量。主要步骤是：先在样品中加入强氧化剂，并进行加热，在一定温度下使样品中的有机物质完全分解、氧化，呈气态逸出，待测成分转化为无机物状态存在于消化液中，供测试用。常用的强氧化剂有浓硝酸、浓硫酸、高氯酸、双氧水等。常用的仪器为三角瓶、玻璃烧杯和凯氏瓶。

常用方法有以下几种。

①硝酸-高氯酸法。破坏能力强，反应比较激烈。在进行样品消解时，必须严密注意切勿将容器中的内容物蒸干，以免发生爆炸。

②硫酸-硝酸法。适用于大多数有机物质的破坏。

③硫酸-硫酸盐法。所用硫酸盐为硫酸钾或硫酸钠，因硫酸钠为含水化合物，不利于有机物的破坏，故一般多采用硫酸钾，加入硫酸盐的目的是提高硫酸的沸点，以使样品完全破坏。由于加入了钾，在烟叶钾含量测定时不能使用。

④硫酸-双氧水法。该法利用双氧水加速有机质的氧化，需要反复冷却-加热，操作较为烦琐。但采用该法得到的待测液，可同时测定氮、磷、钾等元素，在烟叶成分测定中较为常用。

酸消解法预处理样品的主要优点如下。

①该方法适宜分解的样品范围广。

②样品用酸消解后，各元素在待测溶液中基本以各种离子形式存在，适用于多种分离富集技术结合使用，从而达到分离基体及提高分析灵敏度的目的。

③消解后的样品，可以确保分析试液与标准溶液的基体趋于一致，基体效应对测定

的影响程度很小。

④样品中的元素形态与标准溶液中的一致，基本消除了因形态的差异对分析结果的影响。

酸消解法也存在不足之处。

①试剂用量较大，会对微量和痕量元素造成污染。

②操作过程比较烦琐，大量酸的使用会造成环境污染。

③在敞开体系中，一些易挥发性元素 Hg、I 等在样品分解过程中会损失。

④自动化操作困难。

⑤残留在试液中的 Cl、S 等会形成许多原子、离子，用电感耦合等离子体质谱仪测定时，会对 V、Cr、As、Se、Zn 等元素的测定造成明显的干扰。

二、微波消解技术

微波消解法是消解法的一种。因为使用的仪器是微波炉，所以在此将其单列。微波是指波长在 0.1mm~1m 的电磁辐射。将试样放入微波消解炉中，利用微波的热穿透效应，直接把能量辐射到试样和酸上，迅速提高反应温度，可使样品快速分解。

微波消解一般情况下分为两类，即常压微波消解和高压微波消解。常压微波一般用于易消解样品的分解，但这种方法和常规的敞开式样品分解存在相似的弊端。

目前最常用的密封微波消解具有以下优点：

①用于样品消解的试样用量小；

②消解速度快，样品消解过程一般在几分钟到十几分钟之间；

③适用范围广，可用于多类样品的分解；

④能防止消解过程中外源性污染和有效降低试剂空白；

⑤可防止易挥发性元素的挥发损失，提高分析结果的准确性；

⑥多为自动化控制。

微波消解中也需要使用氧化剂，目前使用较多的是硝酸和硝酸-双氧水，也有使用盐酸的。为了避免后续检测中对仪器的损伤，一般不使用氢氟酸、高氯酸。无论使用哪种氧化剂，为了不影响后续的测定，消解后常会将残余的氧化剂排除，这一过程称为排酸。

三、流动注射在线消解技术

近年来，微量分析技术的兴起，在线消解技术逐渐被重视。流动注射在线消解技术是用毛细管将样品与试剂分别引入并交汇混合，样品在混合管中与试剂发生反应，实现对样品的消解。由于从样品的引入、消解到最后的测定，都是一体化在线进行，类似在一条线上完成了常规分析的整个过程，因此被称为"on-line"技术，即在线技术。

它主要有以下优点：

①样品分解微型化，消解在聚四氟乙烯或其他惰性材质的毛细管中进行，在样品分解过程中不再需要大体积的玻璃器皿，整个分解过程完全实现微型化操作；

②样品在密封的流动体系中进行，外源污染程度明显减小；

③试剂用量显著减少，在微升级水平；

④从采样、样品预处理到最后的测定，整个过程实现完全意义上的自动化操作，但这一方法由于取样量少，也影响了样品的代表性。

四、灰化技术

灰化法主要用于试样中无机元素的测定。烟草样品中的无机元素，常与芳环等有机物质结合，成为难溶、难离解的化合物。这些化合物经过水解或氧化还原反应后，测定方法难以将有机结合的金属原子及卤素转变为无机的金属化合物及卤素化合物。要测定这些无机成分的含量，需要在测定前将有机物在强氧化剂的作用下，经长时间的高温处理，破坏有机结合体，使有机结合状态的金属及卤素转变为可测定的无机形式，才可选用合适的分析方法进行测定。

灰化是将有机物在高温下灼烧，以达到分解的目的。残留部分即为无机成分，溶解后，就可用于多种元素的测定。具体操作步骤是：将适量样品置于坩埚中，可加碳酸铵、硝酸铵、硝酸或轻质氧化镁等以助灰化，混合均匀后，先小火加热，使样品完全炭化，然后放入高温炉中灼烧，使其灰化完全，所得残渣即为无机成分。除汞外，大多数金属元素和部分非金属元素的测定都可用此法处理样品。在处理烟草样品时，为了防止Cl、K、Na、P、Al、Mn、Fe等元素的损失，规定高温灼烧温度不得高于550℃。

第三节 有机组分测定的样品前处理技术

本节重点介绍现代分析技术中常用的几种前处理技术。

一、固相萃取技术

固相萃取（solid phase extraction，SPE）技术是一种用于从复杂的样品基质中富集和分离目标化合物的技术。这项技术被用来替代传统的液-液萃取和其他一些基于吸附的样品纯化手段，是目前分离有机物质中使用最为成熟、最为广泛的一种技术。固相萃取技术利用固定在固相材料上的吸附剂，将目标化合物从样品中吸附到固相材料上，并通过洗脱液洗脱或加热将目标化合物从固相材料上解吸下来，达到分离与富集目标物的目的。在实际应用中，固相萃取技术具有操作简便、选择性好、富集效果好、减少样品基质干扰等优点。

SPE具体流程如下：

（1）选择固相材料　根据目标化合物的性质和样品基质的特点，选择合适的固相材料。常用的固相材料有吸附树脂、吸附剂填充柱、固相膜等。吸附剂有极性、非极性、离子型及聚合物型等数种。

（2）预处理样品　将待分析样品进行必要的预处理，如过滤、稀释、pH调整等，使样品适于固相萃取。

（3）装填固相材料　将选择的固相材料装填到合适的萃取柱或载体中，使其形成一个固定相。

（4）通过固相材料　将样品通过固相材料，使目标化合物被固相材料吸附，可以通过重力流动、真空、压力或离心等方式将样品通过固相材料。

（5）洗脱　将固相材料上吸附的目标化合物洗脱下来，可以使用不同的洗脱溶剂或溶液进行洗脱，以实现目标化合物的分离和富集。

（6）浓缩和回溶　通常采用蒸发或气流浓缩的方法将洗脱得到的目标化合物进行浓缩，并将目标化合物溶解在适当的溶剂中，以便进行后续的分析。

二、固相微萃取技术

固相微萃取（solid-phase microextraction，SPME）技术是在固相萃取技术的基础上发展出的样品前处理技术，但它并不把待测物全部分离出来，而是通过样品与萃取剂（固相）之间的平衡分配来达到分离的目的。它将样品的采集、萃取、浓缩和进样整合为一体，极大地简化了样品的制备过程和分析流程，无需溶剂萃取、易于与其他仪器联用、易于微型化、便于携带和自动化。固相微萃取技术有三种基本萃取模式，即直接萃取、顶空萃取和膜保护萃取。

固相微萃取的基本技术是将一附着有适当涂层（固相）的基体（如纤维、搅拌子、毛细管壁、金属丝、弹性石英丝等）浸入样品中，样品中的待测目标物被吸附于固相涂层上，反应达到平衡后（吸附量与待测目标物的原始浓度成正比，并与待测物的物化性质和平衡条件有关），将基体导入检测仪器，将基体吸附的待测物解吸出来进行测定。

三、加速溶剂萃取技术

索氏提取（soxhlet extraction，SE）是最经典的有机物提取方法。虽然存在着提取时间长、有机溶剂用量大等缺点，但索氏提取能提取完全，选择性和可行性都较好，因此仍在被广泛使用。

加速溶剂萃取（accelerated solvent extraction，ASE）技术就是在高温高压下操作的全自动索氏抽提，所以又称自动索氏提取技术，适用于固体和半固体样品的制备。该法通过升高温度（50~200℃）和压力（10.3~20.6MPa）来增加物质在提取溶剂中的溶解度和溶质扩散效应，使萃取效率提高，其萃取效率远高于传统索氏提取法。加速溶剂萃取具有有机溶剂用量少、速度快、基体影响小、回收率高等特点。

四、微波萃取技术

微波萃取（microwave extraction，ME）技术是一种利用微波辐射来加速样品中的化合物提取的方法，能够高效、快速地提取目标化合物，可减少对环境的影响。在微波场中，由于不同物质的介电常数不同，吸收微波能的程度各不相同，其产生的热能及传递给周围环境的热能也不同，这种差异使得萃取体系中的某些组分或基体物质的某些区域受热不均衡，物质与微波的不同作用产生的受热不均衡性可以使被萃取物从基体或体系中分离出来。微波萃取法制备样品，具有时间短、节省试剂、制样精度高、回收率高等优点。这是色谱技术、质谱技术和光谱技术中常用的前处理方法。

微波萃取技术应用流程如下：

（1）准备样品　根据具体的应用需求，准备固体样品、液体样品或悬浮液样品，同时根据需要进行适当的粉碎、过滤或稀释等处理。

（2）选择提取溶剂　根据目标化合物的特性和提取需求，选择合适的提取溶剂。常用的提取溶剂包括有机溶剂（如甲醇、乙酸乙酯）或水。

（3）调整提取条件　确定合适的提取条件，包括微波功率、温度、提取时间和压力等参数。通常情况下，较高的温度可以促进溶剂与样品中的目标化合物的交互作用，有利于提取效果，但过高的温度可能导致样品降解或产生其他副反应。因此，在参数选取过程中，应根据样品的性质、目标化合物的特性和仪器的规格进行确定。

（4）微波萃取　将样品与提取溶剂放置在微波萃取设备中，并根据预设的提取条件进行微波加热。微波辐射将加热样品和溶剂，促使目标化合物从样品转移到溶剂中。

（5）冷却和分离　在完成萃取后，将萃取液冷却至适当温度。根据需要，使用离心、过滤或其他分离方法将溶剂中的目标化合物与残留物分离，用于后续检测。

五、液相微萃取技术

液相微萃取（liquid-phase microextraction，LPME）技术是利用目标分析物在样品与微升级的萃取溶剂之间达到分配平衡，从而实现溶质微萃取的前处理技术。此技术是将有机液滴挂在气相色谱微量进样器针头上对物质进行萃取。微量进样器，既用作气相色谱进样器，又用作微量分液漏斗。该技术是在液-液萃取的基础上发展起来的，与液-液萃取相比，富集倍数大，灵敏度高；由于该技术集采样、萃取和浓缩于一体，操作简单，速度快且成本低；所需要有机溶剂少，可以降低对环境的污染。该法特别适合于样品中痕量、超痕量物质的测定。

按照萃取模式可分为单滴液相萃取（single-drop microextraction，SDME），即利用顶端中空的Teflon探头或微量进样器针头悬挂1~2μL有机溶剂对溶液中的分析物进行萃取；中空纤维液相微萃（hollow fiber based liquid-phase microextraction，HF-LPME），即采用多孔中空纤维为载体的液相微萃取，目的是防止悬在微量进样器针头上的有机液体在搅拌时脱落，集采样、萃取、浓缩、净化于一体，易于与高效液相色谱（high performance liquid chromatography，HPLC）、气相色谱（gas chromatography，GC）以及毛细管电泳（capillary electrophoresis，CE）等联用；此外，还有分散液-液微萃取（dispersive liquid-liquid microextraction，DLLME）以及顶空液相微萃取（headspace liquid-phase microextraction，HS-LPME）等。

六、顶空技术

顶空（headspace，HS）技术是从气相色谱出现初期就一直在应用的技术。顶空分离技术就是通过气-液或气-固平衡，把挥发性物质从液体或固体样品中的基体中分离出来。顶空技术的优点是快速简单，是一种不需要溶剂的萃取技术，需要的样品量少，分离过程中无杂质生成。缺点是不能对目标检测物进行浓缩，因而灵敏度低，只能用于挥发性有机物的萃取。此外，由于分析方法所限，定量分析的重现性较差。

顶空技术可分为静态顶空技术和动态顶空技术。

1. 静态顶空技术

将样品放入密封的瓶中，平衡一段时间，用气密性的注射器从样品上空进行样品采集（通常采集样品0.1~2.0mL），然后注入气相色谱仪中，静态顶空技术很容易实现自动化，适合用于大量样品的测定。

2. 动态顶空技术

动态顶空法适合于样品中挥发性物质的分析，该方法在理论上可测定溶液中全部挥发性有机物。原理是依据许多有机化合物具有挥发性的特点，利用载气（氮气或氦气）

将挥发性物质从样品中吹扫出来,使之吸附到捕集器(装有多孔聚合物,如Tenax的玻璃管或带有玻璃内衬的不锈钢管)上,然后利用反吹法把短柱所吸附的化合物吹脱出来,直接用色谱仪进行分析。此法不但克服了色谱分离中溶剂主峰掩盖其他峰的问题,而且比静态顶空有更高的检测灵敏度,更适于痕量和超痕量分析。

七、超临界流体萃取技术

超临界流体萃取(supercritical fluid extraction,SFE)技术是一种基于超临界流体的萃取方法,它利用将溶剂压力和温度调节到超临界状态的流体来实现对目标化合物的选择性萃取。超临界流体具有介于气体和液体之间的特殊性质,如高扩散性、低黏度和可调节的溶解性能,使其在萃取过程中具有独特的优势。超临界萃取技术的主要优点是:几乎不使用溶剂;通过改变超临界流体的温度和压力,可调节其选择性;萃取时间减少,样品回收率增加,从而降低了萃取成本;易于与其他分析技术联用。由于使用的流体多为非极性的,该方法不适合于强极性有机物的提取。较为常用的流体是CO_2,它不但临界值相对较低,且不易与溶质反应,无毒、无臭、无味,不会有二次污染,纯度高,价格适中,便于广泛使用而且沸点低,容易从萃取后的馏分中除去,后处理比较简单,特别是不需加热,极适合于萃取热不稳定的化合物。

超临界流体萃取技术主要流程如下:

(1)选择超临界流体 选择适当的超临界流体作为萃取剂,常用的超临界流体包括二氧化碳(CO_2)和乙烷(C_2H_6),它们具有良好的溶解性和环境友好性。

(2)准备萃取设备 将超临界流体萃取设备进行预处理,包括调节压力、温度和流速等参数,以便实现目标化合物的选择性萃取。

(3)处理样品 通过将样品放置在萃取器中或使样品通过萃取柱的方式,将待分析的样品与超临界流体进行接触,使目标化合物与超临界流体发生溶解反应。

(4)萃取 将超临界流体以一定的压力和温度通过样品,使目标化合物溶解于超临界流体中。超临界流体的特性使得可以通过调节压力和温度来控制溶解度,实现对目标化合物的选择性萃取。

(5)萃取物收集 将含有溶解目标化合物的超临界流体溶液收集起来。在此过程中,可以通过减压或降温等方式,将超临界流体转变为气态或液态,使目标化合物从中析出,用于后续测定。

超临界流体萃取技术可直接与其他分离方法,如气相色谱(GC)或超临界色谱技术(SFC)等耦合,也可与光谱技术,如原子吸收光谱以及傅里叶变换红外光谱技术联用,从而对萃取过程进行控制。

八、凝胶渗透色谱

凝胶渗透色谱（gel permeation chromatography，GPC）技术是基于物质分子大小和形状不同，通过具有分子筛性质的固定相（凝胶）将样品溶液中的大分子与小分子物质分离。GPC法的柱填料与被分离试样没有任何相互作用，完全靠分子自身的大小进行分离。GPC技术可在温和条件下进行，因为没有可逆吸附，所以所有适用于GPC分离的样品都能完全洗脱，与吸附柱色谱相比，GPC具有净化容量大、回收的物质多、可重复使用、适用范围广，使用自动化装置后净化时间短、简便可靠等优点，在农药残留分析中较为常用。由于小分子的干扰物会与待测农药一起流出，且较大分子的农药也可能会随着脂类等干扰物先流出，因此，该技术常与其他净化技术一起使用。

九、QuEChERS技术

QuEChERS是近年来发展迅速的一种多组分分析净化方法，结合液液萃取和分散固相萃取技术，对用于色谱及质谱分析的样品进行预处理。QuEChERS是快速（Quick）、简便（Easy）、廉价（Cheap）、高效（Effective）、稳定（Rugged）和安全（Safe）的简称。原理是分散固相萃取，采用乙腈对样品进行提取，经氯化钠、无水硫酸镁等进行盐析分层后采用吸附剂对提取液进行净化，去除杂质，净化后的样品再由色谱或质谱仪器进行定量分析。早期的QuEChERS采用$MgSO_4$盐析分层和分散固相萃取（DSPE）净化。

QuEChERS方法具有回收率高、精确度和准确度高、分析速度快、溶剂使用量少、污染小、价格低廉、操作简便、装置简单等优点。

该方法在2003年由美国Anastassiades等提出，是用于农产品检测的一种前处理技术。2005年该方法又进行了修改，针对一些酸碱敏感农药，引入了乙酸缓冲盐提取体系，该方法修改后，于2007年成为美国官方分析方法（AOAC 2007.01）。之后，欧盟又于2008年发布了官方分析方法（EN 15662），该QuEChERS方法采用了较弱酸性的柠檬酸缓冲盐为提取体系。这三种标准方法的主要步骤见表2-1。

表2-1 基于QuEChERS方法分析的主要步骤

项目	最初方法	AOAC方法	欧盟方法（EN 15662）
样品提取	10g样品+10mL乙腈于50mL离心管中，加入内标，剧烈振荡提取后，加入4g硫酸镁和1g氯化钠，充分混匀1min，5000r/min离心5min	15g样品+15mL含1%乙酸的乙腈溶液于50mL离心管中，加入内标，剧烈振荡提取后，加入6g硫酸镁和1.5g乙酸钠，充分混匀1min，相对离心力（RCF）不低于$1500 \times g$离心5min	10g样品+10mL乙腈于50mL离心管中，加入内标，剧烈振荡提取后，加入4g硫酸镁、1g氯化钠、1g柠檬酸三钠和0.5g柠檬酸二钠，充分混匀1min，3000r/min离心5min

续表

项目	最初方法	AOAC方法	欧盟方法（EN 15662）
净化	移取1mL上清液于微型离心管中，加入150mg硫酸镁和50mg N-丙基乙二胺（PSA），振摇1min后在6000r/min离心至少1min	移取1mL上清液于分散固相萃取柱中[包含硫酸镁、N-丙基乙二胺（添加C_{18}、石墨碳或色素过滤填料可进一步净化）]，振摇30s，相对离心力不低于$1500 \times g$离心至少1min	移取1mL上清液于微型离心管中，加入25mg N-丙基乙二胺和150mg硫酸镁，再加2.5g或7.5g石墨碳去除色素，振摇30s后在3000r/min离心至少1min
检测	取0.5mL离心上清液进行GC/MS(MS)或LC/MS/MS检测	用甲苯保存进行GC/MS测定，或用6.7mmol/L甲酸乙腈溶液保存进行LC/MS/MS测定。可以用磷酸三苯酯替代	用5%（体积分数）甲酸的乙腈溶液保存，取0.5mL进行GC/MS或LC/MS/MS进行检测

QuEChERS方法最初仅仅用于含水量高或低脂肪含量的样品检测的预处理（如水分含量高的水果、蔬菜和果汁等），而其他类型的食品样品（如中、高脂肪含量和色素含量高或者叶绿素含量高的样品），则需要进一步处理。对于含水量低于80%的样品，通过加水使样品总质量达到10g，可以减少分析物与基质间的相互作用，从而提高分析物的净化效率。此外，干燥物质和一些复杂基质的样品，通常情况下，其共同提取物比较多，应用QuEChERS方法预处理相对较为困难。

随着检测技术的不断发展，检测样品的种类及性质也不断发生变化，上述3种方法不能完全满足实际分析的要求。因此，国内外研究学者对QuEChERS前处理方法进行了改进，针对分析目标物的不同，优化有效的提取溶剂、盐析的质量和比例、样品质量以及样品与溶剂的比例、pH等条件，根据复杂基质分析的要求选择适宜的吸附剂类型，实现样品的高效提取与净化分离，因此应用范围在不断地扩大。目前，这一方法在烟草及其制品的多组分测定中也有运用。

第四节　烟气的收集

烟气中的成分比烟草中的更为复杂，尽管烟气中的物质主要来源于烟草，但经过燃烧、热解、蒸馏、干馏、冷凝、合成等转化过程后，烟气中出现了大量新的物质，目前，从中鉴定出的物质类型多于烟草中的。烟气以两种不同的气流方式形成。在抽吸时，通过烟支唇端吸出的称为主流烟气（mainstream smoke，MS）。在两次抽吸间阴燃时形成的，以及在抽吸时通过盘纸逸散出来的烟气，称为侧流烟气（sidestream smoke，SS）。侧流烟气连同被吸烟者呼出的烟气，由于分布在环境中，被称为环境烟气（environmental tobacco smoke，ETS）。由于吸烟者的抽吸行为各异，为了研究方便和可比性，各国对烟气的收集方法进行了规定，大多采用每口抽吸容量35mL，抽吸持续时间2s，抽吸间隔60s。目前，我国主流烟气和侧流烟气的收集标准在GB/T 16447—2004《烟草及烟草制品　调节和测试的大气环境》中有详细的规定，该规定是参照ISO 4387制定的。环境烟气的采集暂无国家或行业标准，在现有研究中，有人采用环境气体采集方法对其进行采样。

烟气是由气相和粒相两部分组成的气溶胶。在采集烟气时，用剑桥滤片进行气相部分和粒相部分的分离。剑桥滤片是用玻璃纤维制成的滤纸，孔径约为$0.2\mu m$。能通过剑桥滤片的烟气是气相部分，占烟气总量的92%左右。吸附在剑桥滤片上的，是烟气的粒相部分，占烟气质量的8%，这部分物质被称为总粒相物（TPM）。气相部分可直接连接到分析仪器上进行成分分析，也可用化学方法采集后再进行分析。测定总粒相物时，往往是用各种前处理方法将待测物从剑桥滤片上提取后再进行检测。

烟草中的成分在不同反应条件下差异很大，为了便于研究和对比，采集烟气必须规范。现行GB/T 16447—2004、GB/T 19609—2024《卷烟　用常规分析用吸烟机测定总粒相物和焦油》对抽吸卷烟的环境条件、烟支条件、抽吸过程中的各参数进行了规定。

一、大气环境要求

1. 调节大气

调节大气指的是试验前保存卷烟样品的大气。要求温度在（22±1）℃，相对湿度（60±3）%。

2. 测试大气

测试大气指的是试验过程中的大气。要求温度在（22±2）℃，相对湿度（60±5）%。

二、抽吸卷烟的制备

1. 烟支调节

将卷烟试样包装拆开，散开放置于符合要求的调节罩中调节水分，时间最少48h，最多10d。

若因故要将试样放置10d以上，则应将其存于原包装中或大小刚好能放入试样的密闭容器中。

进行抽吸的实验室测试大气也应符合GB/T 16447—2004的要求。

2. 烟支质量挑选

将调节好水分的试样取100支称重，求出烟支平均质量。用质量分选仪选取（平均支重±0.02g）范围以内的烟支为质量合格烟支。

将质量合格烟支距卷烟嘴端9mm处划第一条线,准确至0.5mm,作为播入卷烟夹持器中的长度;距卷烟嘴端标准烟蒂长度处划第二条线,准确至0.5mm,作为留烟蒂长度。

标准烟蒂长度应为下述3种长度中的最大者:23mm,滤嘴长+8mm,外包纸长+3mm。

3. 烟支吸阻挑选

测定质量合格烟支的吸阻。取100支卷烟的吸阻进行平均,求出平均吸阻。选取平均吸阻±49Pa范围内的烟支为抽吸卷烟,总数不得少于100支。

将抽吸卷烟随机分为等同的两组,一组放入调节罩中用作测定,另一组包回原包装,贮存于冰箱中,作为备用样品。

注:若卷烟的变异性大,质量和吸阻挑选后合格烟支数达不到100支,则应适当扩大质量和吸阻范围。

三、总粒相物的收集

在所有操作中均应佩戴手套以防手指污染。

1. 抽吸卷烟的数量

对于常规测定,每牌号抽吸40支卷烟。对于某些烟气成分的比较测试,应按照合适的抽吸方案确定的抽吸支数抽吸。

2. 烟气捕集器的准备

将已在测试大气中调节至少12h的滤片放入夹持器中,滤片的粗糙面应面对烟气进入的方向,合上滤片夹持器,检查滤片夹持器,应确保其装配妥当且不漏气。

若烟气捕集器的设计中包含有孔垫片,则将其放入,然后装好密封件;若卷烟夹持器的设计中包含有孔垫片,则先将其放入,然后装上迷宫环密封圈。

若抽吸滤嘴卷烟,应采用迷宫环式卷烟夹持器;若抽吸无嘴卷烟,应采用真空式卷烟夹持器。

称取烟气捕集器质量,精确至0.1mg。

由于烟气捕集器和溶剂吸收水分,应测定水分空白值。每个试样应按上述方法准备两个烟气捕集器,用于水分空白试验。

3. 吸烟机准备

打开电源,置于自动抽吸循环至少预热20min。

检查抽吸持续时间和抽吸频率是否符合标准条件。

测定风速应符合标准条件。

检查测试大气应符合GB/T 16447—2004的规定。

检查每一通道的抽吸容量,皂膜流量计皂膜的位移可测量出抽吸容量,并可检查气路是否漏气。皂膜流量计应通过一个压降为1000Pa（约100mm水柱）的流量限制器连接到抽吸孔道上。测量前，先用皂液将内壁润湿至35mL处两次，然后等待30~45s，使内壁所挂皂液流下。将皂膜流量计连接到抽吸孔道上，手动抽吸一口，等皂膜稳定后，读取抽吸容量，应为（35±0.3）mL，否则，应予调整。重复操作，逐一测量所有通道的抽吸容量。

取下保护烟气捕集器，装上已称重的烟气捕集器。

4. 抽吸卷烟

将制备好的抽吸卷烟插入卷烟夹持器标准深度，要避免漏气或使烟支变形，任何有明显缺陷或插入时损伤的卷烟均应弃去。

（1）应使卷烟位置正确　卷烟纵轴与水平面之间的角度应尽可能的小，若烟蒂末端中心低于另一端中心，则不应超过10°；若烟蒂末端中心高于另一端中心，则不应超过5°，卷烟纵轴应与孔道轴线一致。

（2）调整卷烟使燃烧锥到达烟蒂标记处时启动抽吸终止装置　如果用烧断纯棉线（40旦）的方法终止抽吸，则棉线应在烟蒂标记处刚好接触到烟支而不改变其位置。

（3）将抽吸口数计数器清零　点燃烟支，应使卷烟一次点燃，若需重新点燃，则须用手持电热点火器。燃至每一烟蒂标记处时，将燃烧锥取下，一次抽吸过程结束后，等待30s，使烟气捕集器中残留的烟气沉积。（应注意让烟灰自然落到烟灰槽上）。

（4）应马上插入新的卷烟　取下一个烟蒂插入一支新卷烟。重复抽吸过程，直至将预定数量的卷烟抽吸至烟气捕集器中。

5. 总粒相物的收集

用吸耳球将烟气捕集器上的烟灰吹去。取下烟气捕集器，若有必要，取下卷烟夹持器，用密封件将烟气捕集器的前后孔盖上（配真空式卷烟夹持器的烟气捕集器应放入密闭容器中）。

检查每个滤片的后部是否有因穿滤或滤片裂伤而造成的棕色斑点，若有应弃去此滤片。

若卷烟的总粒相物产生量高，应谨慎减少抽吸卷烟的数量，以免穿滤。

6. 气相部分的收集

如果要分析烟气中的气相部分，可用相应的设备将通过剑桥滤片的气体搜集起来。

思考题

1. 样品前处理的原则是什么？
2. 试述测定烟草中无机组分的常见方法，并对比其优缺点。
3. 试述测定烟草中有机组分的常见方法及其基本流程。
4. 简述抽吸卷烟的环境条件、烟支条件和抽吸过程各参数。

第三章 重量分析法与滴定分析法在烟草化学成分分析中的应用

本章导读与思政点

化学分析方法是烟草及其制品中常量组分测定的常用方法，本章将学习化学分析法中重量分析法与滴定分析法的基础理论，探讨影响测定结果精准性的分析条件，并展示其在烟草化学成分分析中的实际应用。通过本章学习，学生将掌握重量分析和滴定分析的基本原理及测定技术，了解重量分析和滴定分析技术的发展和在烟草及其制品中化学成分分析中的应用，理解科学技术发展和创新对学科及行业发展的重要性。此外，本章还将强调科学技术创新对社会发展的引领作用，引导学生培养创新精神。

◎ **学习目标**

（1）掌握重量分析与滴定分析的基础理论。

（2）学习并掌握不同重量分析法的特点及提高检测精准度的因素，掌握重量分析操作。

（3）掌握不同滴定分析法的原理与特点，能够根据待测物的特点准确选择不同的分析方法，熟练掌握容量分析操作。

（4）了解烟草及其制品中的化学成分测定的主要化学方法，尤其是经典方法。

◎ **学习内容**

（1）了解化学分析的类型，掌握重量分析与滴定分析的基础理论。

（2）掌握重量分析法的特点、分析条件及其影响因素、分析步骤，熟练掌握重量分析中的溶解，过滤，沉淀及其洗涤、烘干或灼烧，称量等操作。

（3）掌握滴定分析法的特点、分析条件、不同滴定方法的原理，熟练掌握滴定分析中的标准溶液配制、滴定等操作。

（4）了解烟草及其制品中的化学成分测定的主要化学方法。

◎ **学习重点**

（1）学习并掌握化学分析的基础理论，尤其是沉淀的生成条件以及酸碱滴定法（中和滴定法）、络合滴定法（配位滴定法）、沉淀滴定法、氧化还原滴定法的基础理论。

（2）掌握影响实验结果精准度的反应条件。

（3）熟练掌握重量分析中的溶解，过滤，沉淀及其洗涤、烘干或灼烧，称量等操作，滴定分析中的直接滴定、返滴定、置换滴定、间接滴定等操作。

（4）掌握化学分析法在烟碱、烟草中还原糖和水溶性测定中的运用。

◎ 学习难点

（1）了解影响沉淀生成的条件及其反应条件的控制。

（2）学习酸碱滴定法（中和滴定法）、络合滴定法（配位滴定法）、沉淀滴定法、氧化还原滴定法的基础理论。

（3）掌握化学分析法在烟碱、烟草中还原糖和水溶性测定中的运用。

化学分析法是以物质的化学反应为基础的分析方法，主要有重量分析法和滴定分析法（又称容量分析法）。在烟草及其制品成分检测中，常量组分的测定一般用化学分析法。

第一节 重量分析法

烘箱法、重量法、硅钨酸重量法、四苯硼钠重量法等重量分析法，均是国际及烟草行业推荐的烟草常量物质测定的标准方法，在烟草生产、研究中仍在广泛使用。

一、重量分析法的特点及类型

重量分析法是将试样中被测组分与其他组分分离，转化为一定的称量形式，然后通过称量物质的质量来计算被测组分含量的一种分析方法。重量分析法是直接通过称量得到分析结果，不用基准物质（或标准试样）进行比较，因此，其准确度较高，相对误差一般在0.1%~0.2%。但分析过程时间长、操作烦琐，对低含量组分测定误差较大。

根据分析方法的不同，重量分析法分为挥发法、电解法和沉淀法三类。在烟草常量组分分析中，挥发法和沉淀法使用较多。挥发法利用物质的挥发性质，通过加热或其他方法使试样中的被测组分溢出，然后根据试样质量的减少计算被测组分的含量，如试样中烟叶及其制品中含水量的测定。有时也可以在试样被测组分溢出后，用某种试剂加以吸收或反应，根据生成物质量的增加来计算被测组分的含量。如测定烟草中烟碱时，挥发的烟碱用含有硅钨酸的溶液吸收，反应生成硅钨酸烟碱盐。沉淀法利用沉淀反应使被测组分以微溶化合物的形式沉淀出来，再使之转化为称量形称量，如烟草中糖的测定。在烟草化学分析中，沉淀法应用最多，下面主要介绍该法。

二、重量分析的条件

为了保证测定时有足够的准确度并便于操作，重量分析对沉淀形和称量形有一定的要求。

1. 对沉淀形的要求

（1）沉淀的溶解度要小，这样才能保证被测组分完全沉淀，不至于因沉淀溶解的损失而影响测定的准确度。根据一般分析结果的误差在 ±0.1% 至 ±0.2% 的范围内，沉淀的溶解损失不应超过分析天平的称量误差，即 ±0.1mg。

（2）沉淀应易于过滤和洗涤。为了易于过滤和洗涤，保证沉淀的纯度，在进行沉淀时，应尽量得到粗大的晶形沉淀。

（3）沉淀的纯度要高，这样才能获得准确的结果。应尽量避免其他杂质的污染。

（4）沉淀易于由沉淀形转化为称量形。这种转化不仅要求容易进行，同时还要求转化是定量进行的。

2. 对称量形的要求

（1）称量形必须具有确定的化学组成，否则无法确定化学计量关系。

（2）称量形具有足够的稳定性。不应受空气中水分、CO_2 和 O_2 等的影响。

（3）称量形的相对分子质量要大，这样可增加称量形的质量，减少称量过程中的相对误差，提高测定的准确度。

三、沉淀的类型与沉淀形成条件

1. 沉淀的类型

根据沉淀的物理性质，沉淀分为晶形沉淀、无定形沉淀和胶状沉淀，这些沉淀类型的差异主要在于沉淀颗粒的大小和构晶离子的排列。

晶形沉淀的颗粒较大，其颗粒直径为 0.1~1μm，沉淀内部的构晶粒子按晶体结构有规则地排列，结构紧密，吸附的杂质少，易沉降，如草酸钙、硅钨酸烟碱盐等。

无定形沉淀（非晶型沉淀）的颗粒小（直径 < 0.02μm），结构疏松，内部离子排列杂乱无章，无明显晶面，常常呈体积庞大的絮状沉淀，不易沉降，如 $Fe_2O_3 \cdot H_2O$ 等。

胶状沉淀性质介于晶形沉淀和非晶形沉淀之间，如 AgCl。

2. 沉淀的形成

沉淀的类型，不仅取决于沉淀本身的性质，与沉淀形成的条件以及沉淀后的处理也有紧密的关系。重量分析法总是希望获得颗粒大的晶形沉淀，便于过滤和洗涤，沉淀的纯度也较高。因此，对于重量分析法而言，如何控制沉淀条件就显得尤为重要。

沉淀的形成一般包括晶核形成和晶核长大两个过程。在过饱和溶液中，离子相互结合，形成离子的缔合物或离子群，当这些离子群大小达到一定程度时，它们就形成能和溶液分开的固相，并由于过饱和溶液中离子继续沉积在其表面，最后成长为较大的沉淀颗粒。这些离子群称为晶核，或称微晶。一般认为晶体的生长过程为：离子通过成核作用形成晶核，晶核形成之后，存在两种倾向，一种倾向是构晶离子向晶核表面扩散，并沉积在晶核上，使晶核逐渐长大，成为沉淀颗粒，这种沉淀微粒有聚集为更大聚集体的倾向；另一种倾向是构晶离子又具有按一定的晶格排列而形成大晶粒的倾向。构晶离子在晶核表面定向排列的速率称为定向速率，构晶离子在沉淀周围聚集的速率称为聚集速率。当定向速率大于聚集速率时，易形成晶形沉淀；定向速率小于聚集速率时，易形成无定形沉淀。

定向速率主要取决于沉淀物质的性质。一般极性强的盐类，如$BaSO_4$、CaC_2O_4等，具有较大的定向速度，易形成晶形沉淀。而氢氧化物只有较小的定向速度，特别是高价金属离子的氢氧化物，如$Al(OH)_3$，结合的OH^-越多，定向速度越小，易形成非晶形或胶状沉淀。二价金属离子的氢氧化物含OH^-较少，适当条件下，能形成晶形沉淀。

聚集速率（v）主要由沉淀条件决定，最重要的是，溶液中生成沉淀物质的过饱和度。聚集速率与溶液相对过饱和度成正比，一般用冯韦曼（Von Weimarn）经验公式[式（3-1）]表示。

$$v = \frac{K \times (Q-S)}{S} \quad (3-1)$$

式中　　Q——加入沉淀剂瞬间生成沉淀物质的浓度；

　　　　S——沉淀的溶解度；

（$Q-S$）——沉淀物质的过饱和度；

（$Q-S$）/S——沉淀物质的相对过饱和度；

　　　　K——比例常数，与沉淀的性质、温度、溶液中存在的其他物质等因素有关。

从式（3-1）中可见，相对过饱和度越大，则聚集速度越大。若需减小聚集速度，必须降低相对过饱和度，就是要求沉淀的溶解度大，加入沉淀剂瞬间生成沉淀物质的浓度较小，这样就更易获得晶形沉淀。

3. 沉淀条件的选择

为了满足测定对沉淀形的要求，应当根据不同类型沉淀的特点，采用适宜的沉淀条件和相应的后处理。

（1）晶形沉淀　为了得到纯净而易于分离和洗涤的晶形沉淀，要求有较小的聚集速率，这就应选择适当的沉淀条件。下面以硅钨酸烟碱盐沉淀为例说明晶形沉淀条件的选择。

①晶形沉淀应在浓度较低的热溶液中进行，并应在不断地搅拌下，缓缓地滴加低浓

度沉淀剂。目的是减小溶质的浓度以降低过饱和度，并防止沉淀剂的局部浓度过高。

②为了增大硅钨酸烟碱盐的溶解度以减小过饱和度，应在沉淀前加入酸溶液。因为H^+能使部分硅钨酸质子化，增加硅钨酸烟碱盐的溶解度，并能防止烟碱的弱酸盐的沉淀生成。增加溶解度所造成的损失，可以在沉淀后期加入过量沉淀剂来补偿。

③沉淀完成以后，常将沉淀与母液一起放置一段时间，称为陈化。其作用是获得完整、颗粒较大、纯净的晶形沉淀。当溶液中不同大小的晶体同时存在时，由于小晶体的溶解度大于较大晶体的溶解度，当溶液对较大晶体已经达到饱和时，对小晶体尚未达到饱和，因而小晶体会逐渐溶解。溶解到一定程度后，溶液对小晶体饱和而对大晶体则为过饱和，于是溶液中的构晶离子就会沉积在较大的晶体上。当溶液浓度降低到对大晶体是饱和溶液时，对小晶体已不饱和，小晶体又要继续溶解。如此反复，小晶体逐渐消失，大晶体不断长大，最后获得较大颗粒的晶型沉淀。

陈化作用还能使沉淀变得更纯净。这是因为大晶体的比表面积较小，吸附杂质量少；同时，由于小晶体溶解，原来吸附、吸留或包藏的杂质将重新进入溶液中，因而提高了沉淀的纯度。加热和搅拌可以增加沉淀的溶解速度和离子在溶液中的扩散速度，因此可以缩短陈化时间。

④洗涤硅钨酸烟碱盐沉淀时，若测定的是硅钨酸根离子，可用稀硅钨酸为洗涤液，这样可利用同离子效应减少洗涤过程中沉淀溶解的损失。若是测定烟碱，则选择水为洗涤液。

（2）无定形沉淀　无定形沉淀大多由于溶解度小而无法控制其过饱和度，以至生成微小胶粒沉淀。对于这种类型的沉淀，重要的是使其聚集紧密，便于过滤；同时尽量减少杂质的吸附，使沉淀纯净。下面以蛋白质沉淀为例说明无定形沉淀条件的选择。

①无定形沉淀一般在浓度较大的近沸溶液中进行，沉淀剂加入的速度不必太慢。在浓、热溶液中，离子的水化程度较小，得到的沉淀结构紧密、含水量少，容易聚沉。热溶液还有利于防止胶体溶液的生成，减少杂质的吸附。但是，在浓溶液中也提高了杂质的浓度。为此，在沉淀完毕后，迅速加入大量热水稀释并搅拌，使吸附于沉淀上的过多的杂质解吸，达到稀溶液中的平衡，从而减少杂质的吸附。

②无定形沉淀应在大量电解质存在下进行，以使带电荷的胶体粒子相互凝聚、沉降。电解质常采用易挥发或易溶解的盐，可通过灼烧或溶解去除，这还有助于减少沉淀对其他杂质的吸附。

③无定形沉淀聚沉后，应立即趁热过滤，不需陈化。因为陈化不仅不能改善沉淀的形态，反而使沉淀更趋黏结，杂质难以去除。趁热过滤还能大大缩短过滤洗涤的时间。

往往无定形沉淀吸附杂质严重，一次沉淀很难保证纯净。当共存阳离子较多时，为使其充分分离，可进行二次沉淀。

（3）均匀沉淀法　在进行沉淀反应时，尽管沉淀剂是在搅拌下缓慢加入的，但仍难以避免出现沉淀剂在溶液中局部浓度过大的现象。均匀沉淀法是指通过溶液中发生的化学反应，使沉淀剂在溶液中缓慢、均匀地产生，从而缓慢、均匀地生成沉淀的一种方法。采用均匀沉淀法可以得到颗粒较大、结构紧密、纯净而易过滤的沉淀。

4. 沉淀剂的选择

除根据上述对沉淀的要求来考虑沉淀剂的选择外,沉淀剂应具有高选择性,即要求沉淀剂只能与被测组分发生反应,从而生成沉淀,而与试液中的其他组分不发生反应。此外,还应尽可能选用易挥发或易灼烧除去的沉淀剂。

四、影响沉淀溶解度的因素

利用沉淀反应进行重量分析时,沉淀反应越完全,对测定结果影响越小。沉淀反应是否进行完全,一般用化合物的溶解度和溶度积来衡量。影响沉淀溶解度的因素很多,现分述如下:

1. 同离子效应

在沉淀重量法中,常加入过量的沉淀剂,利用同离子效应来降低沉淀的溶解度。沉淀剂过量的程度,应根据沉淀剂的性质来确定。若沉淀剂不易挥发,可以过量20%~50%;若沉淀剂易挥发除去,则可过量50%~100%。但是,沉淀剂不能过量太多,否则可能引起盐效应、络合效应等副反应,反而使沉淀的溶解度增大。

2. 盐效应

在难溶电解质的饱和溶液中,加入其他强电解质会使难溶电解质的溶解度相比同温度下在纯水中的溶解度增大,这种现象称为盐效应。加入强电解质后,离子强度增大而使离子活度系数明显减小。由于在一定温度下,活度积(K_{ap})是常数,因而反应物浓度必然要增大,致使沉淀的溶解度增大。因此,在利用同离子效应降低沉淀溶解度时,应考虑到盐效应的影响,即沉淀剂不能过量太多。

3. 酸效应

溶液的酸度对沉淀溶解度的影响称为酸效应。酸效应主要是由溶液中[H^+]对弱酸、多元酸或难溶酸解离平衡的影响引起的,沉淀的溶解度随溶液酸度增大而增大。若沉淀为强酸盐,其溶解度受酸度影响不大;若沉淀为弱酸盐或多元酸盐或难溶酸,以及许多与有机沉淀剂形成的沉淀,则酸效应有明显影响。例如,硅钨酸与烟碱形成沉淀时,有明显的酸效应。

4. 络合效应

如果溶液中存在的络合剂,能与生成沉淀的离子形成络合物,则会使沉淀溶解度增大,甚至不产生沉淀,这种现象称为络合效应。例如,在Ag^+溶液中加入Cl^-生成AgCl沉淀,但若继续加入过量的Cl^-,则Cl^-能与AgCl络合生成$AgCl_2^-$和$AgCl_3^{2-}$等离子而使AgCl沉淀逐渐溶解。AgCl在0.01mol/L的HCl溶液中溶解度比其在纯水中的溶解度小,这时同离子效应是主要的;若[Cl^-]增加到0.5mol/L,则AgCl的溶解度超过其纯水中的溶解度,此时络合效应的影响已超过同离子效应;若[Cl^-]继续增加,则络合效应起主要作用,此时 AgCl 沉淀可能不出现。因此,用银量法测定烟叶中的[Cl^-]时,必须严格控制待测液中 Cl^- 的浓度。应该指出,络合效应使沉淀溶解度增大的程度与沉淀的溶度积和形成络合物的稳定常数的相对大小有关。形成的络合物越稳定,络合效应越显著,沉淀的溶解度越大。

在实际工作中,应该根据具体情况来考虑哪种效应是主要的。在进行沉淀反应时,对无络合反应的强酸盐沉淀,主要考虑同离子效应和盐效应;对弱酸盐或难溶酸盐,多数情况应主要考虑酸效应;当存在络合反应,尤其在能形成较稳定的络合物,而沉淀的溶解度又不太小时,则应主要考虑络合效应。

5. 温度

溶解一般是吸热过程,绝大多数沉淀的溶解度随温度升高而增大。

6. 溶剂的影响

大部分无机物沉淀是离子型晶体,在有机溶剂中的溶解度比在纯水中的要小。

7. 沉淀颗粒大小及其结构的影响

同一种沉淀在相同质量时,颗粒越小,其总表面积越大,则溶解度越大。在沉淀形成后,常将沉淀和母液一起放置一段时间陈化,使小晶体逐渐转变为大晶体,有利于沉淀的过滤和洗涤。

五、影响沉淀纯度的因素

重量分析法中的沉淀纯度越高,结果越准确,因此往往需要通过控制反应条件来提高沉淀纯度。影响沉淀纯度的因素如下:

1. 共沉淀

在一定操作条件下,某些物质本身并不能单独析出沉淀,但溶液中其他物质形成沉淀时,它随同生成的沉淀一起析出来,这种现象称为共沉淀现象。如用 $BaCl_2$ 沉淀 Na_2SO_4 时,溶液中存在的可溶盐 $Fe_2(SO_4)_3$ 也一起被沉淀,使灼烧后的 $BaSO_4$ 沉淀呈黄色,从而给分析结果带来误差。

共沉淀产生的原因,大致可以归纳为三方面。

(1) 表面吸附 沉淀的吸附是一个普遍的现象,它是由晶体表面上离子电荷的不完全平衡引起的,溶液中与沉淀电荷相反的离子,被静电吸引至晶体的表面,成为第一吸附离子层(吸附层),为了平衡(或抗衡)吸附层上的电荷,吸附层又将吸附一些与吸附层电荷相反的离子,形成扩散层。沉淀吸附离子是有选择性的,与沉淀构晶离子相同的,或大小相近、电荷相等的离子,或能与沉淀中的离子生成溶解度较小的物质的离子,优先被吸附。高价离子因静电引力强也易被吸附。此外,沉淀的表面积越大,杂质离子浓度越高,温度越低,吸附杂质越多。

(2) 混晶 试液中杂质与沉淀具有相同的晶格,或杂质离子与被测离子具有相同的电荷和相近的离子半径，杂质离子易于进入晶格排列中形成混晶，称为同形混晶。有时杂质离子并不位于正常晶格的离子的位置上，而是位于晶格空隙中，这种混晶称为异形混晶。在沉淀时减慢沉淀剂的加入速度，有利于减少异形混晶的生成。

（3）吸留或包藏　吸留是指杂质被吸附到沉淀内部，包藏常指母液被包藏在沉淀中。这些现象的发生是由于沉淀剂加入太快，使沉淀急速生长。沉淀表面吸附的杂质被随后生成的沉淀覆盖，使杂质或母液被吸留或包藏在沉淀内部。这类共沉淀不能用洗涤的方法将杂质除去，可以改变沉淀条件，通过陈化或重结晶的方法来减免。

2. 后沉淀

后沉淀是指由于沉淀速度的差异，在已形成的沉淀表面又形成第二种沉淀物质。后沉淀大多发生在特定组分形成的稳定的过饱和溶液中。例如，在 Mg^{2+} 存在下沉淀 CaC_2O_4，镁由于形成稳定的草酸盐过饱和溶液而不立即析出。如果将草酸钙沉淀立即过滤，则会在沉淀表面上发现吸附有少量镁。若将含有 Mg^{2+} 的母液与草酸钙沉淀一起放置一段时间，则草酸镁的后沉淀量将会增多。

后沉淀引入的杂质量比共沉淀要多，并且随着沉淀放置时间的延长而增多。因此，为防止后沉淀现象的发生，需适当控制某些沉淀的陈化时间。

六、重量分析的步骤及后处理

1. 重量分析法的分析步骤

重量分析法的一般分析步骤是：称取试样→试样溶解，配成稀溶液→控制沉淀条件→加入适量沉淀剂，使被测组分以难溶化合物沉淀出来（称为沉淀形）→沉淀经过过滤、洗涤、烘干或灼烧，转化为称量形→称量。

根据称量形的化学式可以计算出被测组分在试样中的含量。沉淀形与称量形可能相同，也可能不同，根据具体情况进行具体分析。

2. 沉淀的后处理

（1）过滤　沉淀常用定量滤纸或玻璃砂芯滤器过滤。对于需要灼烧的沉淀，应根据沉淀的形态选用密度不同的滤纸。一般非晶形沉淀，用疏松的快速滤纸过滤；对于颗粒较大的晶形沉淀，用较紧密的中速滤纸过滤；较细粒的晶形沉淀，应选用最紧密的慢速滤纸，以防沉淀透过滤纸。

（2）洗涤　为了除去沉淀表面吸附的杂质和混杂在沉淀中的母液，需要对沉淀进行洗涤。洗涤时，应尽量减小沉淀的溶解损失，并避免胶体的形成。因此，需要做到：

①选择合适的溶剂。对于溶解度很小并且不易形成胶体的沉淀，可用蒸馏水洗涤；对于溶解度较大的晶形沉淀，可用沉淀剂的稀溶液洗涤，但沉淀剂应能在烘干或灼烧时通过挥发或分解除去；对于溶解度较小且可能分散成胶体的沉淀，应采用易挥发的电解质的稀溶液洗涤。

②可采用热溶剂洗涤,过滤较快且能防止形成胶体。但溶解度随温度升高而增大较快的沉淀不能用热溶剂洗涤。

③洗涤必须连续进行,一次完成。沉淀不能久置,尤其是一些非晶形沉淀,连续洗涤可防止沉淀凝聚后不易洗净。

此外,要少量多次洗涤;每次加入溶剂前,应使前次洗液尽量流尽,可以提高洗涤效果;在沉淀的过滤和洗涤操作中,采用倾泻法可以缩短分析时间和提高洗涤效率。

(3)干燥和灼烧 沉淀的干燥或灼烧是为了除去沉淀中的水分和可挥发物质,使沉淀形转化为称量形。干燥或灼烧的温度和时间因沉淀的不同而不同。

沉淀干燥时,滤器与沉淀都需干燥至质量恒定。灼烧时,常用瓷坩埚盛放沉淀。若需用氢氟酸处理沉淀,则应使用铂坩埚。灼烧用的坩埚,应预先在灼烧沉淀的高温下灼烧、冷却、称量直至质量恒定。然后用滤纸包好沉淀,放入已灼烧至质量恒定的坩埚中,再加热烘干、焦化、灼烧至质量恒定。样品灼烧通常在马弗炉内进行。

沉淀经干燥或灼烧至质量恒定后,即可根据其称量质量计算测定结果。

七、应用实例——硅钨酸重量法测定烟草中烟碱

1. 原理

烟碱或烟碱盐与十二硅钨酸反应生成不溶性的烟碱硅钨酸盐。采用烧结玻璃坩埚过滤后加热干燥或采用无灰滤纸过滤后煅烧的方式,测定沉淀物的质量,计算得出烟碱或烟碱盐的纯度。

2. 试剂与材料

使用分析纯级试剂,水应为蒸馏水或同等纯度的水。具体试剂信息如下:

①氯化钠。

②氢氧化钠,片状。

③硫酸溶液,$c(H_2SO_4)=1mol/L$。

④硅钨酸溶液,溶解 12g $SiO_2 \cdot 12WO_3 \cdot 26H_2O$ 于100mL水中。

注:应避免使用其他分子结构的硅钨酸,如 $4H_2O \cdot SiO_2 \cdot 10WO_3 \cdot 3H_2O$ 和 $4H_2O \cdot SiO_2 \cdot 12WO_3 \cdot 20H_2O$,因为这些硅钨酸不能与烟碱发生反应,并生成晶状沉淀。

⑤盐酸溶液A,20%(体积分数),使用蒸馏水稀释20mL盐酸(ρ_{20}=1.18g/mL)至100mL。

⑥盐酸溶液B,0.1%(体积分数),使用蒸馏水稀释5mL盐酸溶液A至1000mL。

⑦烟碱溶液,$\rho_{20}(C_{10}H_{14}N_2)$=0.1mg/mL,使用蒸馏水溶解2.5mg烟碱于25mL容量瓶中,并定容至刻度。

3. 主要仪器设备

①常用实验室仪器:容量瓶、250mL烧杯、表面皿、玻璃棒、干燥器(含有效干

燥剂)。

②玻璃烧结坩埚过滤装置：孔径为40~100μm的玻璃烧结坩埚、布氏抽滤瓶、真空泵、烘箱[温度可控制在(120±5)℃]。

③滤纸过滤装置：无灰滤纸、坩埚(瓷制或铂制)、本生灯(温度控制应可高于600℃)。

④马弗炉：温度控制应可高于600℃。

⑤分析天平：精确至0.1mg。

4. 分析步骤

(1) 蒸馏　称取5g烟草试样于500mL蒸馏瓶中，加入50g氯化钠和5g氢氧化钠，用30mL水将试料冲下，立即将蒸馏瓶连接于水蒸气蒸馏装置，进行蒸馏，用内含10mL硫酸溶液的烧杯作接收器，冷凝管末端应浸入硫酸液中。蒸馏过程中蒸馏瓶内的液体体积应保持恒定，必要时可适当加热。收集馏出液，直到馏出液与硅钨酸溶液不再产生白色沉淀为止，取下烧杯，同时用水冲洗冷凝管末端。

(2) 沉淀　将馏出液置于250mL配有玻璃棒的烧杯中。在烧杯中加入100mL水后再加入2mL盐酸溶液A，使用玻璃棒不断搅拌。在烧杯中缓慢加入15mL硅钨酸溶液，在加入的过程中不断搅拌。在烧杯上盖上表面皿，且将玻璃棒留置在烧杯中，静置过夜。过滤前搅拌沉淀物以确保其快速沉降并呈晶状，最后加入过量的几滴硅钨酸溶液检查是否沉淀完全。

(3) 过滤　过滤可按照玻璃烧结坩埚过滤或滤纸的规定进行。

①玻璃烧结坩埚过滤：玻璃烧结坩埚在使用前，应置于烘箱中在120℃条件下干燥，直至质量恒定至±1mg。干燥后的玻璃烧结坩埚应存放于干燥器中。称量玻璃烧结坩埚记作m_1，精确至0.0001g。用抽滤瓶和真空泵对沉淀物在玻璃烧结坩埚上直接进行过滤。使用盐酸溶液B冲洗烧杯壁和玻璃棒，冲洗3次，每次约15mL，以确保全部沉淀物转移到玻璃烧结坩埚中，弃去滤液。沉淀物再用盐酸溶液B洗涤(可能需要400mL以上)，收集滤液并滴加几滴烟碱溶液检验硅钨酸是否已被完全洗去，即不应产生乳白色浑浊。把附有沉淀物的玻璃烧结坩埚置于烘箱中，在120℃条件下干燥3h。取出玻璃烧结坩埚，将其在干燥器中冷却至室温后，进行称量，精确至0.0001g。将其重新放置烘箱中干燥1h，取出后在干燥器中冷却至室温后，再称量，重复操作，直至质量恒定至±1mg，记作m_2。

②滤纸过滤：使用无灰滤纸过滤沉淀物。使用盐酸溶液B冲洗烧杯壁和玻璃棒，冲洗3次，每次约15mL，以确保全部沉淀物转移到滤纸上，弃去滤液。沉淀物用盐酸溶液B洗涤(可能需要400mL以上)，收集滤液并滴加几滴烟碱溶液检验硅钨酸是否已被完全洗去，即不应产生乳白色浑浊。使用本生灯或马弗炉在600℃条件下对坩埚进行干燥，直至质量恒定±1mg，干燥后的坩埚应存放于干燥器中。称量坩埚，精确至0.0001g，记作m_1。把附有沉淀物的滤纸转移至坩埚中。将坩埚放置在石英三脚架上，使用本生灯在起始时候缓慢加热，然后点燃。坩埚内物质应确保被灰化完全。最终残留

物应是绿/黄色。将坩埚转移至干燥器中冷却至室温，称量，精确至0.0001g，记作m_2。重复加热过程，直至质量恒定至±1mg。

注：在滤纸点燃后，也可将坩埚转移至马弗炉，在不低于600℃条件下加热过夜。这样可以避免为达到质量恒定而进行的重复加热。

5. 结果计算与表述

烟碱或烟碱盐的质量分数w以%表示，按式（3–2）计算：

$$w(\%) = \frac{(m_2 - m_1) \times c}{m} \times 100\% \tag{3-2}$$

式中　m_2——干燥或煅烧后坩埚和沉淀物的质量，mg；

　　　m_1——干燥后空坩埚的质量，mg；

　　　　c——因子（玻璃烧结坩埚过滤c=0.1012，滤纸过滤c=0.1141）；

　　　　m——烟草试样的质量，mg。

结果以2次测试的平均值表示，精确至0.1%。

第二节　滴定分析法

一、滴定分析法的特点及类型

1. 滴定分析法相关概念

滴定分析法是将一种已知准确浓度的试剂（标准溶液），滴加到被测物质的溶液中，直到按化学计量关系恰好反应完全，根据所用标准溶液的体积和浓度，计算被测物质的含量的一种分析方法。大多数滴定分析在水溶液中进行；有时也在水以外的溶剂中进行滴定，称为非水滴定法。

进行滴定分析时，将被测物质溶液置于锥形瓶中，然后将标准溶液（滴定剂）通过滴定管逐滴加到被测物质的溶液中进行测定，这一过程称为滴定（titration）。当滴入的滴定剂的量与被测组分的量正好符合化学反应方程式所表示的计量关系时，称滴定反应到达了化学计量点，简称计量点（stoichiometric point），以sp表示。化学计量点理论上是客观存在的，但事实上当滴定反应到达化学计量点时，没有任何外部特征的变化为我们所观察，为此常需要加入另一种试剂，借助它的颜色变化来指示化学计量点的到达，被加入的这种指示化学计量点到达的试剂称为指示剂（indicator）。在滴定时，滴定至指示剂颜色变化而停止滴定的那一点称为滴定终点（titration end point），简称终点（end point），以ep表示。滴定终点理论上是不存在的，但事实上，在滴定过程中我们能观察到。滴定终点与化学计量点不完全一致，由此造成的误差称为滴定终点误差（titration end point error），简称终点误差（end point error），又称滴定误差（titration error），以te表示。滴定误差是滴定分析误差的主要来源之一，滴定误差的大小取决于滴定反应的完全程度和滴定终点与化学计量点的差距，后者与指示剂的选择是否恰当有关。为了减少滴定误差，就需要在选择指示剂时，使滴定终点尽可能接近化学计量点。

在滴定分析中，常以滴定曲线（titration curve）或滴定方程（titration equation）来描述滴定过程中组分浓度的变化。以溶液中组分（被滴定组分或滴定剂）的浓度对加入的滴定剂体积作图，即得滴定曲线，见图3-1。实践中，滴定曲线的纵坐标一般是与组分浓度有关的某种参数，如酸碱滴定中的pH、配位滴定或沉淀滴定中的pM、氧化还原滴定中的电极电位。可见滴定曲线是以加入的滴定剂体积（或滴定百分数，滴定百分数是指滴定剂实际滴加的体积占化学计量点时所需要的滴定剂体积的百分比）为横坐标，溶液的与组分浓度相关的某种参数为纵坐标绘制的曲线。在化学计量点附近，通常指化学计量点前后0.1%（滴定百分数从99.9%至100.1%）范围内，被测溶液浓度及其相关参数所发生的急剧变化称为滴定突跃（abrupt change in titration curve），滴定突跃所在的范围称为滴定突跃范围（range of abrupt change in titration curve），常用被测溶液浓度及其相关参数的变化范围表示滴定突跃范围大小。滴定突跃范围是选择指示剂的依据，滴定突跃范围大小还反映了滴定反应的完全程度。一般滴定反应的平衡常数（equilibrium constant）越大，即反应越完全，滴定突跃范围就越大，滴定越准确。

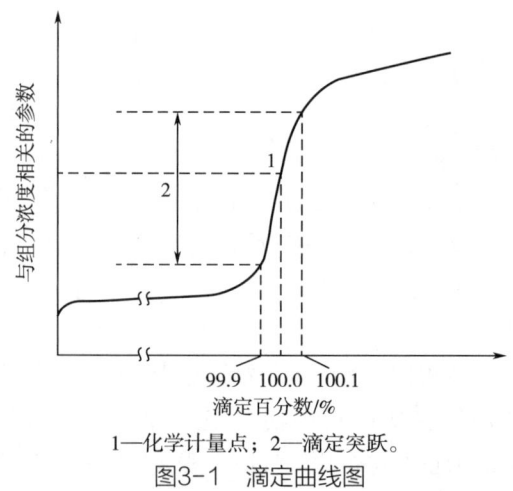

1—化学计量点；2—滴定突跃。

图3-1 滴定曲线图

2. 滴定分析法的特点

滴定分析法适用于组分含量在1%以上，取样量固体质量大于0.1g、液体体积大于10mL的测定，即常量组分分析和常量分析。一般情况下，测定的相对误差不超过±0.1%，故常作为标准方法使用。该法准确度高，所需仪器设备简单，易于操作，快速，价廉并且用途广泛。因此，滴定分析法在烟草组分分析中被广泛应用。

3. 滴定分析法类型

根据化学反应类型的不同，滴定分析法又可分为酸碱滴定法（中和滴定法）、络合滴定法（配位滴定法）、沉淀滴定法、氧化还原滴定法。

（1）酸碱滴定法　该法是以质子传递反应为基础的一类滴定分析法，可用于测定酸、碱，烟草中氮、挥发性酸、挥发性碱、烟叶酸碱度的测定常用此方法。在酸碱滴定中，随着酸或碱标准溶液的加入，溶液$[H^+]$发生变化，在化学计量点附近，溶液$[H^+]$发生突变，形成滴定突跃。能够指示滴定终点的显色剂被称为酸碱指示剂，常见的有酚酞、甲基红、甲基橙等。

（2）络合滴定法　该法是以配位反应为基础的滴定方法，主要用在金属元素测定中，如用EDTA（乙二胺四乙酸）标准溶液测定烟叶中的Ca^{2+}、Mg^{2+}。络合滴定法中，随着滴定剂的加入，金属离子的浓度逐渐降低，到化学计量点附近，溶液中的金属离子浓度发生突变而形成滴定突跃。指示络合滴定终点的指示剂称为金属离子指示剂，金属离子指示剂多为多元弱酸或多元弱碱，常用的有铬黑T、二甲酚橙、PAN[1-（2-吡啶偶氮）-2-萘酚]、酸性铬蓝K等。

（3）沉淀滴定法　该法是以沉淀反应为基础的滴定方法，可用来测定Ag^+、Cl^-、I^-、SCN^-等离子。使用最多的是银量法，即利用难溶性银盐来进行测定。沉淀滴定法中常用指示剂确定滴定终点，也可以用电位滴定法确定终点。沉淀滴定法较常用的有：铬酸钾作为指示剂的银量法——莫尔法，使用铁铵矾为指示剂的银量法——佛尔哈德法；用吸附指示剂指示终点的银量法——吸附指示剂法或法扬司法，吸附指示剂有荧光黄、甲基紫、溴酚蓝等。

（4）氧化还原滴定法　该法是以氧化还原反应为基础的滴定方法，可用于测定具有氧化还原性质的物质，如用高锰酸钾滴定法测定烟液中还原性糖、酚类等。在氧化还原滴定过程中，随着滴定剂的加入，溶液中氧化剂和还原剂的浓度发生变化，同时伴随相关电对的电极电位的变化，其变化过程可用滴定曲线来描述。当达到化学计量点前后时，电极电位产生突跃。这一变化过程，可通过指示剂显示出来。氧化还原滴定中的指示剂有的就是试剂本身，称为自身指示剂，如高锰酸钾；有的通过与反应物结合而生成特殊颜色物质，称为显色指示剂，如可溶性淀粉与碘反应，可生成蓝紫色物质，碘被还原时，颜色消失；有的在不同氧化还原状态时呈现不同的颜色，如二苯胺磺酸钠在还原性溶液中为无色，在氧化性溶液中为紫色。

二、滴定反应的条件

适用于滴定分析法的化学反应应该具备以下条件：

①反应要按照一定的化学计量关系（有确定的化学反应式表示）定量进行，无副反应发生，反应的完全程度应达到99.9%以上。

②反应速率要快。对于速率慢的反应，应想办法提高其反应速率。

③能用比较简单的方法确定其滴定终点。最直观的有指示剂法，也可用仪器方法加以判断。

对于反应不完全符合上述条件的,可采用其他滴定方法进行测定。

三、滴定方式

滴定方式有直接滴定法、返滴定法、置换滴定法、间接滴定法等。采用不同的滴定方式,可以扩展滴定分析的应用范围。

1. 直接滴定法

直接滴定法是在满足滴定反应条件的情况下,用标准溶液直接滴定被测物质的方法。它是滴定分析中最常用和最基本的方法。

2. 返滴定法

返滴定法,也称回滴法,用在被测物与滴定剂反应很慢或者没有合适的指示剂或者用滴定剂直接滴定固体试样时,可先准确地加入定量过量的标准溶液,使与试液中的被测组分进行反应,待反应完成后,再用另一标准溶液滴定剩余的标准溶液。

3. 置换滴定法

置换滴定法用于被测组分所参与的反应不按一定反应式进行或伴有副反应时,可先用适当试剂与被测物反应,使其定量地置换为另一种物质,再用标准溶液滴定这种物质。

4. 间接滴定法

间接滴定法用于不能与滴定剂直接起反应的物质,有时可以通过另外的化学反应,以滴定法间接进行。

四、标准溶液及其配制方法

标准溶液是滴定分析计算的基础。因此,正确配制标准溶液,准确确定标准溶液的浓度,直接影响了测定结果的准确性。标准溶液的配制方法有直接法和标定法。

1. 直接法

准确称取一定量基准物质,溶解于适量水后定量转移到容量瓶中,用蒸馏水稀释至刻度,摇匀。根据物质的重量和溶液的体积,即可计算出该标准溶液的准确浓度。

能够直接配制成标准溶液的试剂,称为基准物质。基准物质应符合下列条件:

(1)试剂的实际组成应与化学式完全相符 若含结晶水,其结晶水的含量也应与化学式完全相符。

(2)试剂纯度高 一般要求纯度在99.9%以上,而杂质的含量应少到不影响分析结果的准确度。

(3)性质稳定 例如,加热干燥时不分解,称量时不吸潮,不吸收空气中的CO_2,

不被空气氧化等。

（4）试剂最好有较大的摩尔质量　这样，称量起来，相对误差较小。

2. 标定法（间接法）

对NaOH和HCl这些物质，不符合基准物质的条件，如NaOH很容易吸收空气中的CO_2和水分，使称得的重量不能代表纯净NaOH的重量；盐酸易挥发，难以确定HCl的准确含量，因此，不宜用直接法配制标准溶液，而要采用标定法进行标定。

标定法是将待标定物质先配成接近所需浓度的溶液，然后用基准物质（或已经用基准物质标定过的标准溶液）来标定它的准确浓度。这种利用基准物质来确定标准溶液浓度的操作过程，称为"标定"。标准溶液的标定可采用两种方法，即基准物质标定和比较法。

（1）用基准物标定　准确称取一定量的基准物，溶解后用待标定的标准溶液滴定，然后根据基准物和待标定的标准溶液之间物质的量的关系，计算出该标准溶液的准确浓度。大多数标准溶液都采用标定法确定其准确浓度。

（2）比较法　即用已知准确浓度的标准溶液进行标定。可用如下方法进行：准确吸取一定量的待标定的溶液，用已知准确浓度的标准溶液滴定；或是准确吸取一定量的标准溶液，用待标定的溶液滴定。根据两种溶液的体积及标准溶液的浓度，可算出待标定溶液的准确浓度。

用比较法标定时，所用的标准溶液称为二级标准。对于准确度要求高的分析测定，标准溶液多用基准物标定，而不用二级标准。

标定好的标准溶液应妥善保存。溶液保存于瓶中，由于蒸发，在瓶内壁常有水滴凝聚，使溶液浓度发生变化，故在每次使用前应将溶液摇匀。见光易分解的标准溶液应贮于棕色瓶中并在暗处放置。易吸收空气中CO_2并能腐蚀玻璃的强碱溶液，应装在塑料瓶中。标准溶液若需长期使用，必须定期标定。

五、滴定分析的结果计算

滴定分析法中涉及一系列的计算，如标准溶液的配制和标定、滴定剂和待测物质之间的计量关系及分析结果的计算等。滴定分析计算的依据是：当滴定剂与待测物质作用完全时，反应达到了化学计量点，此时，二者参加反应的物质的量必定符合反应式的计量比例。下面介绍两种计算方法。

1. 换算因数法

（1）被测物的物质的量n_A与滴定剂的物质的量n_B之间关系的计算。

在直接滴定法中，设被测物A与滴定剂B之间的反应为：

$$a\text{A} + b\text{B} = c\text{C} + d\text{D} \tag{3-3}$$

A与B反应到达化学计量点时，$n_A : n_B = a : b$，则：

$$n_A = \frac{a}{b} n_B \tag{3-4}$$

$$n_B = \frac{b}{a} n_A \tag{3-5}$$

在有关的计算式中引入上述换算因数,即两个反应物的物质的量之比。

(2)被测物含量的计算。

滴定分析中常用的化学量和有关计算公式分别见表3-1和表3-2。

表3-1 滴定分析中常用化学量

化学量	符号	定义	单位
物质的质量	m	—	g
物质的量	n	$n=m/M$	mol
摩尔质量	M	$M=m/n$	g/mol
物质的量浓度	c	$c=n/V$	mol/L

表3-2 滴定分析常用的计算公式

计算项目	换算因数法
溶液测定,溶液稀释	$c_A V_A = \frac{a}{b} c_B V_B$
溶液标定	$\frac{m_A}{M_A} = \frac{a}{b} c_B V_B$
被测物质的质量	$m_A = \frac{a}{b} c_B V_B M_A$
被测物质的含量	$w_A = \frac{\frac{a}{b} c_B V_B M_A}{m_s} \times 100\%$

公式中 V_A、m_A、c_A、M_A 分别为被测物的体积、质量、浓度、摩尔质量,V_B、c_B 分别表示到达化学计量点时用去的标准溶液(滴定剂)体积、浓度,m_s 表示试样质量,被测物在试样中的含量以质量分数 w_A 表示。

2. 等物质的量规则

等物质的量规则可以表述为在化学反应中消耗的两种反应物的物质的量相等。

在滴定分析中,用标准溶液滴定样品溶液。根据等物质的量规则,当滴定到化学计量点时,被测组分的物质的量等于标准溶液的物质的量,即:

$$n_A = n_B \text{ 或 } c_A V_A = c_B V_B \text{ 或 } \frac{m_A}{M_A} = \frac{a}{b} c_B V_B \tag{3-6}$$

六、应用实例——烟草中还原糖和水溶性总糖的测定

1. 原理

溶剂萃取出水溶性糖，经纯化后（水溶性总糖测定时应水解）与费林溶液在一定条件下反应，产生氧化亚铜沉淀。用三价铁离子溶解氧化亚铜沉淀，产生出二价铁离子。用高锰酸钾标准滴定溶液滴定二价铁离子，求出氧化亚铜沉淀中铜的量，查哈蒙表（Hammond表）（见附录）得相应的葡萄糖量，计算得出试样的还原糖（或水性总糖）含量。

2. 试剂

使用分析纯级试剂，水应为蒸馏水或同等纯度的水。具体试剂信息如下：

①草酸钾：$K_2C_2O_4 \cdot H_2O$。

②费林溶液A液：硫酸铜溶液，溶解硫酸铜（$CuSO_4 \cdot 5H_2O$）34.639g于水中，稀释至500mL。

③费林溶液B液：酒石酸钾钠溶液，溶解酒石酸钾钠（$KNaC_4H_4O_6 \cdot 4H_2O$）173.09g及氢氧化钠50g于水中，稀释至500mL。

④盐酸溶液：$c(HCl)=3mol/L$。

⑤乙酸铅溶液：中性乙酸铅$[Pb(CH_3COO)_2 \cdot 5H_2O]$溶于水制成饱和溶液。

⑥氢氧化钠溶液：10%（质量分数）。

⑦硫酸铁溶液：溶解铁铵矾$[FeNH_4(SO_4)_2 \cdot 5H_2O]$125g或硫酸铁55g于水中，稀释至1000mL。

⑧硫酸溶液：$c(H_2SO_4)=2mol/L$。

⑨乙醇溶液：80%（体积分数），乙醇加水，用酒精计调整至乙醇浓度为80%（体积分数）。借助pH试纸，用10%（质量分数）氢氧化钠溶液中和乙醇溶液的游离酸至中性。

⑩草酸钾溶液：20%（质量分数）。

⑪高锰酸钾标准滴定溶液。

⑫邻菲罗琳指示剂：溶解0.7425g邻菲罗琳于25mL的0.025mol/L硫酸亚铁溶液中。

⑬甲基红指示剂：0.1%。

3. 主要仪器设备

主要的仪器有：

①恒温水浴锅。

②抽滤装置。

③烧结玻璃坩埚，G4型。

4. 抽样

按GB/T 19616—2004《烟草成批原料取样的一般原则》抽取烟叶作为实验室样品。

5. 分析步骤

（1）试样的制备及水分含量测定　按YC/T 31—1996《烟草及烟草制品　试样的制

备和水分测定 烘箱法》制备试样并测定试样的水分含量。

（2）水溶性糖的测定 称取试样适量（烤烟2~3g，晾晒烟4~6g）于三角瓶中，精确至0.001g，加入100mL乙醇浸泡过夜。次日，将上层清液过滤于圆底烧瓶中，再加100mL乙醇于三角瓶中，在沸腾的水浴锅上回流抽提30min。将抽提液过滤于圆底烧瓶中，用乙醇充分洗涤三角瓶及残渣。合并抽提液与洗涤液，加入瓷环两个，在沸腾的水浴锅中回收乙醇，直至没有乙醇味。取下圆底烧瓶，加入100mL 80℃水，振荡溶解，必要时用玻璃棒搅碎不溶块，冷却至室温。将溶液转入三角瓶中，用水充分洗涤圆底烧瓶内壁，将洗涤液也转入三角瓶中。沿三角瓶壁小心加入乙酸铅溶液15mL，用水定容至刻度，盖上瓶盖，充分振荡，静置15min。然后将溶液过滤于内有2g草酸钾的三角瓶中，待滤液约100mL时，充分摇动三角瓶使草酸钾溶解，静置，用一滴草酸钾溶液检查上层清液应无沉淀产生。将溶液过滤于100mL容量瓶中，用水定容至刻度。此即为制备好的糖液（制备好的糖液应马上进行后续测定）。

（3）费林反应 ①水溶性总糖的测定：用移液管移取25mL制备好的糖液于烧杯中，加入盐酸溶液3mL，盖上表面皿，放在沸腾的水浴锅上水解，并准确控制水解时间15min，然后将溶液迅速冷却至室温。加甲基红指示剂两滴，用氢氧化钠溶液调节溶液至中性，氢氧化钠不可过量。即刻移取费林溶液A液和B液各25mL于烧杯内，加水17.5mL。盖上表面皿，将烧杯加热，使之在4min内沸腾，并准确控制溶液保持沸腾2min，立即将氧化亚铜沉淀抽滤于烧结玻璃坩埚内，以60~80℃水充分洗涤烧杯和烧结玻璃坩埚，将烧结玻璃坩埚放入原烧杯内。

②还原糖的测定：用单刻度移液管移取制备好的糖液和水各25mL于烧杯中，然后移取费林溶液A液和B液各25mL于烧杯内。以下操作同"水溶性总糖测定"。

（4）高锰酸钾滴定 向装有烧结玻璃坩埚的烧杯中加入硫酸铁溶液50mL，搅动溶液使氧化亚铜沉淀完全溶解。然后加入硫酸溶液20mL，立即用高锰酸钾标准滴定溶液滴定，近终点时加入邻菲罗啉指示剂一滴，滴定至溶液由棕黄色变为绿色即为终点。同时做空白试验，并加以校正。空白试验有效期为两个月。

6. 结果计算与表述

（1）铜量的计算 生成的铜量Z，由式（3-7）计算得出：

$$Z = T(V_2 - V_1) \tag{3-7}$$

式中 Z——生成的铜量，mg；

T——高锰酸钾标准滴定溶液的滴定度，mg Cu/mL；

V_1——空白试验耗用高锰酸钾标准滴定溶液的体积，mL；

V_2——滴定耗用高锰酸钾标准滴定溶液的体积，mL。

（2）水溶性糖含量的计算 烟草中水溶性总糖（或还原糖）的百分含量通过式（3-8）计算得出：

$$C = \frac{N}{m \times (1-w) \times 10} \times 100\% \tag{3-8}$$

式中　　C——水溶性总糖（或还原糖）的百分含量，%；

　　　　N——从汉蒙表中查得的 Z mg 铜相当的葡萄糖量，mg；

　　　　m——试样质量，g；

　　　　w——试样的水分百分含量，%。

以两次测定的平均值作为测定结果。若测得的水溶性糖含量大于或等于10.0%，结果精确至0.1%；若小于10.0%，结果精确至0.01%。两次平行测定结果绝对值之差不应大于0.30%。

思考题

1. 试述重量分析法和滴定分析法的特点和类型。
2. 阐述重量分析法对沉淀形和称量形的要求。
3. 叙述重量分析法中沉淀的类型及其形成条件。
4. 试述重量分析中影响沉淀溶解度的因素。
5. 试述重量分析中影响沉淀纯度的因素。
6. 叙述重量分析法的一般步骤。
7. 分析用硅钨酸重量法测定烟草中烟碱时影响结果精准度的主要因素与操作步骤。
8. 名词解释：滴定、化学计量点、指示剂、滴定终点、滴定误差、滴定曲线、滴定突跃、滴定突跃范围。
9. 试述滴定反应的条件。
10. 滴定方法有哪些？分别叙述不同滴定方法的应用范围。
11. 怎样配置标准曲线？
12. 简要叙述用费林溶液测定烟叶中还原糖与水溶性总糖的原理。

第四章　光谱分析在烟草化学成分分析中的应用

本章导读与思政点

　　光学分析方法在物质定性、定量及结构解析中运用广泛，涉及的仪器与分析方法较多，是当前烟草化学成分分析的主要手段。本章将探讨光谱分析的基础理论、仪器构造及操作流程，并详细展示其在烟草化学成分分析中的实际应用。通过本章学习，学生要掌握电磁辐射的基本原理、不同类型光学分析的原理及检测技术，了解光谱技术的发展和在烟草及其制品中化学成分分析中的应用，理解精准测量对科技工作的重要性与必要性。此外，本章还将强调科学精神、工匠精神对物质精准测定的重要性，引导学生培养科学研究的基本素养。

◎ **学习目标**

　　（1）了解光谱技术的类型及分类，掌握光谱分析的基础理论。

　　（2）掌握紫外-可见分光光度法、红外光谱法、原子发射光谱法、原子吸收光谱法、原子荧光光谱法的基本原理和仪器构造。

　　（3）熟练运用不同光谱技术，定性或定量分析烟草及其制品中的物质成分。

◎ **学习内容**

　　（1）学习光谱分析的基础知识，包括电磁辐射理论、光学分析方法、光的吸收及其影响因素。

　　（2）学习紫外-可见分光光度法、红外光谱法、原子发射光谱法、原子吸收光谱法、原子荧光光谱法的基本原理。

　　（3）掌握以上仪器的构造，包括信号发生器、信号检测系统、信号处理系统和数据处理系统等四个组成部分，以及它们的性能参数。

　　（4）学习紫外-可见分光光度法、红外光谱法、原子发射光谱法、原子吸收光谱法、原子荧光光谱法在烟草品质分析中的运用，并进行实际操作。

◎ **学习重点**

　　（1）学习并掌握光谱分析的基础理论，尤其是电磁辐射理论以及光谱分析类型及其适用条件。

　　（2）掌握紫外-可见分光光度法、红外光谱法、原子发射光谱法、原子吸收光谱法、原子荧光光谱法的基本原理，区分吸收光谱和发射光谱的特点。

（3）掌握紫外-可见分光光度法、红外光谱法、原子发射光谱法、原子吸收光谱法、原子荧光光谱法的主要仪器结构及其关键部件的性能，特别检测系统的特点与应用场景。

（4）掌握紫外-可见分光光度法、红外光谱法、原子发射光谱法、原子吸收光谱法、原子荧光光谱法在烟草品质分析中的运用。

◎ 学习难点

（1）深入理解光谱分析中原子光谱和分子光谱、吸收光谱和发射光谱的特点。

（2）学习影响光吸收的因素，并将其准确地应用在不同光谱分析方法中以控制分析精准度。

（3）熟悉紫外-可见分光光度计、近红外光谱仪、电感耦合等离子体发射光谱仪、原子吸收分光光度计、原子荧光分光光度计的操作流程，包括进样技术、数据处理方法等，进行烟草样品化学成分的定性和定量分析。

第一节 光谱分析概述

光学分析方法是根据电磁辐射与物质相互作用后发生的变化或产生辐射信号来测定物质的组成、含量和结构的一类分析方法，在烟草品质分析中被广泛使用。通常根据辐射信号变化是否与能级跃迁有关，分为光谱法和非光谱法两类。光学分析一般有三个过程：提供激发能量→能量与被测物相互作用→产生被测信号（能量变化）。光学分析需要借助分析仪器才能实现，分析仪器通常由信号发生器、信号检测系统、信号处理系统和数据处理系统四个部分组成。

一、电磁辐射

1. 电磁辐射和电磁波谱

电磁辐射（electromagnetic radiation）是一种以极大速度通过空间传播能量的电磁波。光的本质就是电磁辐射（又称电磁波），具有波粒二象性，即波动性和微粒性。

（1）光的波动性　光的波动性是指光可以用互相垂直的正弦波振荡电场和磁场表示，具有速度、方向、波长、振幅和偏振面等特性，通常用波长（λ）、波数（σ）和频率（ν）来表征。波长是光在波的传播路线上具有相同振动相位的相邻两点之间的距离，单位有米（m）、微米（μm）、纳米（nm）；波数是每厘米长度中波的数目，单位为

cm^{-1}；频率是每秒的波动次数，单位为赫兹（Hz）。它们的关系为：

$$\nu = \frac{c}{\lambda} \tag{4-1}$$

$$\sigma = \frac{1}{\lambda} = \frac{\nu}{c} \tag{4-2}$$

式中　c——光在真空中的传播速度，为 2.997925×10^{10} cm/s。

（2）光的微粒性　光的微粒性是指光是由一系列量子化的光子（能量子）组成。每个光子具有的能量常用 E 表示，常用单位为电子伏特（eV）和焦耳（J）。

$$E = h\nu = \frac{hc}{\lambda} \tag{4-3}$$

式中　h——普朗克常数（Planck constant），为 6.626×10^{-34} J·s。

（3）电磁波谱　将电磁波辐射按波长或频率的大小排列所得的图表，称为电磁波谱。依次是无线电波、微波、红外光、可见光、紫外光、X射线和γ射线等。

不同的电磁辐射，因为波长、频率和能量大小不同，能级跃迁类型也不相同，表4-1列出了电磁波谱能级跃迁类型和仪器分析测试方法的关系。

表4-1　电磁波谱表

能量/eV	频率/Hz	波长 λ	电磁波区间	跃迁类型
$>2.5 \times 10^5$	$>6.0 \times 10^{19}$	<0.005 nm	γ射线区	核能级
$2.5 \times 10^5 \sim 1.2 \times 10^2$	$6.0 \times 10^{19} \sim 3.0 \times 10^{16}$	$0.005 \sim 10$ nm	X射线区	K、L层电子能级
$1.2 \times 10^2 \sim 6.2$	$3.0 \times 10^{16} \sim 1.5 \times 10^{15}$	$10 \sim 200$ nm	真空紫外光区	
$6.2 \sim 3.1$	$1.5 \times 10^{15} \sim 7.5 \times 10^{14}$	$200 \sim 400$ nm	近紫外光区	外层电子能级
$3.1 \sim 1.6$	$7.5 \times 10^{14} \sim 3.8 \times 10^{14}$	$400 \sim 800$ nm	可见光区	
$1.6 \sim 0.50$	$3.8 \times 10^{14} \sim 1.2 \times 10^{14}$	$0.8 \sim 2.5$ μm	近红外光区	分子振动能级
$0.50 \sim 2.5 \times 10^{-2}$	$1.2 \times 10^{14} \sim 6.0 \times 10^{12}$	$2.5 \sim 50$ μm	中红外光区	
$2.5 \times 10^{-2} \sim 1.2 \times 10^{-3}$	$6.0 \times 10^{12} \sim 3.0 \times 10^{11}$	$50 \sim 1000$ μm	远红外光区	分子转动能级
$1.2 \times 10^{-3} \sim 4.1 \times 10^{-6}$	$3.0 \times 10^{11} \sim 1.0 \times 10^9$	$1 \sim 300$ mm	微波区	
$<4.1 \times 10^{-6}$	$<1.0 \times 10^9$	>300 mm	无线电波区	磁核自旋能级

2. 电磁辐射与物质的相互作用

电磁辐射与物质的相互作用是普遍存在的。表4-2列出了常见的电磁辐射与物质相互作用现象。

表4-2　常见电磁辐射与物质相互作用及现象

现象	原理
吸收	原子、分子或离子吸收能量（等于基态和激发态能量之差），从基态跃迁至激发态的现象

续表

现象	原理
发射	物质从激发态跃迁回基态,并以光的形式释放出能量的现象
散射	光通过介质时,光子与介质分子之间发生碰撞,光子运动方向发生改变的现象。若是弹性碰撞,没有能量变换,光频率不变,则称为瑞利(非拉曼)散射;若是非弹性碰撞,有能量的交换,光频率发生变化,则称为拉曼散射
折射和反射	当光从介质a照射到介质a与介质b的界面时,一部分光在界面上改变方向返回介质a,称为光的反射;另一部分光则改变方向,以一定的折射角度进入介质b,此现象称为光的折射
干涉	在一定条件下光波相互作用叠加合成波,其强度加强或减弱的现象。当两个波长的相位差180°时,发生最大相消干涉;当两个波同相位时,则发生最大相长干涉
衍射	光波绕过障碍物或通过狭缝,以约180°的角度向外辐射,波前进的方向发生弯曲的现象

二、光学分析方法分类

光学分析方法包括光谱法和非光谱法。

1. 光谱法

光谱法是基于物质与电磁辐射相互作用引起能级跃迁产生的辐射信号变化进行分析的方法。光谱法在烟草化学成分检测中被广泛运用。

不同能量的电磁辐射,与物质发生作用的机制不同,产生的现象也不同。依据量子化学理论,物质的分子、原子或离子都存在于相应的能级状态中。在没有外界干扰的情况下,物质都处于能量最低、最稳定的状态,被称为基态。当受到外界能量的作用时,物质会处于某一较高能量、不稳定的状态,被称为激发态。激发态与基态的能量差,就是发生量子化能级跃迁所需的能量。对于某一特定物质微粒来说,基态与激发态的两个量子化能级之差是确定的;对于不同的物质微粒,量子化能级之差是不同的。据此,可通过光谱来对物质进行定性、定量分析。在光谱法中,测量辐射波长可以进行物质的定性分析,测量辐射强度可以进行物质的定量分析。

(1)原子光谱与分子光谱 按辐射作用本质,可将光谱法分为原子光谱法和分子光谱法两类。

①原子光谱(atomic spectroscopy):原子光谱是原子外层电子跃迁产生的光谱。处于气相状态下的原子经过激发可以产生特征的线状光谱。由于原子的价电子跃迁所引起的能量变化 ΔE 为2~20eV,根据式(4-3)可以估算出所有元素的原子光谱的波长主要分布在紫外及可见光谱区,仅少数落在近红外区。原子光谱可分为原子发射光谱和原子吸收光谱两类。

一个原子可具有多种能级状态,如图4-1所示。当有辐射通过自由原子蒸气时,若辐射的频率等于原子中的电子从基态跃迁到激发态或由激发态跃回基态时吸收或发射的电磁辐射的频率,该辐射称为共振线。由于各种元素的原子结构和外层电子的排布不同,因此,不同元素的原子从基态激发至激发态(或由激发态跃回基态)时,吸收(或发射)的能量不同,各种元素的共振线也不同,各有其特征性,这种共振线称为元素的特征谱线。

原子从基态跃迁至能量最低的激发态称为第一激发态,原子跃迁至第一激发态或从第一激发态跃回基态时产生的共振线称为第一共振线。由于第一共振线是最容易产生的谱线,灵敏度最高,又称为最灵敏线。在原子光谱分析中,大多数情况下是利用元素最灵敏的共振线来进行测定的,因此,这些谱线又称分析线。

利用原子光谱可以对元素进行定性和定量分析。

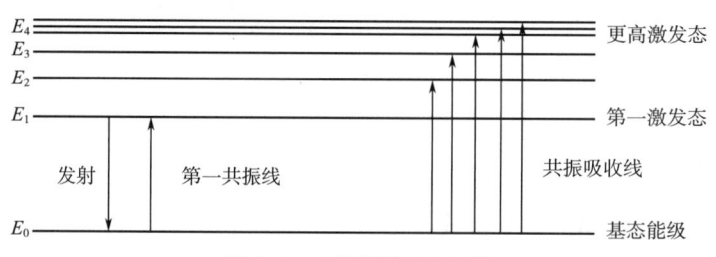

图4-1 原子能级示意图

②分子光谱(molecular spectroscopy):构成物质的分子或原子总是在不断运动的,分子内部运动方式有三种,即电子运动、分子振动和分子转动。电子运动是分子内电子相对原子核的运动。分子振动是分子内原子在其平衡位置上的振动。分子转动是分子本身围绕其重心的转动。三种运动方式分别产生三种不同的能量级别,被称为电子能级、振动能级和转动能级。每种电子能级的跃迁会伴随若干振动和转动能级的跃迁(图4-2),使分子光谱呈现出更为复杂的宽带吸收。

一个分子的总内能变化是三个能量变化的总和。对于多数分子,电子能级跃迁所需能量大,为1~20eV,所吸收的电磁辐射波长为1.25~0.06μm,主要在紫外及可见光区,产生的光谱称为电子光谱或紫外-可见光谱。振动能级跃迁所需能量次之,为0.05~1eV,需吸收波长为25~1.25μm的电磁辐射。在分子振动的同时还有转动运动,因此,振动能级跃迁的同时常伴有转动能级跃迁,二者合称振动-转动光谱(简称振-转光谱)。由于它所吸收的能量处于红外光区,故又称为红外光谱。分子转动能级跃迁所需能量最小,为0.005~0.05eV,需吸收波长为250~25μm的远红外光。它所产生的吸收光谱称为转动光谱或远红外光谱。

利用分子光谱可以对有机化合物进行定性和定量分析。

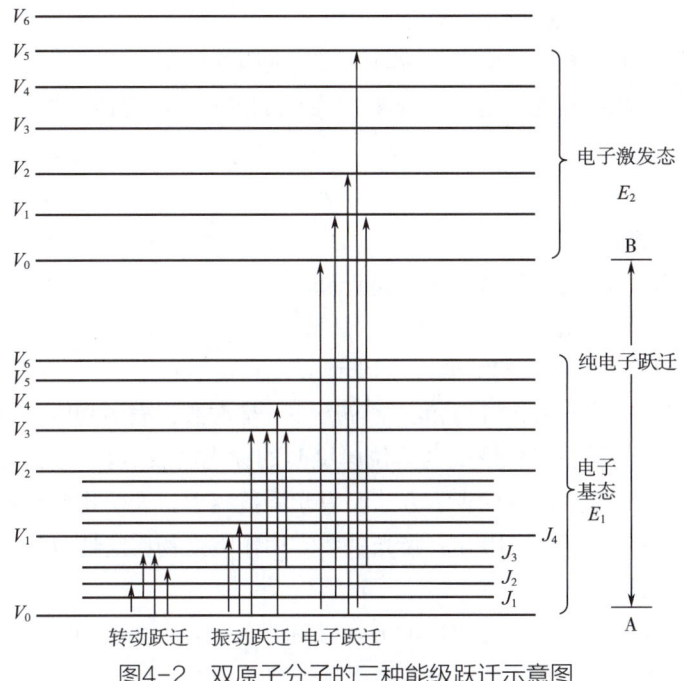

图4-2 双原子分子的三种能级跃迁示意图

（2）发射光谱和吸收光谱　按辐射能量传递的方式，光谱法可分为发射光谱分析法、吸收光谱分析法、荧光光谱分析法、拉曼光谱分析法等。为了检测到能量变化，通常需要主动向被测物发送某一频率的电磁辐射，使被测物处于能级跃迁状态。如果检测的是外部提供的电磁波能量被物质吸收后的变化，被称为吸收光谱；如果检测的是激发态的物质释放能量回到基态释放的能量，这就是发射光谱。仪器分析中常见的吸收光谱分析法有紫外-可见分光光度法、原子吸收分光光度法、红外分光光度法、核磁共振波谱法等；发射光谱法有荧光、磷光、化学发光分析法，原子荧光分析法，X射线荧光光谱法等。核磁共振波谱法是研究分子结构、构形构象、分子动态等的强有力工具，将在第七章单独展开介绍。

2. 非光谱法

非光谱法依据物质与电磁辐射相互作用后，对不涉及能级跃迁的辐射信号变化进行分析。如折射、反射、衍射、色散、散射、干涉及偏振等。

三、光的吸收及其影响因素

1. 吸光度和透光率

如果平行的单色光通过均匀的、非散射的介质时，光的强度减弱，就将出射光强度与入射光强度的比值定义为透光率（transmittance，T）。透光率的负对数称为吸光度（absorbance，A），用来表示入射光被吸收的程度。吸光度具有加和性，当介质中有多种吸光物质时，吸光度为各吸光物质的吸光度之和。

2. Lambert-Beer定律和光度法

当一束平行的单色光通过均匀溶液时,溶液的吸光度与光通过吸光物质的光程、吸光物质的浓度的乘积成正比,这一规律被称为Lambert-Beer定律,也称为光吸收定律。见式(4-4):

$$A=abc \quad (4-4)$$

式中　A——吸光度;
　　　a——介质对光的吸收系数,L/(mol·cm);
　　　b——光程长,cm;
　　　c——溶液中吸光物质的浓度,mol/L或g/100mL。

吸收系数在特定的波长、溶剂和温度等条件下是常数,表明物质对特定波长光的吸收能力,常用吸光物质在单位浓度及单位厚度时的吸光度表示。吸光度也称吸光系数,有摩尔吸光度和百分吸光度两种表示方法。吸光系数越大,表明物质对该特定波长的光吸收能力越强,灵敏度越高,因此,吸光系数常用作吸光物质定性分析的依据和定量分析灵敏度的估计指标。

基于Lambert-Beer定律进行测定的方法被称为光度法。根据式(4-4),A-c应为一条通过原点的直线,但在实际工作中常会出现偏离(图4-3)。

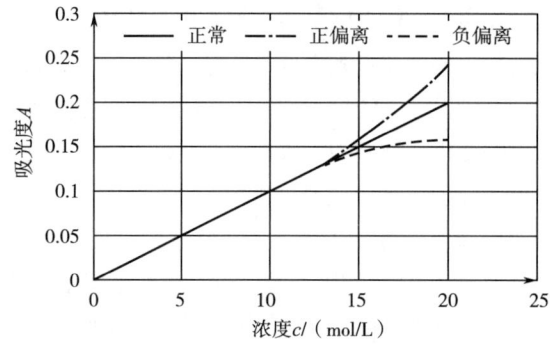

图4-3　光度法测定结果的偏离

引起数据偏离的因素主要有:

(1)待测物浓度　由于Lambert-Beer定律的前提是稀溶液($c<0.01$mol/L),当溶液浓度高时,吸光离子间的距离减小,影响邻近离子的电荷分布,使吸光系数发生改变。另外,待测物质浓度增加,可能会发生解离、缔合、溶剂化或生成配合物等化学反应,导致其存在形式发生改变,从而影响测定结果。由此带来的偏离,可通过严格控制溶液条件加以克服,如控制酸碱条件、溶液浓度等。

(2)光源　Lambert-Beer定律只适用于单色光。在实际工作中常采用连续光源,然后利用单色器将光解成为单色光。实际上,单色器所提供的入射光并非单色光,而是由波长范围较窄的光带组成的复合光,物质对不同波长光的吸光系数不同,杂色光的存在使吸光系数偏离。为了减小吸光系数的偏离,通常选择的入射光,其所含的波长范围在被测溶液的吸收曲线较平坦的部分。

3. 物质的吸收光谱曲线

物质具有选择性吸收不同波长光的性质。以光的波长为横坐标，以物质的吸光度为纵坐标，获得的曲线被称为吸收光谱曲线。吸收光谱曲线描述了物质对不同波长光的吸收程度。由于组成的差异，不同物质的吸收曲线各不相同，因此，吸收曲线可作为物质定性分析的依据。相同物质，浓度有差异，其吸收光谱的形状相似（图4-4，其中1、2、3为浓度递增序列），但吸收峰的高度或峰面积有差异。根据Lambert-Beer定律，在一定浓度范围内，随着浓度增加，吸收峰的高度或峰面积也增加，据此可进行物质的定量测定。

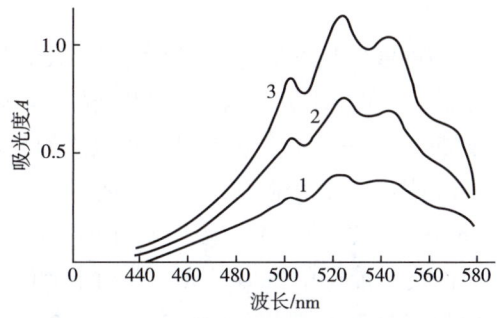

图4-4　不同浓度高锰酸钾的吸收光谱图

第二节　紫外-可见分光光度法

紫外-可见分光光度法是利用物质对紫外-可见光的吸收特征和吸收强度，对物质进行定性和定量分析的仪器分析方法。

一、紫外-可见吸收光谱法的基本原理

紫外-可见光可分为三个区域：10~200nm为远紫外区，200~400nm为近紫外区，400~760nm为可见光区。一般研究分子在近紫外区至可见光区的吸收光谱情况。

化学键的电子构型（σ键、π键、孤对电子）决定了化合物的结构和性质，分子吸收光能后由基态跃迁到激发态，反映了光能与化学键的内在联系，据此可通过检测物质的紫外-可见吸收光谱来分析物质结构和含量。

1. 电子跃迁类型

在化合物中，处于σ轨道上电子的称为σ电子，处于π轨道上的电子称为σ电子，处于原子轨道上的电子称为n电子，它们都处于基态；还有σ^*、π^*两个反键轨道是空置

的。当紫外-可见光照射化合物时，可发生如下电子跃迁类型（图4-5）。

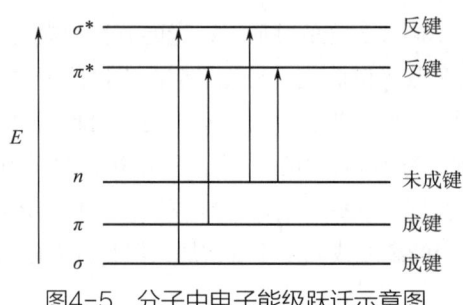

图4-5 分子中电子能级跃迁示意图

（1）$\sigma \to \sigma^*$跃迁　σ轨道的能级最低最稳定，因此需要较大的能量才能被激发，只有远紫外区短波长的辐射能才满足要求，所以$\sigma \to \sigma^*$跃迁的吸收带在真空紫外区，一般观察不到。饱和烃的吸收带就是$\sigma \to \sigma^*$跃迁吸收带，吸收光的波长一般小于150nm，在紫外-可见分光光度计测量范围之外，因此常用作溶剂使用。

（2）$n \to \sigma^*$跃迁　在饱和烃的含氧、氮、硫、磷、卤素的衍生化合物中，其杂原子上有未成键的孤对电子（简称n电子），在紫外光的照射下，除有$\sigma \to \sigma^*$跃迁外，还有$n \to \sigma^*$跃迁。$n \to \sigma^*$跃迁所吸收的波长在200nm左右。

（3）$\pi \to \pi^*$跃迁　处于π轨道上的电子跃迁到π^*上，所需能量低于$\sigma \to \sigma^*$跃迁。具有C=C、—C≡C—、C=N等基团的不饱和有机化合物能产生$\pi \to \pi^*$跃迁。孤立$\pi \to \pi^*$跃迁吸收波长在170~200nm，具有吸收强度大的特征。同一分子有多个不共轭双键时，吸收波长与单个双键相同。分子有共轭双键时，由于π电子的共轭离域，使$\pi \to \pi^*$跃迁所需能量降低，吸收波长红移，吸收强度也增大。

（4）$n \to \pi^*$跃迁　含有杂原子的不饱和化合物，其孤对电子吸收能量后，发生$n \to \pi^*$跃迁，吸收波长一般在200~400nm近紫外区，吸收强度弱至中强都有。含有杂原子的不饱和基团C=O、C=S、O=N=O、N=N等会产生$n \to \pi^*$跃迁。当分子有$p-\pi$超共轭时，使π电子离域，跃迁能量降低，使其$\pi \to \pi^*$跃迁和$n \to \pi^*$跃迁吸收峰红移，吸收强度增加。

（5）荷移跃迁　在电磁辐射能量激发下，配合物的电荷发生重新分布，电子从给予体向接受体相联系的轨道上跃迁，称为电荷迁移跃迁，简称荷移跃迁。由此而产生的吸收光谱法称为荷移跃迁光谱法。许多无机配合物及某些化合物可产生荷移跃迁，其特征是吸收谱带较宽，吸收强度较大。荷移跃迁吸收的波长取决于电子给予体与接受体相应电子轨道的能量差。中心离子的氧化能力强或配体的还原能力强，则发生荷移跃迁时吸收的辐射能量小、波长长。荷移跃迁的特点是跃迁概率大，吸收强度高，一般其摩尔吸光系数大于10^4，用于定量分析灵敏度高。

2. 吸收谱带与分子结构的关系

对于某一具体化合物而言，跃迁产生的吸收峰特征，与化合物的组成和结构密切相关。通常，根据电子跃迁类型，将吸收带分为4种类型。

（1）R带　含有杂原子的不饱和基团，由$n \rightarrow \pi^*$跃迁引起的吸收带，称为R带。它是基团型吸收带，特点是吸收波长较长、吸收强度较弱（λ_{max}=300nm、ε_{max}<100）。能产生R带的化合物，在溶剂极性减小时吸收峰红移、溶剂极性增大时吸收峰蓝移。

（2）K带　含有共轭双键的化合物，由共轭大π键的$\pi \rightarrow \pi^*$跃迁引起的吸收带，称为K带。它是共轭型吸收带，特点是吸收强度较大，一般ε_{max}>10^4，为强带；吸收波长随着共轭情况的不同而在紫外和可见光区都有分布，共轭体系越大，吸收波长越长。

（3）B带　含有苯环（或杂芳环）的芳香族化合物，因环共轭π键的$\pi \rightarrow \pi^*$跃迁引起的吸收带，称为B带。因苯环吸收带在230~270nm的精细结构而得名。

（4）E带　芳香族化合物的特征吸收带，它由苯环结构中三个双键环状共轭系统的$\pi \rightarrow \pi^*$跃迁所产生，吸收峰λ_{max}=177.83nm、$\lg\varepsilon_{max}$=4.840，属于强吸收带。

3. 影响吸收带的因素

紫外-可见光谱中，吸收带的位置和强度主要由分子中的生色基团决定，受结构因素和外部测定条件的影响，致使吸收峰在一定范围内变动。结构因素对分子中电子共轭结构影响最显著，凡是使共轭效应加强的结构，其吸收峰红移、强度增强，反之则使吸收峰蓝移、强度减弱。

（1）共轭效应　当分子中有共轭体系时，离域的共轭π电子会组合成一组新的成键组合轨道和反键组合轨道，使组合成键轨道的最高能级略有升高，组合反键轨道的最低轨道能级略有降低，从而导致电子从成键组合轨道的最高能级跃迁到组合反键轨道的最低能级（即$\pi \rightarrow \pi^*$跃迁）的能量ΔE减小（图4-6），最大吸收波长红移，吸收强度增大。共轭体系越长，吸收波长红移越显著，甚至有红移到可见光区的，吸收峰强度增大，并出现多个吸收带。

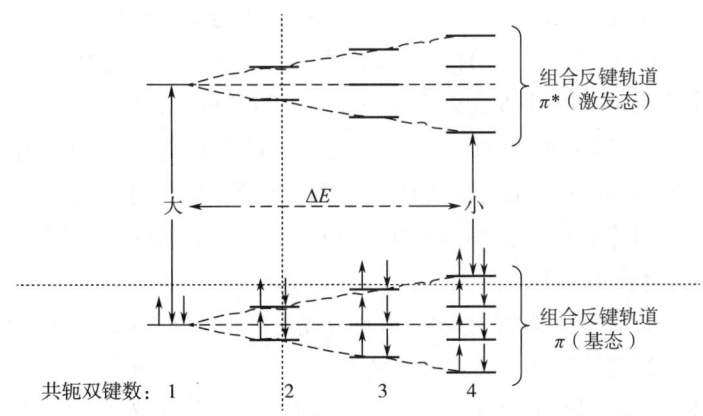

图4-6　共轭多烯线性组合轨道能级示意图

（2）立体效应　生色基由于取代基的空间位阻使共轭体系受到破坏，使吸收波长蓝移、吸收强度减弱；或者生色基由于立体构象、跨环产生共轭效应，使吸收波长红移、吸收强度增大。这种由于立体位置的改变而使共轭减弱或形成新的微弱共轭的作用称为立体效应。

（3）溶剂效应　在 $\pi \rightarrow \pi^*$ 跃迁中，激发态的极性大于基态，在极性溶剂中，极性溶剂对电荷分散体系的稳定能量使激发态和基态的能量都有所降低，但降低程度不同，激发态能级降低得稍多一些，这就导致跃迁所需能量减小，使吸收带红移；在 $n \rightarrow \pi^*$ 跃迁中，激发态的极性比基态的极性小，极性溶剂体系也使两者能级均降低，但基态的能级降低得稍多一些，从而导致跃迁所需能量增加，使吸收带蓝移。

（4）pH的影响　pH的改变对具有共轭体系的有机弱酸、弱碱、酚和烯醇的吸收峰位置有较大影响。pH升高加强共轭效应时，吸收带红移；共轭效应减弱时，吸收带蓝移。

二、紫外-可见分光光度计

1. 仪器的基本结构

分光光度计的结构基本相同，由光源、单色器、吸收池、检测器和信号处理系统5部分组成（图4-7）。

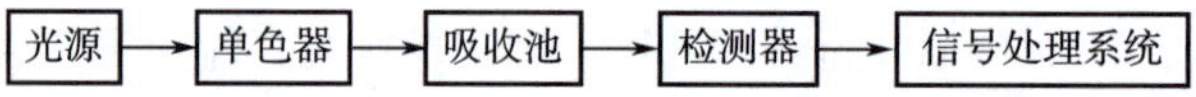

光源 → 单色器 → 吸收池 → 检测器 → 信号处理系统

图4-7　分光光度计组成结构示意图

（1）光源　光源的作用是提供一定波长的入射光。分光光度计的光源分为可见光光源和紫外光光源。根据仪器工作的波长范围，在可见光波长范围内工作的为可见分光光度计，在紫外和可见光波长范围内工作的为紫外-可见分光光度计。

可见光源过去常用钨灯，它的发射波长为325~2500nm，其中最适宜工作波长为320~1000nm。近年来通常采用发光效率更高、寿命更长的卤钨灯。

紫外光源多为气体放电光源，如氢、氘、氙放电灯等。氘灯工作波长为185~375nm，因此，紫外-可见分光光度计必须有两个光源，即钨灯和氘灯，工作时需在两个光源间切换。氙灯发射波长范围为190~1100nm，不需转换光源，因此，近年来的紫外-可见分光光度计多采用氙灯为光源。

随着光源技术的发展，现有的紫外-可见分光光度计工作范围已拓展到185~1400nm。从光源类型上看，具有高强度和高单色性的激光也在被开发利用。

（2）单色器　单色器的作用是将光源发出的连续光谱分解成单色光。单色器由狭缝、色散元件和透镜系统组成。其中，狭缝和透镜系统用来控制光的方向，色散系统将连续光谱色散成为单色光。色散元件有棱镜、光栅等（图4-8）。不同波长的光通过棱镜时，由于折射率不同，复合光发生色散形成单色光。而光栅是通过光的衍射和干涉现象进行色散的。光栅单色器的分辨率比棱镜单色器的高。滤光片也可起到单色器的作用，滤光片包括吸收滤光片和干涉滤光片，常用的是前者。吸收滤光片能够选择性地吸收某些波长的光，同时只允许一定波长的光透过。有效带宽越小，则滤光片获得光的单色性就越好。

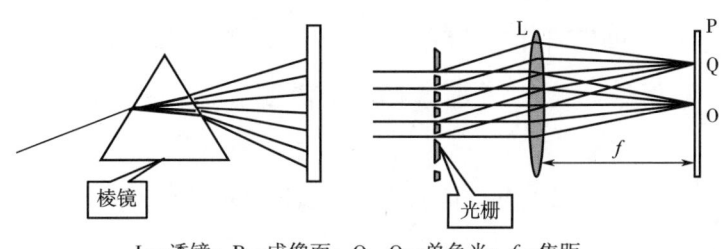

L—透镜；P—成像面；Q、O—单色光；f—焦距。
图4-8 棱镜与光栅分光原理

（3）吸收池 吸收池也称比色皿，是盛放待测液的地方。吸收池要透光，所以用玻璃、石英玻璃等光学透光材料制作而成。玻璃吸收池可用于350~2000nm光谱区。由于玻璃吸收池会吸收紫外光，在使用紫外波段检测时，需使用石英玻璃材质的吸收池。常用吸收池的光程为0.5~10cm。

（4）检测器 检测器是将光信号转换为电信号的装置。常见的有光电池、光电管、光电倍增管等。

（5）信号处理系统 检测器产生的电信号，需要处理后才能显示出来，用于计算和记录。现代仪器上的信号处理器常与数据处理装置（计算机）整合在一起，能自动记录结果、绘制标准曲线、计算分析结果和打印报告，实现自动化分析。

2. 仪器光路

分光光度计的光路是仪器的核心，通常根据仪器工作时的光路类型将其分为4种类型。

（1）单光束分光光度计 单光束分光光度计结构简单，易于生产，仪器操作方便，但对光源的发光强度与稳定性要求较高。仪器光路系统见图4-9，光源发出的光经过单色器分光后，在出口狭缝获得一束单色光，测定时只配备一个试样池。

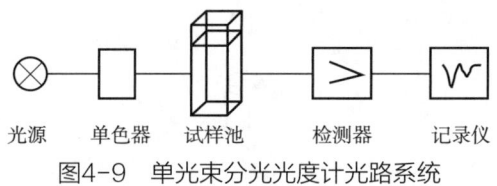

光源　单色器　试样池　检测器　记录仪
图4-9 单光束分光光度计光路系统

（2）双光束分光光度计 双光束光路系统是目前普遍采用的光路系统，如图4-10所示。从单色器出口狭缝射出的单色光，用一个高速旋转的扇形面镜（切光器）将它分成两束周期交替的单色光，分别通过参比池和试样池，再用一同步的扇形面镜将两束光交替地投射于光电倍增管，产生一个交变脉冲信号，经信号放大处理后，获得检测数据。

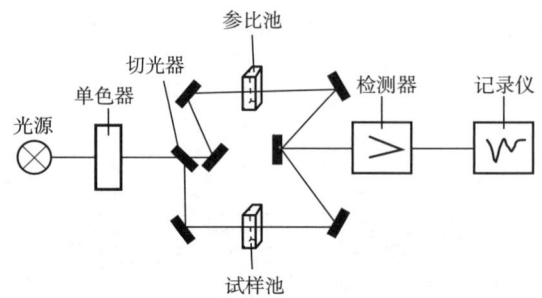

图4-10　双光束分光光度计光路系统

（3）双波长分光光度计　双波长光路系统（图4-11）有两个单色器，分别产生两束不同波长的单色光，经由切光器控制，交替地通过同一个试样溶液，得到的结果是试样溶液对两种光的吸收值之差［ΔA或ΔT（%）］，利用$\Delta A \propto c$的正比关系测定含量。这种光路系统可以消除干扰和由于参比池不匹配引起的误差。

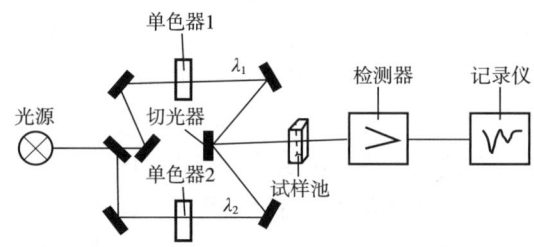

图4-11　双波长分光光度计光路系统

（4）光电二极管阵列检测的分光光度计　光电二极管阵列检测的分光光度计光路原理如图4-12所示。由光源发出的复合光通过试样池后，经全息光栅表面色散，投射到光电二极管阵列检测器上，可在极短的时间内（0.1~1s）获得190~820nm处紫外-可见光区的全光光谱。

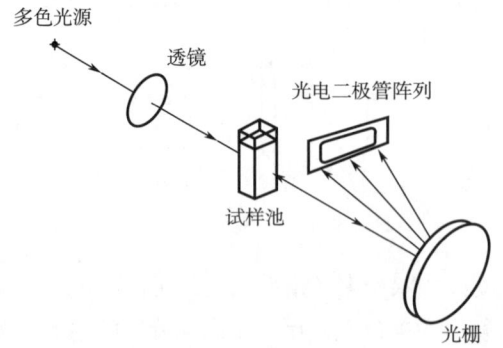

图4-12　光电二极管阵列检测的分光光度计光路示意图

三、紫外-可见分光光度法分析条件的控制

为了使紫外−可见分光光度计的定性分析和定量分析结果更加精准，需要对分析条件进行合理的选择和控制。

1. 溶剂

尽管比色池可以盛装气体、溶液和固体，但实际测定中往往以溶液为主。为了获得待测溶液，紫外−可见分析中无机样本常用酸溶解或碱熔融，有机样本常用有机溶剂溶解。这些溶剂本身应具备良好的溶解能力，并在测定波段没有明显的吸收峰，对样本的吸收几乎无影响，最好无毒、挥发性小。常见的溶剂有水、乙醇、丙酮、氯仿、二氯甲烷、乙酸等。

2. 测量波长

大部分待测样本的吸收光谱不止一个吸收峰，为了获得较高的灵敏度，一般选择最大吸收波长作为测量波长。此处的吸光度随波长变化最小，可以保证较高的精准度。

如果待测液中含有其他影响最大吸收波长的杂质，则应该避开该波长，选择干扰最小的波长进行检测。

3. 参比溶液

为了消除显色溶液中其他有色物质的干扰，抵消吸收池和试剂对入射光的吸收，需要选择合适组分的溶液作参比溶液，先以它来调节透光率100%（或透射比$T=1$；吸光度$A=0$），然后再测定待测溶液的吸光度。参比溶液的选择主要有以下类型：

①溶剂参比。当试样溶液的组成比较简单，共存的其他组分很少，对测定波长的光几乎没有吸收，仅有待测物质与显色剂的反应产物有吸收时，可采用溶剂作参比溶液，这样参比溶液可以消除溶剂、吸收池等因素的影响。

②试剂参比。如果显色剂或其他试剂在测定波长有吸收时，此时应采用试剂作参比溶液。即按显色反应相同条件，只是不加入试样，同样加入试剂和溶剂作为参比溶液。这种参比溶液可消除试剂中的组分产生的影响。

③试液参比。当试样中其他共存组分有吸收，但不与显色剂发生反应时，如果当显色剂在测定波长无吸收，可用试样溶液作参比溶液，即将试液与显色溶液作相同处理，只是不加显色剂。这种参比溶液可以消除有色离子的影响。

④褪色参比。如果显色剂及样品基体有吸收，这时可以在显色液中加入某种褪色剂，选择性地与被测离子配位（或改变其价态），生成稳定无色的配合物，使已显色的产物褪色，用此溶液作参比溶液，称为褪色参比溶液。

4. 吸光度

吸光度反映了待测液的浓度，因此不同读数范围，其误差是不同的。根据Lambert-Beer定律微分可求出当透射比$T=0.368$（吸光度$A=0.434$）时，浓度相对误差最小。然而，在实际测量中，往往将吸光度控制在0.2~0.8范围内，使浓度的相对误差较小。调节方法包括改变被测液浓度、使用不同厚度的吸光池等。

5. 狭缝宽度

狭缝过窄，进入的光量少，光谱线难以检测，信噪比降低；狭缝宽度过宽，光谱线宽度越大，难以精确确定谱线位置，相邻的谱线可能会重叠，使测量的灵敏度降低。因此，需要选择适当的狭缝宽度以保证测定的灵敏度和数据的精准度。

6. 显色条件

加入显色剂，与待测物发生反应生成显色物质，然后进行测定。这是紫外-可见分光光度法较为常用的方法。在这一过程中，显色剂类型及用量、反应温度、溶液酸度、反应时间等均会对显色结果产生影响，因此需要严格控制。

7. 干扰及消除

在分光光度法中，共存离子自身的颜色、共存离子与显色剂或被测组分发生反应等原因会干扰显色结果。为了消除干扰，提高检测的精准度，需要采取措施去除干扰。常用的方法有：加入掩蔽剂、严格控制溶液酸度、加入氧化剂或还原剂改变干扰离子价态、选择适当的波长、选择恰当的参比溶液等，也可在前处理中采用萃取、离子交换、电解、沉淀、蒸馏、色谱等方法分离干扰离子。

四、紫外-可见分光光度法的分析方法

1. 定性分析

紫外-可见分光光度计的紫外部分常被用来进行不饱和有机物的鉴别，尤其是共轭体系的鉴定。通过对比法、计算法等方法对吸收光谱曲线、吸收峰、吸收波长和吸收系数等进行比较，并结合其他物理或化学方法，确认被测物的结构。

2. 定量分析

（1）单组分测定 对于单组分的测定，最基本和最可靠的方法是标准曲线法，其依据是Lambert-Beer定律。标准曲线又称工作曲线，是用一系列已知浓度的标准溶液及其吸光度建立的线性回归方程（4-5）。

$$A=a+bc \tag{4-5}$$

式中 A——相应的吸光度；

c——标准溶液的浓度；

a和b——回归系数。

如果吸收池的光程为1cm，则斜率b就是光的吸收系数。

获得标准曲线的线性回归方程后，将待测液的吸光值代入，就可计算出待测液浓度。

制作一条标准曲线，一般需要5~7个标准溶液，待测液的浓度必须在标准曲线浓度范围内，标准曲线不得随意延长。

标准曲线的质量用线性回归方程的相关系数来表示，相关系数越接近1，标准曲线

质量越好,通常要求相关系数大于0.999。

为了保证测定的准确度,标准溶液的组成要与样本的一致,标准溶液的制备方法和测量条件要与样本的相同,样本待测液的浓度应该在标准曲线的线性范围内。在测量条件变化的情况下,标准曲线要重新绘制。这种方法适用于成批样品的分析,它可以消除一定的随机误差。

(2)多组分分析法 多组分测定的依据是吸光度的加和性。如要测定待测液中 n 个组分,可在 n 个不同波长处测量 n 个吸光度值,列出方程组:

$$\begin{aligned} A_1 &= k_{11}c_1 + k_{12}c_2 + k_{13}c_3 \\ A_2 &= k_{21}c_1 + k_{22}c_2 + k_{23}c_3 \\ A_3 &= k_{31}c_1 + k_{32}c_2 + k_{33}c_3 \end{aligned} \quad (4-6)$$

式中 K_{ij}——在波长 i 测定的组分 j 的摩尔吸光系数;

A_i——在波长 i 下该体系的总吸光度;

c_j——j 组分的浓度。

解此方程组,就可得到待测液中不同组分的浓度。

采用此方法的关键在于选择合适的波长,在测定波长下,组分间的影响要最小。另外,组分浓度要接近,否则误差较大。

对于吸收光谱重叠的多组分待测液,在测定组分 x 时若要消除组分 y 的干扰,可以从干扰组分 y 的吸收光谱上选择两个吸光度相等的波长,测定多组分待测液的吸光度差值(ΔA),然后根据吸光度差值来计算组分 x 的含量,公式见式(4-7)。

$$\Delta A = A_2 - A_1 = (a_2 - a_1) c_x b \quad (4-7)$$

根据公式,吸光度差值越大,越有利于测定。测定组分 y 时,也可用同样的方法消除组分 x 的干扰。

五、应用实例——紫外分光光度法测定烟叶中烟碱含量

1. 原理

试料在强碱性条件下进行水蒸气蒸馏,用紫外分光光度计测定馏出液的吸光值,计算出总植物碱的含量,以烟碱表示。

2. 试剂

使用分析纯级试剂,水应为蒸馏水或同等纯度的水。具体试剂信息如下:

①氢氧化钠(NaOH):片状。

②氯化钠(NaCl)。

③烟碱:最低纯度98%。

④硫酸溶液:$c(H_2SO_4)=1$ mol/L。

⑤硫酸溶液:$c(H_2SO_4)=0.025$ mol/L。

3. 主要仪器设备

①水蒸气蒸馏装置：以预计在试料中能检测到的最高烟碱量的纯烟碱，按图4-13用水蒸气蒸馏系统进行试验，回收率应达到98%以上。否则，应调整蒸馏速度加以改善。

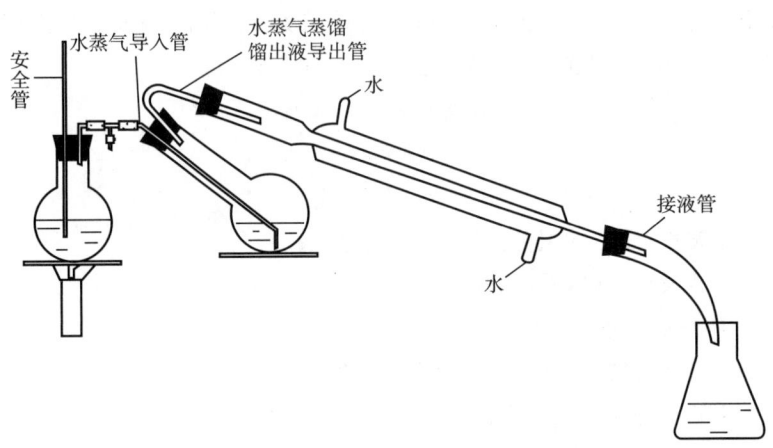

图4-13 烟碱提取的水蒸气蒸馏装置

②紫外分光光度计：具有230~290nm的波长范围。

③石英比色皿：光径长1cm。

4. 抽样

烟叶按GB/T 19616—2004抽取烟叶作为实验室样品。卷烟按GB/T 5606.1—2004《卷烟 第1部分 抽样》抽取卷烟作为实验室样品。

5. 分析步骤

（1）试样的制备和水分含量测定 按YC/T 31—1996制备试样和测定试样含水量。

（2）测定次数 每个试样应平行测定两次。

（3）蒸馏 称取1.000g试料，精确至0.0001g，置于500mL蒸馏瓶中，加入20.0g氯化钠和2.0g氢氧化钠，用30mL水将试料冲下，立即将蒸馏瓶连接于水气蒸馏装置（图4-13），进行蒸馏，用内含10mL 0.025mol/L硫酸溶液的250mL容量瓶作接收器，冷凝管末端应浸入硫酸液中。蒸馏过程中蒸馏瓶内的液体体积应保持恒定，必要时可适当加热。收集220~230mL馏出液，取下容量瓶，同时用水冲洗冷凝管末端。确认容量瓶处于室温，用水定容至刻度，摇匀。若馏出液不澄清，则将其过滤。

注：若需要过滤，要么将前150mL滤液弃去，要么滤纸在使用前用足量水冲洗并干燥。

（4）馏出液中总植物碱的测定 移取一定体积（通常为10mL）的馏出液于50mL容量瓶中，用0.025mol/L硫酸溶液定容至50mL。以0.025mol/L硫酸溶液为参比，用紫外分光光度计分别测定溶液在236nm、259nm和282nm处的吸光度。

若259nm处的吸光度超过0.7，应取较小体积的馏出液重新稀释测定。

6. 结果计算与表述

总植物碱的质量百分含量，按式（4-8）进行计算：

$$N = \frac{1.059 \times \left[A_{259} - 0.5 \times (A_{236} + A_{282})\right] \times 250 \times k}{m \times 34.3 \times (1-\omega) \times 1000} \times 100\% \quad (4-8)$$

式中　　　　　　　　　N——总植物碱的质量百分含量，%；

　　　　　　　　　　　k——稀释倍数；

　　　A_{236}、A_{259}、A_{282}——馏出液在236nm，259nm和282nm处吸光度的实测值；

$1.059 \times [A_{259} - 0.5 \times (A_{236} + A_{282})]$——259nm处的校正吸光度；

　　　　　　　　　　　m——试料的质量，g；

　　　　　　　　　　　ω——试样的水分含量，%。

以两次平行测定的平均值作为测定结果，精确至0.01%。两次平行测定结果之差不应大于0.05%。

第三节　红外光谱法

红外光谱法是利用物质对红外辐射的吸收特征解析物质分子结构信息的仪器分析方法。与紫外–可见吸收光谱一样，也属于分子吸收光谱。红外吸收带的波长位置与吸收谱带的强度反映分子的结构特点，可用来鉴定未知物的结构组成或确定其化学基团；而红外吸收谱带的吸收强度与分子组成及其化学基团的含量有关，利用这一特性可进行定量分析和纯度鉴定。目前，在烟草化学成分检测应用较多的是水分、烟碱、糖等成分含量的无损检测。

一、红外光谱法的基本原理

红外光谱可分为三个区域：0.76~2.5μm或13158~4000cm^{-1}为近红外区，2.5~25μm或4000~400cm^{-1}为中红外区，25~1000μm或400~10cm^{-1}为远红外区。

1. 红外光谱产生原因及其特征光谱

近红外光谱是由O—H、N—H及C—H键的倍频吸收所产生的光谱。中红外光谱是由分子中原子的振动能级跃迁和分子的转动能级跃迁所产生的光谱，故为振动–转动光谱，简称振–转光谱。远红外光谱是由分子转动、晶格振动产生的光谱。在本节中，仅讨论振动–转动光谱。由于中红外区是研究、应用最多的区域，所以通常红外光谱就是指中红外吸收光谱，又称红外吸收曲线。近年来，近红外光谱研究与应用也日益增多。

（1）分子振动能级与振动光谱　当红外光辐射物质时，只要能量变化满足分子的振动、转动跃迁所需能量，则引起分子振-转能级跃迁。分子振动是指分子中的原子在其平衡位置附近做周期性的往复运动，而振幅小于核间距。分子的振动能级差（0.05~1.0eV）大于转动能级差（0.0001~0.025eV），因此，在分子发生振动能级跃迁时，不可避免地有转动能级的跃迁，因而无法测得纯振动光谱。为了描述振动能产生的原因，以双原子分子的纯振动光谱进行讨论。

原子与原子之间通过化学键连接组成分子。分子中原子以平衡点为中心做周期性振动，称为简谐振动。将双原子分子的振动视为不同质量小球组成的简谐振动，即将化学键看成质量可以忽略不计的弹簧，两个原子在其平衡位置附近做伸缩振动（图4-14）。

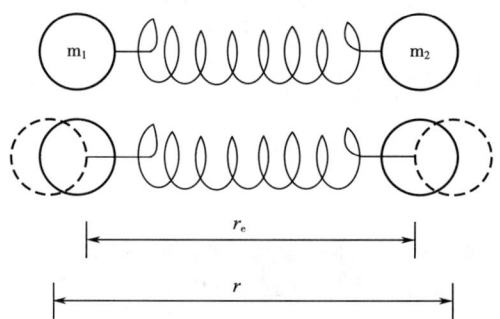

m_1—原子1；m_2—原子2；r_e—平衡时原子间距离；r—振动某瞬间原子间的距离。

图4-14　双原子分子伸缩振动示意图

振动位能（U）与振动某瞬间原子间距离r及平衡时原子间距离r_e间的关系为：

$$U = \frac{1}{2}k(r-r_e)^2 \qquad (4-9)$$

式中　U——振动位能，J；

k——化学键的力常数，N/cm；

r、r_e——振动某瞬间、平衡时的原子间距离，cm。

在两个原子距离平衡位置最远时：

$$E_v = U = \left(V + \frac{1}{2}\right)h\nu \qquad (4-10)$$

式中　E_v——振动能量，J；

ν——分子振动频率，Hz；

V——振动量子数，$V=0,1,2\cdots\cdots$；

h——普朗克常数，为6.626×10^{-34}J·s。

分子处于基态（$V=0$）的振动能量$E_0=1/2h\nu$，分子处于第一激发态（$V=1$）的振动能量$E_1=3/2h\nu$。当分子吸收适当频率的红外辐射后，由基态跃迁至激发态所需能量为$\Delta E=h\cdot\Delta\nu$，即吸收红外线而发生能级跃迁时所吸收的红外线频率（ν）只能是谐振子振动频率的$\Delta\nu$倍，这是产生红外吸收峰的必要条件之一。若光子频率与化学键振动频率相同，则产生基频峰，为红外吸收光谱主要吸收峰。

分子简谐振动的频率计算公式为：

$$v = \frac{1}{2\pi}\sqrt{\frac{k}{\mu}} \text{ 或 } \sigma = \frac{1}{2\pi \cdot c}\sqrt{\frac{k}{\mu}} \tag{4-11}$$

式中　σ——波数，cm^{-1}；

v——频率，Hz；

μ——原子的折合质量，$\mu=(m_1m_2)/(m_1+m_2)$，单位用u表示，$1u=1.66\times10^{-24}g$；

k——化学键的力常数，用σ表示时，k的单位为N/cm；

c——光速，$2.998\times10^{10}cm/s$。

化学键振动频率与化学键的力常数、原子质量有关。化学键的力常数越大，原子折合质量越小，化学键振动频率越高，反之，则越低。

根据式（4-11）可计算双原子分子振动频率或波数。如C—C键，$k=5N/cm$，$\sigma=1190cm^{-1}$；C=C键，$k=10N/cm$，$\sigma=1683cm^{-1}$；C≡C键，$k=15N/cm$，$\sigma=2062cm^{-1}$。此方程式只能计算简单分子中化学键基本频率的近似值。对于多原子分子的红外光谱和分子结构的关系，通常要通过大量的标准样进行测试研究。

具有相同化学键的基团，振动频率取决于原子质量，如C—C、C—N、C—O键的力常数相近，原子折合质量不同，振动频率分别出现在$1430cm^{-1}$、$1330cm^{-1}$和$1280cm^{-1}$左右。

通常情况下，分子大多处于基态振动，一般极性分子吸收红外光属于基态到第一激发态之间的跃迁，即光子频率与化学键振动频率相同，则产生基频峰，即为红外光谱的主要吸收峰。跃迁至第2、第3……时，产生的吸收谱带分别称为第一、第二……倍频峰。此外还有组频峰，包括合频峰（v_1+v_2，$2v_1+v_2$，……）和差频峰（v_4-v_2，$2v_4-v_2$，……）。倍频峰和组频峰都被称为泛频峰，跃迁概率小，多为弱峰。

分子振动必须伴随偶极矩的变化才能产生红外跃迁。由于构成分子的原子电负性不同，分子的偶极矩也不相同，振动频率就有差异。在电磁辐射的电场中，极性分子具有固定的振动频率，当光子频率与化学键振动频率相同时，产生跃迁；非极性的同核双原子分子振动过程中，偶极矩不发生变化，故无振动吸收，即非红外活性。

（2）多原子分子的振动　双原子分子只有一种振动形式，即伸缩振动；多原子分子除伸缩振动外，还有弯曲振动。

伸缩振动（stretching vibration）是指原子沿键轴方向伸缩使键长发生周期性变化的振动，即振动时键长发生变化，键角不变，又称拉伸振动。伸缩振动又分为对称伸缩振动和不对称伸缩振动。对称伸缩振动在振动时各键同时伸长和缩短。不对称伸缩振动在振动时某些键伸长而另外的键则缩短。对同一基团来说，不对称伸缩振动的频率要稍高于对称伸缩振动的频率。

弯曲振动（bending vibration）是键角发生周期性变化的振动，是键长不变、键角变化的振动，又称变角振动或变形振动。它又分为面内弯曲振动和面外弯曲振动。面内弯曲振动的振动方向位于分子的平面内，而面外弯曲振动则是在垂直于分子平面方向上的振动。面内弯曲振动又分为剪式振动和平面摇摆振动。两个原子在同一平面内彼此相向弯曲称为剪式振动；若键角不发生变化，两个原子只是作为一个整体在平面内左右摇摆，称为平面摇摆振动。面外弯曲振动也分为两种。一种是面外摇摆振动，振动时基团作为整体垂直于分子平面前后摇摆，键角基本不发生变化。另一种是扭曲振动，两个原子在垂直于分子平面的方向上前后相反地来回扭动。

不同的振动形式，可在红外光谱上表征出来。

（3）振动自由度　多原子分子振动形式的多少可以用振动自由度来描述。每个振动自由度对应红外光谱上的一个基频吸收带，可以据此估计基频峰的数目。分子基本振动的数目称为振动自由度，即分子的独立振动数。分子的总自由度等于确定分子中各原子在空间位置所需坐标的总数。一般确定一个原子的位置需要3个坐标（x, y, z）。在非线性分子中，n个原子在三维空间的振动自由度为$3n-6$；在线性分子中，由于绕分子键转动的转动惯量为零，不发生能量变化，因此振动自由度为$3n-5$。

2. 红外光谱的表示

红外吸收光谱，又称红外吸收曲线，表示方法与紫外吸收光谱的表示方法有所不同，红外吸收光谱多用透光率-波数（$T\text{-}\sigma$）曲线或透光率-波长（$T\text{-}\lambda$）曲线来描述，使用前者的居多。

红外吸收光谱的特征主要由吸收峰的位置（λ_{max}、σ_{max}）、吸收峰的个数及吸收峰的强度来描述。

红外吸收光谱的横坐标有波长及波数两种标度。波数是波长的倒数，通常用σ表示，单位是cm^{-1}，表示每厘米长光波中波的数目。光栅光谱以波数为等间距，棱镜光谱以波长为等间距。同一样品，以波数为等间距和以波长为等间距的两张光谱图除峰的位置一致外，峰的强度和形状不同。

红外光谱中，低波数区峰多而密，高波数区峰少而疏，为了防止$T\text{-}\sigma$曲线在高波数端（短波长）区过分扩张，光谱的横坐标以$2000cm^{-1}$为界，有两种不同的比例尺，$2000\sim400cm^{-1}$波数区为$100cm^{-1}$/大格，$4000\sim2000cm^{-1}$波数区为$200cm^{-1}$/大格。为了方便，在红外光谱中总是用波数σ描述频率υ。苯甲醛的红外吸收光谱见图4-15。

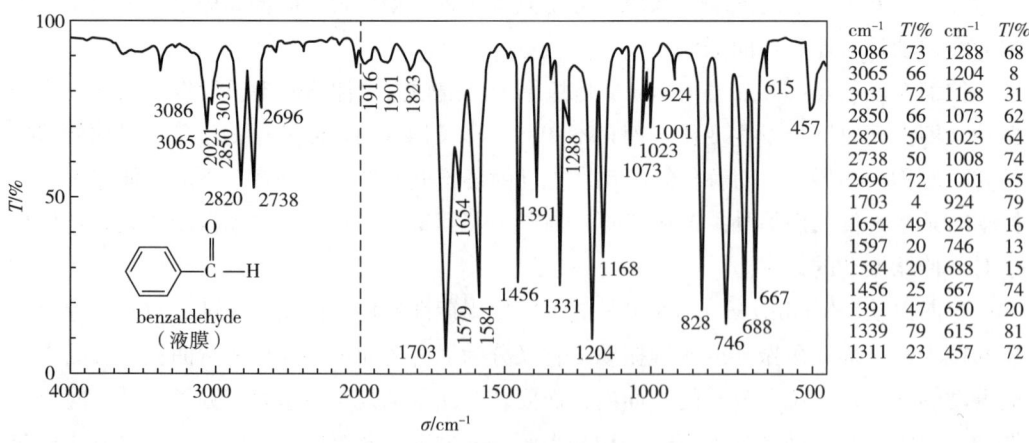

图4-15　苯甲醛的红外吸收光谱

3. 红外吸收峰与分子结构的关系

通过实际测定发现，组成分子的各种基团（如O—H、N—H、C—H、C=C、C≡C、C=O等）都有其特定的红外吸收区域，分子中其他部分对其吸收位置影响较小。可以认为力常数从一个分子到另一个分子的改变不会很大，因此在不同分子内，与某一特定基团有关的振动频率基本上是相同的。通常把这种能代表基团存在并有较高强度的吸收谱带的频率称为基团频率，其所在的位置一般称为特征吸收峰。按照光谱特征与分子结构的关系，红外光谱可分为基频区（特征区或官能团区）和指纹区。

（1）基频区　4000~1300cm^{-1}区域的峰是由X—H（X为C、N、O等）单键的伸缩振动，以及各种双键、三键的伸缩振动所产生的吸收带。由于基团吸收峰一般位于此高频范围，并且在该区内峰较稀疏，因此，它是基团鉴定工作最有价值的区域，称为基频区（特征区或官能团区）。

基频区又可分为三个区域。

①4000~2500cm^{-1}区：为X—H伸缩振动区。X为C、N、O或S等，O—H伸缩振动在3650~3200cm^{-1}产生吸收峰，可以作为判断有无醇类、酚类和有机酸类的重要依据。C—H伸缩振动可分为饱和的和不饱和的两种。饱和的C—H伸缩振动出现在3000cm^{-1}以下，主要在3000~2800cm^{-1}，取代基对其影响很小；不饱和的C—H伸缩振动出现在3000cm^{-1}以上，可以此来判别化合物中是否存在不饱和的C—H基团。

②2500~2000cm^{-1}区：为三键和累积双键区。这一区域主要包括C≡C、C≡N等三键的伸缩振动频率区，以及C=C=C、C=C=O等累积双键的不对称伸缩振动频率区。

③2000~1300cm^{-1}区：为双键伸缩振动区。这一区域主要是C=O和C=C键伸缩振动频率区。C=O伸缩振动出现在1900~1650cm^{-1}，是红外光谱中特征性的且往往是最强的吸收谱带，以此判断酮类、醛类、酸类、酯类以及酸酐等有机化合物。C=C伸缩振动出现在1680~1620cm^{-1}，一般较弱。单环芳烃的C=C伸缩振动出现在1600cm^{-1}和1500cm^{-1}附近，有2~4个峰，这是芳环骨架的特征谱带，用于确认有无芳环存在；苯的衍生物的泛频谱带，出现在2000~1650cm^{-1}，强度很弱，它们的吸收面貌对表征芳环取代类型有一定的作用。

（2）指纹区　1300~400cm^{-1}区域称为指纹区。该区的能量比官能团区低，各种单键的伸缩振动，以及多数基团的变形振动均在此区出现，吸收光谱较为复杂。当分子结构稍有不同时，该区的吸收就有细微的差异，因而称为指纹区。指纹区对于区别结构类似的化合物很有帮助。指纹区可分为两个波段。

①1300~900cm^{-1}区：该区包括C—O、C—N、C—F、C—P、C—S、P—O、Si—O等键的伸缩振动频率区和C=S、S=O、P=O等双键的伸缩振动频率区以及一些弯曲振动频率区。其中，甲基（—CH_3）的对称变形振动出现在1380cm^{-1}附近；C—O的伸缩振动出现在1300~1000cm^{-1}，是该区域最强的峰。

②900~400cm^{-1}区：该区域的吸收峰可用来确认化合物的顺反构型。

在红外光谱中，任一官能团会在红外光谱图的不同区域显示出几个相关吸收峰，所以只有当几处应该出现吸收峰的地方都显示吸收峰时,才能得出该官能团存在的结论。因此,用红外光谱来确定化合物是否存在某种官能团时,首先应该注意官能团区的特征峰是否存在,同时还应找出它们的相关峰作为旁证。

4. 影响基团频率位移的因素

分子中各基团的振动并不是孤立的,要受到分子中其他部分,特别是邻近基团的影响,有时还会受到溶剂、测定条件等外部因素的影响。引起基团频率位移的因素大致可分成两类,即内部因素和外部因素。

(1) 内部因素　①诱导效应(又称为I效应):由于取代基具有不同的电负性,通过静电诱导效应,引起基团中电荷分布的变化,从而改变键力常数,使键或基团的特征频率发生位移。

②中介效应(又称为M效应):当含有孤对电子的原子(如O、N、S等)与具有多重键的原子相连时,孤对电子和多重键形成n–π共轭作用,称为中介作用。

③共轭效应(又称为C效应):共轭效应使共轭系统中电子云分布密度平均化,使共轭双键的电子云密度比非共轭双键的电子云密度低,共轭双键略有伸长,力常数减小,因而振动频率向低波数方向移动。

④氢键:氢键的形成使电子云密度平均化,从而使振动频率下降,谱带变宽。氢键可分为分子间氢键和分子内氢键。分子间氢键与溶液的浓度和溶剂的性质有关。分子内氢键不受溶液浓度的影响,采用改变溶液浓度的办法进行测定,可以与分子间氢键区别开来。

⑤振动耦合:振动耦合是指化合物中两个化学键的振动频率相等或接近并具有一个公共的原子时,通过公共原子使两个键的振动相互作用,使振动频率发生变化,一个向高频率移动,一个向低频率移动,使谱带分裂。振动耦合常常出现在一些二羰基化合物中。

⑥费米共振:当弱的倍频(或组合频)位于某强的吸收峰附近时,它们的吸收峰强度常常随之增加,或发生谱峰分裂。这种倍频(或组合频)与基频之间的振动耦合,称为费米共振。

(2) 外部因素　测定时样品的状态、溶剂效应等因素会影响基团频率位移。

①测定时样品的状态:同一物质在不同状态时,由于分子间相互作用力不同,所得光谱也往往不同。分子在气态时,其相互作用很弱,可测得的谱带波数最高,并能观察到伴随振动光谱的转动精细结构。处于液态和固态时,分子间的作用力较强,测得的谱带波数较低。

②溶剂效应:在溶液中测定光谱时,由于溶剂种类、溶液的浓度和测定时的温度不同,同一物质所测得的光谱也不相同。通常在极性溶剂中,溶质分子的极性基团伸缩振动频率随溶剂极性的增加而向低波数方向移动,并且强度增大。因此,在红外光谱测定中,应尽量采用非极性溶剂,并在查阅标准谱图时注意试样的状态和制样方法。

二、红外光谱仪

红外光谱仪具有光学部件简单的特点,其杂散光对检测影响较小,测量波数范围可达$40000 \sim 10 cm^{-1}$,可在不破坏样本的条件下进行测量,扫描快速且可同时对所有频率进行测量。

1. 色散型红外光谱仪

色散型红外光谱仪结构示意图如图4-16所示。主要包括光源、吸收池、单色器、检测器和数据记录系统5个部分。

色散型红外光谱仪一般采用双光束设计,将光源发射的红外光分成两束,一束通过样品池,另一束通过参比池。斩光器使样品光束和参比光束交替通过单色器,然后被检测器检测。当样品光束与参比光束强度相等时,检测器不产生交流信号;当样品池有吸收,两光束强度不等时,检测器产生与光强差成正比的交流信号,从而获得吸收光谱。

(1)光源 红外光源能量较小,常用的有能斯特灯、碳化硅棒和特殊线圈。

(2)吸收池 吸收池分为气体池和液体池两种。液体池用于测量高沸点液体或糊剂;气体池用减压法将气体装入吸收池,用于气体及沸点低的液体样本测定;固体样本不用吸收池,采用压片机压片后直接测定。

(3)单色器 单色器由色散元件、准直镜和狭缝等构成。色散元件有棱镜和光栅,棱镜易吸潮损坏,分辨率低,已被淘汰;光栅具有线性色散、分辨率高和光能损失小等优点。

(4)检测器 红外光区的光子能量较弱,不足以导致光电子发射,因此,光电管、光电倍增管不适用于红外光检测。常用检测器有真空热电偶、热释电检测器和碲镉汞检测器。

(5)数据记录系统 通常与计算机联合进行数据记录与计算。

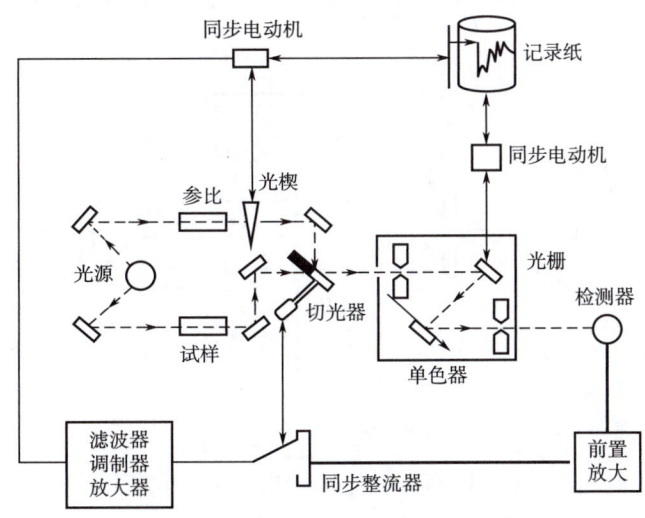

图4-16 色散型红外光谱仪结构示意图

2. 傅里叶变换红外光谱仪（FTIR）——干涉型红外光谱仪

与色散型红外光谱仪不同的是FTIR没有色散元件，但两种红外光谱仪的光源和吸收池通用。FTIR主要由光源、迈克尔逊干涉仪、检测器和计算机组成，结构图见图4-17。光源发出的红外辐射，经迈克尔逊干涉仪转变为干涉光，让干涉光照射样品，经检测得到含样品信息的干涉图，然后经计算机计算出干涉图函数的傅里叶余弦变换，还原为通常解析的光谱图。

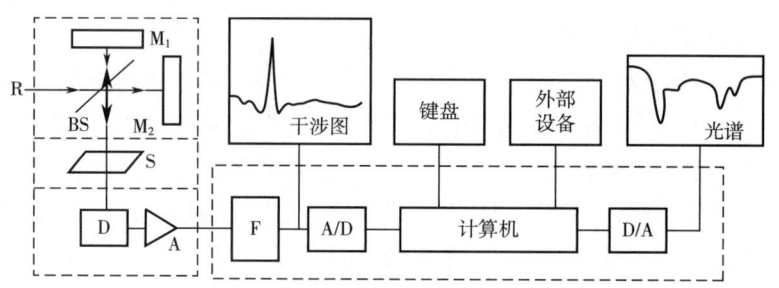

R—红外光源；M_1—定镜；M_2—动镜；BS—光束分裂器；S—试样；D—探测器；A—放大器；F—滤光器；A/D—模数转换器；D/A—数模转换器。

图4-17　傅里叶变换红外光谱仪结构示意图

迈克尔逊干涉仪工作原理示意图见图4-18。迈克尔逊干涉仪中的定镜和动镜为两块互相垂直的平面反射镜，定镜固定不动，动镜可以沿图示的方向做往复微小移动。在动镜和定镜之间放置一个呈45°的半透膜光束分裂器，它能把光源投射过来的光分为强度相等的两束光，分别投影到动镜和定镜，然后又反射回来，以不同的光程差在检测器上汇合，检测器上检测到的是两光束的相干光信号。干涉光的强度与两束光的光程差有关，当光程差为零或等于波长的整数倍时，两束光相互干涉而加强，此时干涉光最强；当光程差为波长的半整数倍时，两束光并未互相干涉，此时干涉光最弱。

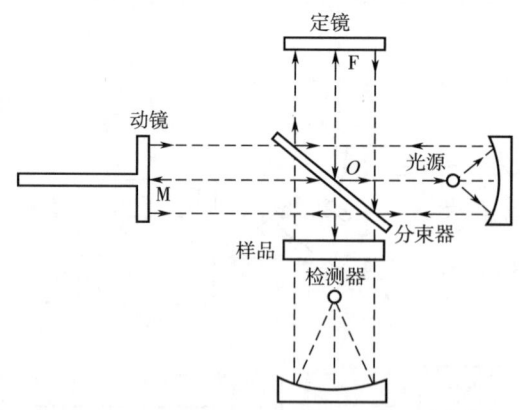

图4-18　迈克尔逊干涉仪工作原理示意图

FTIR光谱仪具有以下优点。

①FTIR的全程扫描时间小于1s，多采用热电型硫酸三甘肽单晶或光电导型汞镉碲检测器。
②FTIR光谱仪对气体、液体、固体都适用。
③光谱范围宽。
④分辨率高，可达0.1~0.005cm^{-1}。
⑤灵敏度高，可检测10^{-8}g数量级的样品。
⑥杂散光干扰小。
⑦样品不受红外聚焦产生的热效应影响。
⑧FTIR分析还具有可无损检测的优点。

三、红外光谱仪分析条件的控制

红外光谱法检测分析结果的精准性主要受光谱仪性能和检测样本的影响。

1. 仪器性能

（1）仪器分辨率　通常采用聚苯乙烯薄膜（厚度0.04mm）为试样，仪器应能在3110~2850cm^{-1}区域清晰地分辨C—H伸缩振动的7个峰，并且2924cm^{-1}峰谷和2850.7cm^{-1}峰尖之间距离应大于18%透光率，1601.4cm^{-1}峰谷和1583.1cm^{-1}峰尖之间距离应大于12%透光率。

（2）波数准确度　仪器测得的波数与参考波数之差为波数准确度。要求在3000cm^{-1}附近，波数误差$\leqslant 5\text{cm}^{-1}$；在$1000\text{cm}^{-1}$附近，波数误差$\leqslant 1\text{cm}^{-1}$。可采用聚苯乙烯薄膜（厚度0.04mm）的吸收峰对波数准确度进行矫正。

（3）波数重现性　多次重复测定，获得的同一吸收峰最大值与最小值之间的差值可表征波数重现性。通常要求在4000~2000cm^{-1}，波数误差$\leqslant 3\text{cm}^{-1}$；在$2000$~$500\text{cm}^{-1}$，波数误差$\leqslant 1.5\text{cm}^{-1}$。

此外，检测器的满度能量输出、狭缝的线性度及杂散光也会影响测量结果。

2. 样本制备

红外吸收光谱的试样可以是气体、液体或固体。

（1）气体样品　可用气体池测定。先将玻璃气槽内空气抽尽，再将试样注入，气体压力约为666.1Pa。

（2）液体样品　①夹片法：适用于挥发性不大的样品，在作定性分析时，此法可代替液体池，方法简易。具体操作如下：压制两片空白KBr片，将液体样品滴入其中一片上，再盖上另一片，放入片剂框中夹紧，置于光路中，即可测定样品的红外吸收光谱。

②涂片法：黏度大的液体样品可以直接涂在一片空白片上测定，不必夹片。

③液体池法（溶液法）：将液体样品装入具有岩盐窗片的液体池中，测定样品的吸收光谱。一般沸点较低、挥发性较大的试样，可注入封闭液体池中，液层厚度一般为

0.04~1mm。所用的溶剂应在测定波段区间无强吸收。常用的有 CCl_4（4000~1350 cm^{-1}）及 CS_2（1350~600 cm^{-1}），CCl_4 在 1580 cm^{-1} 处稍有吸收。

（3）固体样品　样品应不含水分。若含水（结晶水、游离水），则对羟基峰有干扰，而且会侵蚀吸收池的盐窗（KBr 光窗用毕应立即放入干燥器中保存）。应在红外灯下将样品与 KBr 在研钵中研细混匀，以尽量减少空气中水分的干扰。

①压片法：将 1~2mg 试样与 200mg 光谱纯 KBr 置于玛瑙研钵中研磨均匀，颗粒直径小于 2μm，置于模具中，用 5×10^7~10×10^7 Pa 压力在油压机上压成透明薄片，即可用于测定。试样和 KBr 都应经干燥处理，以免产生散射光而影响测定结果。

②糊剂法：取固体样品在玛瑙研钵中研细，滴加液体石蜡（1300~400 cm^{-1}）或全氟代烃（4000~1300 cm^{-1}），研成糊剂，夹于两 KBr 盐片中间，放入光路，即可测定。

③薄膜法：主要用于高分子化合物的测定。可将它们直接加热熔融后涂制或压制成膜。也可将试样溶解在低沸点的易挥发溶剂中，涂在盐片上，待溶剂挥发后成膜测定。

以上用于测定的样品的纯度一般需大于 98%。当样品量特别少（小于 1mg）或样品面积特别小时，可采用光束聚焦器，并配微量液体池、微量固体池和微量气体池，采用全反射系统或用带有卤化碱透镜的反射系统进行测量。

四、红外光谱法的分析方法

1. 定性测定

（1）官能团定性　根据化合物红外光谱的特征吸收峰，确定该化合物含有哪些官能团。

（2）与已知物对照　在相同条件下分别测定已知物和待测物的红外光谱，对比光谱的一致性，光谱图完全一致，可认定是同一物质。

（3）与标准光谱对照　将待测物的红外光谱与标准红外光谱对照，是常用化合物定性鉴别的常规手段。若化合物的标准光谱已被收载，如 Sadtler 光谱图，则可按名称或分子式查找标准光谱对照判断。判断时，要求峰数、峰位和峰的相对强度均一致。

2. 结构分析

根据红外光谱图的吸收峰位置、强度和形状，利用基团振动频率与分子结构的关系，可确定吸收峰的归属和分子中的基团、化学键，进而推导出分子结构。详见本节"红外吸收峰与分子结构的关系"。

3. 定量分析

红外光谱定量分析的理论基础与紫外-可见光谱的相同，都是 Lambert-Beer 定律。定量分析有吸光度法（又称峰高法）和吸光面积法。当采用压片法、糊剂法和薄膜法进行定量分析时，由于样品的厚度难以精确控制，可采用内标法进行定量分析。

红外光谱在定量测定中不如紫外-可见光谱广泛，主要原因是红外辐射能量低，灵敏度较低；且红外辐射光源强度低，要求单色器狭缝较宽，但是红外吸收峰的宽度较窄，因而导致Lambert-Beer定律的偏离，即吸光度和浓度不呈线性关系。此外，样品的吸收峰较多，不易找到不受干扰的峰，因而影响定量计算。

五、应用实例——近红外光谱法测定烟气总粒相物中烟碱含量

1．原理

检测光源射向烟叶粉末时，在粉末表面和内部产生漫反射，经检测器检测后即可得到该烟样的近红外漫反射光谱。由于不同烟叶的成分不同，对近红外吸收作用不同，近红外反射光谱也不完全相同。据此，建立预测烟气总粒相物中烟碱含量的数学模型，用于烟气总粒相物中烟碱含量的快速预测。

2．材料

所用材料为烟叶样品。

3．主要仪器设备

①VECTOR 22/N型傅里叶变换近红外光谱仪。

②RM20/CS型20孔道旋转吸烟机。

③HP 6890型气相色谱仪。

4．分析步骤

（1）取样　选择一定数量的典型烟叶，烟叶试样按GB/T 19616—2004《烟草成批原料取样的一般原则》进行取样。

（2）试样制备　用常规方法测试烟叶化学成分含量作为标准值，按照YC/T 31—1996《烟草及烟草制品 试样的制备和水分测定 烘箱法》制备烟草样品。取烟叶粉末置于石英测量杯中进行近红外光谱扫描。仪器扫描范围：4000~11000cm^{-1}；分辨率：8cm^{-1}；扫描次数：64次。

（3）数据处理　用傅里叶变换近红外漫反射光谱仪测量烟叶样品近红外光谱，应用数据分析方法如主成分回归和神经网络等建立烟叶的近红外光谱与各化学成分含量的关系模型。即采用OPUS定量分析软件建立烟草近红外光谱与烟气总粒相物中烟碱含量的数学模型，先通过内部验证评价模型质量，然后用未知样品集进行外部验证，检验模型的测定能力。最后用配对t检验对模型预测效果进行评价。

（4）模型建立　采用OPUS定量分析软件中的自动优化功能对烟叶样品的光谱进行优化，得出建立数学模型的最佳条件为：光谱预处理方法为一阶微分加矢量归一化法、谱区范围为7201.1~4000.0cm^{-1}、主成分维数7。在此条件下建立总粒相物中烟碱含量的数学模型，以内部验证决定系数（R）和均方差（RMSECV）判断近红外预测值与标准测定值之间的相关性是否良好。

（5）模型检验　用适量未知样品进行外部检验，即用所建立的数学模型分析处理未

知样品的近红外光谱，求出其烟气总粒相物中烟碱含量的预测值，并将其预测值与标准测定值相比较。看近红外预测值与标准测定值是否基本吻合。

（6）方法可靠性评价　对近红外预测值及标准测定值进行配对 t 检验。另外，随机选取若干烟草样品进行精密度实验。重复扫描6次近红外光谱，预测烟气总粒相物中烟碱含量，以结果的相对标准偏差判断本方法是否具有较高的精密度。

5. 结果计算与表述

利用本方法中建立总粒相物中烟碱含量的数学模型，通过分析处理未知样品的近红外光谱，求出其烟气总粒相物中烟碱含量的预测值。

第四节　原子发射光谱法

原子发射光谱法是根据待测元素原子从激发态跃迁回到基态时发射的特征谱线对元素进行定性和定量分析的方法。原子发射光谱法可以对金属元素及磷、砷、硼、硅、碳等非金属元素进行分析，检出限可达 $10^{-4} \sim 10^{-3} \mu g/g$ 级别，精密度可达 ±1% 以下，线性范围约为7个数量级。具有灵敏度高，选择性好，分析速度快，用样量小，能同时进行多种元素的定性和定量分析等优点。由于在测定过程中，原子被彻底破坏，原子发射光谱只能用来确定物质的元素组成与含量，不能直接给出样品结构的有关信息。此外，常见的非金属元素，如氧、氮、卤素等的谱线在远紫外区，目前，一般的光谱仪尚无法检测。

一、原子发射光谱法的基本原理

1. 原子发射光谱

原子由原子核与绕核运动的电子所组成，原子核外层电子的激发和跃迁是产生原子光谱的本质所在。原子通常处于稳定的最低能量状态即基态，当原子受到外界电能、光能或热能等激发源的激发时，原子核外层电子便跃迁到较高的能级上而处于激发态，这个过程称为激发。外层电子处在激发态的原子是很不稳定的，会在极短的时间内（ $10^{-10} \sim 10^{-8}$ s）跃迁回基态或其他较低的能态，释放出多余的能量。

释放能量的方式有两种。一种是无辐射跃迁，即通过与其他粒子的碰撞，进行能量的传递。另一种方式是以一定波长的电磁波形式辐射出去，辐射的波长与其能量有关，等于电子跃迁前、后两个能级的能量之差，即：

$$\Delta E = E_2 - E_1 = h\nu = \frac{hc}{\lambda} \tag{4-12}$$

式中　E_2、E_1——分别为高能级、低能级的能量，eV；

h——普朗克常量，为 4.136×10^{-15} eV·s；

ν——所辐射电磁波的频率，Hz；
c——光在真空中的传播速度，2.997×10^{10} cm/s；
λ——所辐射电磁波的波长，cm。

可见，原子发射光谱线的波长为：

$$\lambda = \frac{hc}{\Delta E} \tag{4-13}$$

在一定条件下，一种原子的电子可能在多种能级间跃迁，能辐射出不同特征波长的光。利用分光仪将原子发射的特征光按波长或频率分成若干条线状光谱，这就是原子发射光谱。

不同元素的原子由不同能级构成，因此，各种元素都有其特征光谱线，通过识别特征光谱线，就可以对样品中元素进行定性分析。

元素特征谱线的强度与样品中该元素的含量有确定的关系，据此可通过测定谱线的强度来确定元素在样品中的含量，进行定量分析。当激发能和激发温度一定时，谱线强度（I）与试样中被测元素的浓度（c）成正比，即：

$$I = ac^b \tag{4-14}$$

式中　a——发射系数，是与谱线性质、实验条件有关的常数；
　　　b——自吸系数，与谱线的自吸有关。

该式在低浓度时成立，浓度较大时，由于自吸现象的存在，b 不是常数，要进行校正。

2. 共振线

原子中外层电子从基态被激发到激发态后，由该激发态跃迁回基态所发射出来的辐射线，称为共振线。而由最低激发态（第一激发态）跃迁回基态所发射的辐射线，称为第一共振线，也叫主谱线。有时也把第一共振线称为共振线，它具有最小的激发电位，因此最容易被激发，一般是该元素最强的谱线。

3. 灵敏线和分析线

光谱图上出现谱线的数目与样品中被测元素的含量有关。含量高时，同时出现的谱线数目比较多，含量低时则比较少，如果含量（或浓度）不断降低，强度弱的谱线从光谱图上消失，接着是次强的谱线消失，当含量降至一定值后，只剩下坚持到最后的谱线，称为最后线或最灵敏线。最后线通常是元素谱线中最易激发或激发能最低的谱线，如元素的第一共振线。各元素最后线的波长，可从专门的元素光谱波长表中查得。由于工作条件不同和存在自吸收，元素的最后线不一定就是最强的线。光谱定性和定量分析就是根据灵敏线或最后线来判断元素的存在和含量，所以它们还称为分析线。

4. 自吸和自蚀

从光源中辐射出来的谱线，主要从温度较高的发光区域的中心发射出来。在发光蒸气云的一定体积内，温度和原子密度分布不均匀，一般边缘部分温度较低，原子多处于较低能级，当由光源中心某元素发射出的特征光向外辐射通过温度较低的边缘部分时，就会被处于低能级的同种原子所吸收，使谱线中心发射强度减弱，这种现象称为自吸。当元素含量较高时，常因自吸效应而使谱线强度减弱，在自吸很严重的情况下，会使谱线中心强度减弱很多,使原来表现为一条的谱线变成双线形状,这种严重的自吸称为自蚀。

因此,最后线不一定是实际的灵敏线,只有在元素含量较低时,自吸效应很小,最后线才是灵敏线。

二、原子发射光谱仪

原子发射光谱法所用的仪器设备一般由三部分组成:光源、光谱仪和谱线检测仪器。

1. 光源

光源具有使样品蒸发、离解、原子化和激发、跃迁产生光辐射的作用。对原子的激发可以有多种方法,主要包括热激发、电激发和光激发。目前常用的光源有火焰、直流电弧、交流电弧、高压电火花、直流等离子体喷焰(DCP)、电感耦合等离子体(ICP)、微波感生等离子体(MIP)以及辉光放电(GD)和激光光源等。以火焰、电弧、等离子炬等方式激发,其原理主要是热激发,本质是通过热运动粒子的相互碰撞,使气态原子或离子的外层电子激发到较高的能级上;在阴、阳两电极上施加电压产生高温,导致特征谱线的发射,此种方式被称之为电致激发;以高能射线、激光方式照射样品使其激发,其原理主要是利用电磁波的能量使原子激发,因而也称光致激发。火焰光源和ICP光源是烟草及其制品中元素分析常用的光源。

(1)火焰光源 火焰是最早用于AES的光源,它利用燃气和助燃气混合后燃烧,产生足够的热量来使样品蒸发、离解和激发。用不同的燃气和助燃气体、不同的气体流量比例可以得到不同用途的火焰。利用火焰的热能使原子发光并进行光谱分析的仪器称为火焰光度计(图4-19),其分析方法称为火焰光度法。火焰光源具有设备简单、操作比较方便、稳定性好、精密度较高、分析速度快及价格便宜等优点。但是火焰温度一般只有2000~3000K,只能激发电位低的原子(如碱金属、碱土金属),在烟草品质分析中常用来检测钾含量。

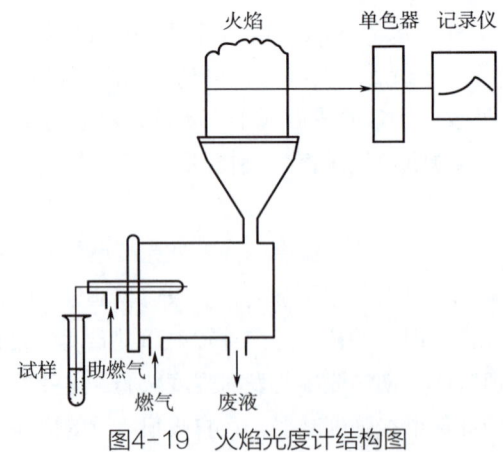

图4-19 火焰光度计结构图

（2）ICP光源　等离子体总体上是一种呈中性的气体，由离子、电子、中性原子和分子组成，其正、负电荷密度几乎相等。ICP光源是高频电能通过电感耦合感应线圈得到的外观类似火焰的高频放电光源。一般由高频发生器、等离子炬管和雾化器三部分组成（图4-20）。

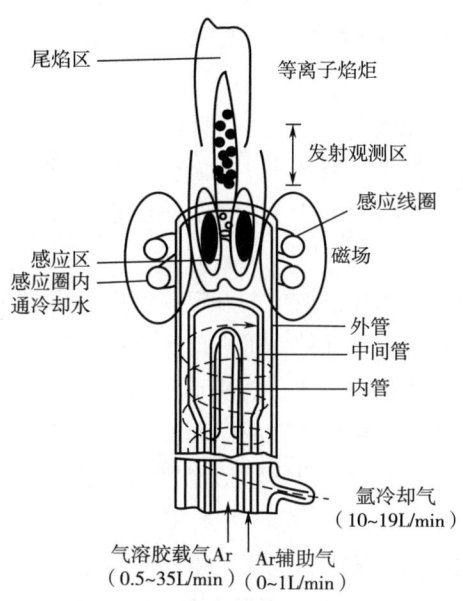

图4-20　电感耦合等离子体光源示意图

高频发生器的作用是产生高频磁场以供给等离子体能量。感应圈一般是以铜管绕成的2~5匝水冷线圈。等离子炬管由三层同心石英管组成。外层石英管中，氩气气流从切线方向引入，并呈螺旋式上升。中层石英管为喇叭形，通入氩气起维持等离子体的作用。内层石英管内径为1~2mm，载气带着试样气溶胶由内管注入等离子体内，试样气溶胶由气动雾化器或超声雾化器产生。接通电源时，高频电流通过线圈，在石英管内产生交变磁场。若用高压电火花使管内气体电离，产生少量离子和电子，则电子和离子因受管内轴向磁场的作用，在管内水平闭合回路中高速运动，形成涡流。这种涡流类似于在短路的变压器次级线圈中的电流，这时感应线圈就是变压器的初级线圈。因石英管内的磁场方向和强度是随时间变化的，所以电子在每半周中被加速。被加速的电子遇到影响其流动的阻力时，自然就发热。这种阻力就是电子与载气原子或试样碰撞的结果。同时还会发生氩原子的电离，形成更多的电子或离子，于是立即形成炽热的等离子体，用氩气将其吹出管口，即形成温度高达10000K的环形稳定等离子炬。当载气带着试样气溶胶通入等离子体时，被加热至6000~7000K，并被原子化和激发发射光谱。

ICP光源具有以下特点：

①激发温度高，有利于难激发元素的激发，离子线强度大，有利于灵敏线为离子线的元素的测定。

②样品在中央通道受热而原子化，原子化温度高，原子在等离子体中停留时间长，原子化完全，化学干扰小，谱线强度大，检出限可达 $10^{-3}\times 10^{-6} \sim 10^{-4}\times 10^{-6}$ 级。

③因激发和原子化温度高，基体效应小。

④稳定性好，相对标准偏差为 $\pm 1\% \sim \pm 2\%$。

⑤样品集中在中间通道，外围没有低温的吸收层，因此自吸和自蚀效应小，分析校正曲线的线性范围大，可达4~6个数量级（自吸、自蚀会使校正曲线在浓度大时向横轴弯曲）。

⑥在惰性气体中激发，光谱背景小。

ICP光源是分析液体试样的最佳光源，此光源可用于测定周期表中绝大多数元素（70多种），并可对高含量（百分之几十）元素进行测定。

2. 光谱仪

光谱仪是用来将光源发射的光色散成按一定顺序排列的光谱，并且进行记录和检测的仪器。光谱仪的基本结构有五个部件：①进口狭缝；②准直装置，即能使光束成平行光线传播的透镜或反射镜；③色散装置，能使不同波长的光以不同的角度进行辐射，目前用得最多的是棱镜和光栅；④聚焦透镜或凹面反射镜，使每个单色光束在单色器的出口曲面上成像；⑤出口狭缝，光谱仪有棱镜摄谱仪、光栅摄谱仪和光电直读光谱仪。

3. 谱线检测仪器

原子发射光谱中谱线检测方法有目视法、摄谱法和光电法。目视法用眼睛来观测光谱谱线强度，使用的仪器称为看谱仪，适用于可见光波段。摄谱法是用感光板记录光谱。感光板在摄谱仪的焦面上感光，经过显影、定影后获得光谱底片，然后用映谱仪观察谱线的位置和强度，可进行定性和半定量分析，再用测微光度计测量谱线黑度，进行定量分析。光电法是利用光电测量的方法直接测定谱线强度，常见的仪器有光电倍增管、光电二极管、电荷耦合器件（CCD）等。

目前，采用ICP光源、光电直读光谱仪、CCD检测器的原子发射光谱仪已成为市场主流。

三、原子发射光谱的分析方法

1. 定性分析方法

由于各种元素的原子结构不同，在光源的激发作用下，可以产生许多其特有的谱线，据此，可以确定元素是否存在，称为光谱定性分析。有的元素光谱比较简单，如氢等。但有的元素原子结构比较复杂，发射的光谱谱线数量很多，如铁、钴、镍、钒、钛等。然而，在实际定性分析中，并不需要将其谱线全部检测出来才能确定元素的存在，一般只需要检测出元素两条以上的分析线，就可以判断该元素是否存在。

定性分析方法主要有3种：

（1）比较法　简单组分可直接采用比较法进行定性，即将试样与待测元素在相同条件得到的光谱图进行比较,以确定某些元素是否存在。

(2)元素标准光谱法 复杂组分一般用铁光谱来进行比较。铁的光谱谱线在210~660nm范围内,大约有4600条谱线,每条谱线都有精确的波长。将各元素的分析线按波长位置标插在铁光谱图的相应位置上(图4-21),并将其称为"元素标准光谱图"。定性测定时,将待测元素的谱线与元素标准光谱比较即可。

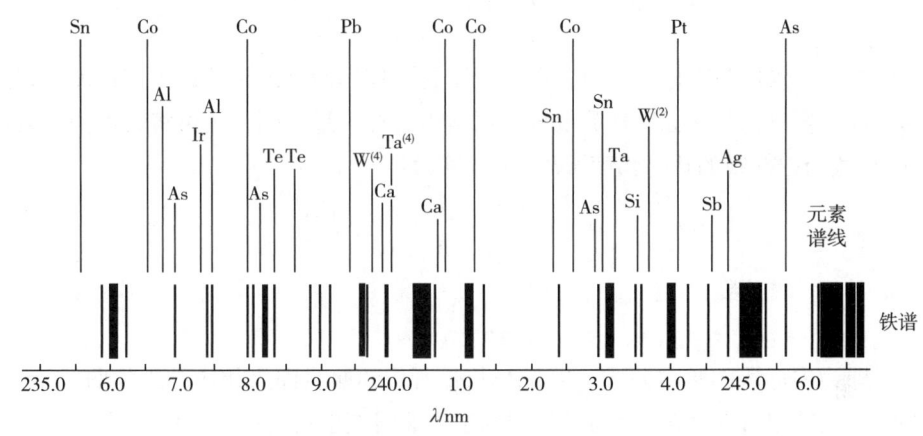

图4-21 元素标准光谱图

(3)波长测定法 准确测量出元素的谱线波长,再从元素波长表上查找未知谱线相对应的元素。

需要注意的是,分析线并非固定不变的,它与光源、光谱仪的型号有关。不同型号的仪器,分析线有差异。此外,元素的含量也会导致分析线的缺失。当试样中找不到某元素的谱线时,并不代表该元素不存在,可能是元素含量低于检测方法的灵敏度。样品中的杂质也会对测定造成干扰,因此,样本要先经过分离或富集才可检测。

2. 定量分析方法

对式(4-14)取对数,可得到下式:

$$\lg I = b \lg c + \lg a \tag{4-15}$$

该式表明,在一定浓度范围内,$\lg I$ 与 $\lg c$ 为线性关系,这就是发射光谱法定量测定的基础。

(1)标准曲线法 标准曲线法是指在确定的分析方法下,配制一系列待测元素的标准样品,将标准样品与待测样本在相同的条件下进行测定,建立分析线强度 I 或 $\lg I$ 对浓度 c 或 $\lg c$ 的标准方程或曲线,再计算出待测元素含量。标准样品不得少于三个。

该方法的优点是准确度高,但分析时必须摄取较多标准样品的光谱,从而影响测定速度。

(2)内标法 在浓度较高时,式(4-15)中的 b 不是常数,曲线发生弯曲,不再是线性关系。由于 a、b 受测量条件影响,使用谱线强度的绝对值进行定量分析无法得到准确结果。为了消除测量条件变化对结果的影响,常采用内标法进行定量分析。

具体做法是在待测样本中选择一条基体元素（或定量加入的其他元素）的谱线，将与待测元素分析线均称的谱线作为内标线（或称比较线），分析线与内标线被称为分析线对，分析线与内标线的绝对强度的比值称为相对强度，根据相对强度的变化进行定量分析。

根据式（4-15），分析线强度（I_1）与内标线强度（I_2）分别为：

$$I_1 = a_1 c_1^{b_1} \qquad (4-16)$$

$$I_2 = a_2 c_2^{b_2} \qquad (4-17)$$

当以基体元素作为内标元素时，内标元素含量较高而接近常数；当定量加入其他元素作为内标元素时，其在标准样品及分析试样中的加入量相同，也可将其视为常数。令 $I_2=k$，分析线与内标线的相对强度（R）可计算为：

$$R = \frac{I_1}{I_2} = \frac{a_1}{k} c_1^{b_1} \qquad (4-18)$$

令 $a_1/k=K$，取对数后为：

$$\lg R = b_1 \lg c_1 + \lg K \qquad (4-19)$$

此式即为内标法的基本公式。以 $\lg R$ 对 $\lg c$ 所作的曲线即为相应的工作曲线。因此，只要测出谱线的相对强度 R，就可从相应的工作曲线上求得待测元素的含量。

应用内标法时，内标元素和分析线对结果都有很大影响，选择时应该注意：试样内应不含或只含极少量的内标元素；如果试样主要成分（基体元素）的含量恒定时，也可将其作为内标元素；内标元素与待测元素的挥发率、沸点、化学活性、相对原子质量等应接近；分析线对的激发电位要相同或相近，如是离子线对，电离电位也应相近；分析线对波长尽可能接近，且强度不要相差太大。

四、应用实例——电感耦合等离子体质谱法测定烟叶中的金属元素

1. 原理

试样经硝酸-过氧化氢微波消解后，在线加入内标以补偿基体效应，在选定的仪器参数下，待测液进入电感耦合等离子体质谱仪，在等离子体的高温作用下，经雾化、原子化、离子化后进入质谱检测器，其质荷比强度与样品中被测物的浓度成正比。该方法可同时测定24种元素（Li、Be、Al、V、Cr、Mn、Co、Ni、Cu、Zn、Ga、As、Se、Rb、Sr、Ag、Cd、In、Cs、Ba、Tl、Pb、Bi和U）。

2. 试剂

除特别要求外，试剂均为优级纯试剂。实验用水符合GB/T 6682—2008《分析实验室用水规格和试验方法》中一级水的规定。具体试剂信息如下：

①硝酸（HNO_3），65%~68%。

②过氧化氢（H_2O_2），30%。

③硝酸溶液，1%（体积分数）　移取10.0mL硝酸（HNO_3），缓慢加入约500mL水中，转移至1L容量瓶，用水定容至刻度。

3. 标准溶液制备

①混合标准储备液，10μg/mL：介质为5%硝酸溶液，内含锰、铜、锌。

②混合标准工作溶液：移取不同体积的混合标准储备液于100mL容量瓶中，用1%硝酸溶液定容至刻度，得到0.00、10.00、20.00、40.00、60.00和100.00ng/mL浓度的标准工作溶液，即用即配。

4. 主要仪器设备

主要仪器具体如下：

①分析天平，精确至0.1mg。

②微波消解仪，配聚四氟乙烯消解罐。

③电感耦合等离子质谱仪。

5. 分析步骤

（1）抽样与制样　按照GB/T 5606.1—2004《卷烟　第1部分　抽样》和GB/T 19616—2004抽取样品。按YC/T 31—1996《烟草及烟草制品　试样的制备和水分测定　烘箱法》制备试样并测定水分含量。

（2）待测液制备　称取试样0.2g，精确至0.0001g，置于微波消解罐中，加入6mL硝酸，待反应缓和后加入1mL过氧化氢，放置过夜（可省略），密封消解罐，置于微波消解仪中消解。待消解罐内温度降至室温后取出，将消解罐中的消解液转移至25mL容量瓶中，用10%盐酸溶液定容至刻度，即为待测液。

（3）仪器工作条件　射频功率1300W，等离子气流量16L/min，辅助气体流量1.2L/min，雾化器流量0.92L/min，模拟电压-1950V，脉冲电压950V，透镜电压8.75V。

（4）标准工作曲线制作　以^{66}Zn、^{55}Mn和^{63}Cu作为测量同位素，在线加入^{72}Ge为内标。按仪器工作条件调整仪器，测量各元素与内标计数值的比值，建立其与各元素质量浓度的标准曲线并建立回归方程，相关系数不低于0.999。

（5）样品测定　将待测样品用1%硝酸溶液稀释至标准曲线线性范围，然后按标准工作曲线条件测定待测元素，通过回归方程计算待测元素质量浓度，每个试样重复测定两次。同时做一组空白样品溶液。

6. 结果计算与表述

试样中的待测元素含量按式（4-20）计算：

$$X = \frac{(c-c_0) \times V \times k}{m \times (1-w) \times 1000} \tag{4-20}$$

式中　X——样品中的待测元素含量，μg/g；

c——试样待测液中待测元素质量浓度，mg/mL；

c_0——空白样品中待测元素质量浓度，mg/mL；

V——待测液体积，mL；

k——稀释倍数；
m——试样的质量，g；
w——试样的水分含量，%。

取两个平行样品的算术平均值为检测结果，精确至 $0.01\mu g/g$。两次平行测定结果之间的相对平均偏差不应大于10%。

第五节　原子吸收光谱法

原子吸收光谱法又称原子吸收分光光度法，是根据被测物质产生的气态基态原子（原子蒸气）对同种原子共振辐射的吸收作用来进行定量分析的一种分析方法。它与原子发射光谱法是相互联系的两种相反过程。相较于原子发射法，原子吸收法只有原子外层电子跃迁，是一种窄带吸收，通常只用锐线光源，具有干扰较少、灵敏度高、信噪比大、稳定性好、精密度高、操作方便及速度快等优点。目前，原子吸收法可测定70多种元素，不仅可测定金属元素，也可间接测定一些非金属元属和有机化合物，在烟草及其制品元素含量测定中被广泛使用。原子吸收光谱也有一些局限性。每测定一种元素必须使用该元素的空心阴极灯，使用不够方便。标准曲线线性范围窄，一般为一个数量级，为多样品测定增加了难度。

一、原子吸收光谱法的基本原理

1. 共振线和分析线

如前所述，原子在两个能态之间的跃迁伴随着能量的发射和吸收。原子具有多种能级状态，当原子受外界能量激发时，其最外层电子可能跃迁到不同的能级，因此具有不同的激发态。从基态到第一激发态，需要能量最小，是最容易发生的。原子从基态向第一激发态跃迁，需要吸收一定频率的光，所吸收的谱线被称为共振吸收线，简称共振线。然后原子从第一激发态返回基态，此时发出同样频率的谱线，这种谱线被称为共振发射线，也简称共振线。原子吸收光谱实际上是对光源（自己元素发光）共振线的吸收。

不同元素的原子结构和外层电子排布不同，其共振线也有差异，所以这种共振线一般也是元素的特征谱线。在原子吸收分析中通常利用共振线作为分析线。

2. 谱线轮廓、谱线宽度

原子吸收光谱的谱线并不是理想的几何线，而是线状光谱，具有一定的宽度，即有一定的波长或频率范围，常称为谱线轮廓（line profile）。导致谱线产生宽度的原因主要有激发态原子的平均寿命，原子的热运动，吸光原子与蒸气中原子或分子相互碰撞等。

一束频率为v、强度为I_0的平行光通过一定宽度的原子蒸气，即火焰时，谱线强度因被原子蒸气吸收而减弱为I_v，由于原子对不同频率的光吸收不同，可得到I_v–v关系曲线[图4-22（1）]。I_v在v_0处最小，即吸收值最大，v_0称为中心频率，其大小由原子能级决定。v_0两侧的吸收曲线有一定宽度，这就是吸收线的轮廓。

除I_v–v关系曲线外，也可用K_v–v关系曲线来反映吸收强度与频率的关系[图4-22（2）]。与吸收最大值对应的吸收系数K_0称为峰值吸收系数。中心频率的地方，对应着极大吸收系数一半处（$K_0/2$），吸收光谱线轮廓上两点之间的频率差（Δv）称为吸收线的半宽度，又称谱线宽度。通常原子吸收谱线宽度为10^{-3}~10^{-2}nm，原子发射谱线宽度为10^{-4}~10^{-3}nm。

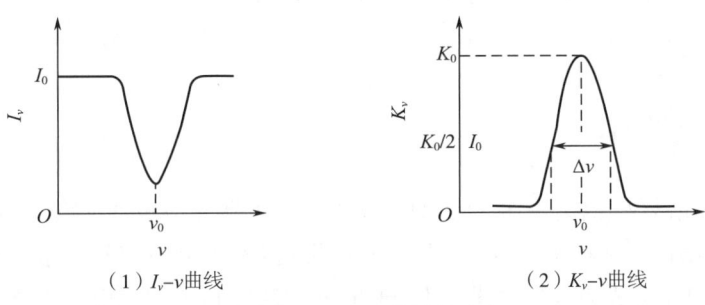

图4-22　原子谱线轮廓

3. 积分吸收与峰值吸收

由于任何谱线都有一定的宽度，所以可将一条原子吸收线，看成由若干极为精细的、频率相差甚小的光波所组成。因此，测量气态基态原子对共振线的吸收应是测量对整个谱线轮廓的吸收，可通过积分获得，即谱线轮廓内的总面积，称为"积分吸收"。根据经典色散理论，积分吸收与火焰中基态原子数成正比，这就是原子吸收定量测定的理论基础，称为积分吸收法。但是，因为谱线宽度非常窄，很难准确测定积分吸收。

实际测量中往往用中心频率处峰值测量代替积分吸收的测量，称为峰值吸收法。即用锐线光源辐射，同时在温度不太高且稳定的火焰条件下，K_0与火焰中待测元素的基态原子数N_0间存在简单的线性关系。实际上，该线性关系可以从积分吸收与火焰中基态原子数的关系式中推导出来。这种方法需要使用锐线光源。

4. 原子吸收光谱定律

原子吸收也遵循Lambert定律。当一束频率为v、强度为I_0的光通过厚度为L的原子蒸气时，透射光强度因被原子蒸气吸收而减弱为I_v，根据Lambert定律有式（4-21）：

$$\ln\frac{I_0}{I_v}=KN_0L \tag{4-21}$$

式中　N_0——单位体积原子蒸气中吸收辐射的基态原子数；

K——吸光系数。

在原子吸收测量时，N_0近似等于总原子数N。而被测元素浓度c与N_0之间有一定的比例关系，见式（4-22）：

$$N_0 = N = \sigma c \tag{4-22}$$

根据吸光度的定义，结合式（4-22）可推导出式（4-23）：

$$A = -\lg(I/I_0) = 0.4343 KL\sigma c \tag{4-23}$$

在实验条件一定时，K、L、σ 均是常数，上式可简化为：

$$A = K'c \tag{4-24}$$

式（4-24）是原子吸收测量的基本公式。

式中　c——被测金属离子在溶液中的浓度；

　　　K'——条件吸收系数，与吸收波长、火焰墙温度及宽度、雾化–原子化效率等因素有关，当这些条件确定时，K' 为常数。

二、原子吸收光谱仪

原子吸收光谱仪由空心阴极灯、原子化器、单色器和检测系统组成（图4-23），与火焰光度计的结构非常相似，不同的是原子吸收光谱仪采用的光源是空心阴极灯。光学系统与紫外–可见分光光度计一样，也有单道单光束、单道双光束、双道单光束、双道双光束等类型。

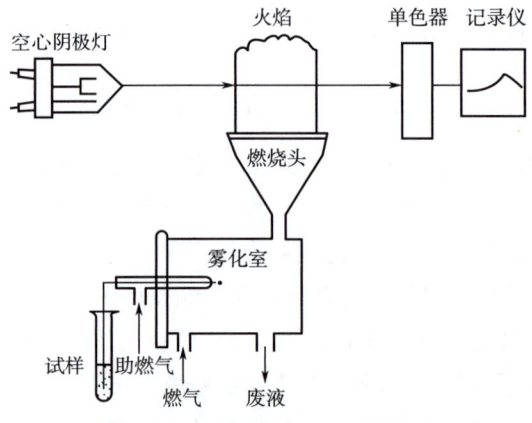

图4-23　原子吸收光谱仪结构图

1. 光源

原子吸收光谱仪光源是锐线光源，作用是发射被测元素基态原子所需的特征共振辐射。锐线光源指能够发射待测元素的共振线，其发射线宽度远小于吸收线的半宽度，与吸收线中心频率一致以及强度足够大的光源。除上述条件外，还要求光源稳定性好，使用寿命长。蒸气放电灯、无极放电灯和空心阴极灯都能符合上述要求。这里主要介绍应用较为广泛的空心阴极灯和无极放电灯。

（1）空心阴极灯（HCL） 空心阴极灯是最常见的光源，结构如图4-24所示。由一个用被测元素材料制成的空腔形阴极和一个钨制阳极组成气体放电管，即为空心阴极灯。阴极内径约为2mm，放电管集中在较小的空间内，可得到很高的阴极辐射强度。阴极和阳极密封在带有光学窗口的玻璃管内，内充惰性气体，根据所需透过的辐射波长，在紫外光波段光学玻璃窗口用石英，在可见光波段用普通光学玻璃。

空心阴极灯的阴极如果只含一种元素，则只能测一种元素，称为单元素灯；如果阴极含有多种元素，则可测定多种元素，称多元素灯。多元素灯由于元素组合多，谱线干扰大。

（2）无极放电灯 无极放电灯是在封闭的石英或玻璃管（视所使用的光谱区而定）中充入少量的待测元素和惰性气体制成，待测元素可以以其单质

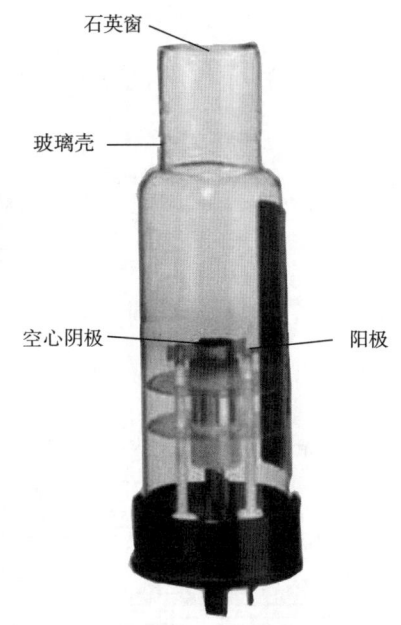

图4-24 空心阴极灯

或化合物的形式（卤化物、碘化物最常用）加入。当把电灯放入射频或微波高频电场中，借助于高频火花放电，管内温度升高，待测物质蒸发、离解，与被激发的气体原子碰撞发射被测元素的原子特征辐射。

无极放电灯的优点是寿命长，共振线强度大，特别适用于共振线在紫外区的易挥发元素的测定。目前生产的无极放电灯仅限于本身或其化合物具有较高蒸气压的元素，如Zn、Cd、K、Cs、Sn、Pb、As、Bi、Hg、Se、Te等，有些元素因缺乏适当的蒸气压或能与石英反应，不易制成无极放电灯。

2. 原子化器

为了检测，待测物质需要转化为基态原子（原子蒸气），这一过程被称为原子化过程。用于原子化过程的有火焰原子化器和非火焰原子化器。非火焰原子化器是利用电热、阴极溅射、等离子体、激光或冷原子发生器等方法使待测元素形成基态自由原子的，常见的有火焰原子化器、石墨炉原子化器、氢化物发生器等。

（1）火焰原子化器 火焰原子化器是大部分原子吸收光谱仪采用的原子化器（图4-25），主要由雾化器、雾化室、燃烧器组成。试样待测液通过雾化器将样品雾化，并与助燃气、燃气一起在雾化室中混合，分散形成湿气溶胶，然后通过燃烧头燃烧，在火焰中经过脱水形成干气溶胶，再蒸发成气态分子，离解（原子化）形成待测元素的基态自由原子。

由于进入火焰的样品微粒均匀且细微，在火焰中可瞬时原子化，形成的火焰稳定性好，有效吸收光程长。缺点是试样利用效率低，一般约为10%；试液浓度高时，试样在雾化室壁有沉积，干扰后续测定；不能直接测定固体样品。

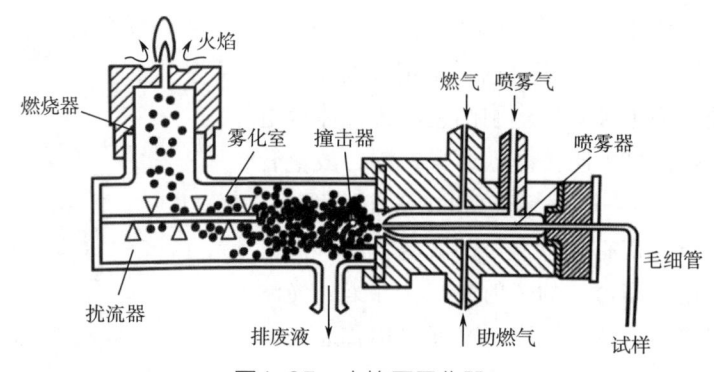

图4-25 火焰原子化器

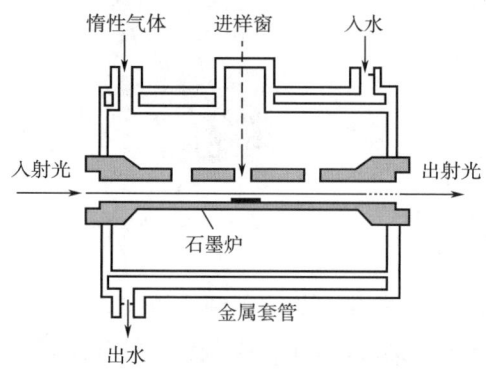

图4-26 石墨炉原子化器结构图

（2）石墨炉原子化器　石墨炉利用大电流通过电阻值高的石墨管时产生的高温，使试样原子化。大部分石墨炉原子化器的结构如图4-26所示。石墨管两端用铜电极夹住，通过铜电极向石墨管供电。样品用微量进样器直接注入石墨管中，石墨管作为电阻发热体，通电后可达到2000~3000℃高温，以蒸发试样和使试样原子化。铜电极周围用水箱冷却。盖板盖上后，构成保护气室，室内通以惰性气体Ar或N_2，以保护原子化后的原子不再被氧化，同时也延长石墨管的使用寿命。

原子化器中的试样，可以是液体，也可是固体，通常固体样品进样量为0.1~10mg，液体样品进样量为1~50μL，试样全部蒸发，原子在测定区的有效停留时间长，几乎全部样品参与光吸收，绝对灵敏度高，可达10^{-14}~10^{-12}g。但也因为进样量小，试样的代表性较差，测定精度不如火焰原子化法好，仅为2%~5%；记忆效应（测定高浓度试样时，残留较高，影响后续测定，称为记忆效应）比较严重。

（3）氢化物发生器　氢化物发生法是将含As、Sb、Sn、Se、Ge、Pb和Bi等的试样转变为气体后进入原子化器的一种方法。它可以提高对这些元素的检测限10~100倍，由于这类物质毒性大，在低浓度时检测它们尤其重要。将待测物转变成挥发性氢化物，例如，利用还原剂硼氢酸钾与酸作用产生新生态氢，使As生成气态氢化物后，再进行原子化。

反应生成的氢化物被惰性气体带入放在管式炉或火焰中已加热到几百摄氏度的石英吸收管中进行原子化，并测量吸光度。该法灵敏度高（可达10^{-9}g）、选择性好、基体干扰和化学干扰少、简便且速度快，但精密度比火焰原子化法差。

3. 单色器

单色器起到分离所需共振吸收线的作用，由色散元件、入射和出射狭缝、反射镜等组成。由于使用锐线光源，吸收值测定采用峰值吸收法，所以原子吸收光谱仪对单色器分辨率的要求并不高。单色器中的色散元件多用光栅。为了阻止自吸收池的辐射不加选择地进入检测器，单色器通常配置在原子化器后面的光路中。

4. 检测系统

与其他仪器一样，检测系统主要由检测器、放大器、对数变换器、指示仪表组成。原子吸收光谱仪常使用光电倍增管作为检测器。

三、测定条件的控制及干扰消除

1. 测定条件的控制

为了获得更为精准的结果，需要对测定条件进行控制。主要包括以下条件：

（1）分析线　通常选择共振线做分析线，可使测定有较高的灵敏度。

（2）光谱带宽和狭缝宽度　一般以能将待测元素的共振线与邻近的其他谱线分开来为原则选择谱带宽度。谱带宽度是单色器的倒线色散率与狭缝宽度的函数，特定单色器的倒线色散率是固定的，因此，实际测定中，只需要改变狭缝宽度就可以选择光谱带宽。将试液喷入火焰，调节不同的狭缝宽度，测定吸光度随狭缝宽度的变化，当有其他谱线或非吸收光进入光谱通带内，吸光度将立即减小。所以不引起吸光度减小的最大狭缝宽度，即为应选取的狭缝宽度。

（3）空心阴极灯工作电流　空心阴极灯的工作电流以最大电流的1/2~2/3为宜。一般需要预热10~30min才能达到稳定输出。

（4）火焰　乙炔－空气火焰是原子吸收光谱法中最常用的火焰，此外还有氧化亚氮－乙炔、空气－氢气等火焰。火焰的温度、燃助比、透射性等都会影响测定效果。火焰温度影响原子化效率，一般火焰温度恰好能使待测元素原子化为宜，过高过低都会减少基态自由原子数量，使分析灵敏度降低。燃助比的确定方法一般是在固定组燃气的情况下，调节燃料气流，当吸光度达到最大时的燃料气流量，即为最佳燃料气流量。对于火焰的透射性，要选择对测定元素分析线所在波谱区透射性能要好的火焰。

此外，火焰高度、进样量等条件也会影响基态自由原子浓度，导致吸光度发生变化，也需要根据具体测定要求进行调节。

2. 测定中的干扰及消除

原子吸收光谱法使用的是锐线光源，测量的是共振线的吸收，吸收线的数目较少，谱线重叠的概率较小，光谱干扰较小，而且基态原子的数目受温度的影响较小，所以原子吸收分析法中的干扰是较小的。原子吸收光谱分析中，按干扰效应性质和其产生的原因，可以分为化学干扰、物理干扰、电离干扰和光谱干扰。

（1）化学干扰及消除　化学干扰是指待测元素的原子与其他组分发生了化学反应，生成热力学更稳定的化合物，降低了火焰中基态原子数目，使参与吸收的基态原子数减少,导致吸光度减小。这种干扰具有选择性,对不同元素的影响各不相同,且会随火焰的种类、性质和部位,以及各共存组分、雾滴的大小等条件而变化。可通过提高火焰温度、加入释放剂、加入保护剂、加入缓冲剂或将干扰组分分离等方法消除。

(2)物理干扰及消除　由于试液的物理性质(如表面张力、黏度、密度及温度等)的变化而引起的原子吸光度值的变化,这种干扰称为物理干扰。物理干扰是非选择性干扰,对试样中各元素的影响基本上是相似的。消除物理干扰可以采用如下措施:①配制与待测试样具有相似组成的标准溶液,尽可能保持试液与标准溶液物理性质一致是消除物理干扰最常用的方法;②在不知试样组成或无法匹配试样时,可采用标准加入法或稀释法来消除物理干扰。

(3)电离干扰及消除　某些易电离的元素在火焰中发生电离,使参与原子吸收的基态原子数减少,引起原子吸收信号降低,这种干扰称为电离干扰。一般采取在试液中加入更易电离的元素,使之在火焰中强烈电离,从而有效地抑制待测元素基态原子的电离作用,这种试剂称为消电离剂。常用的消电离剂有 CsCl、NaCl、KCl 等。

(4)光谱干扰及消除　光谱干扰是指与光谱发射及吸收有关的干扰,包括谱线干扰和背景吸收所产生的干扰。

①谱线干扰:当单色器不能分开分析线与其临近谱线时,分析线与邻近的谱线一起进入单色器后被检测器接收,会使吸光度值偏低而产生干扰。如果分析线的临近谱线被共存元素吸收,且这条谱线进入检测器,就会产生假吸收,导致吸光度值偏高而产生干扰。此时,可采用减小狭缝宽度,降低灯电流或者采用其他没有临近谱线的次灵敏线作分析线等办法来消除干扰。

②背景干扰:原子化过程形成的分子或基团对光的吸收以及高浓度盐的固体颗粒对光的散射,都将产生光谱干扰,统称为背景吸收。背景吸收包括分子吸收和光散射,它使吸光度值增加,产生正误差。非火焰法的背景吸收比火焰法高得多,若不扣除背景,有时根本无法进行测定,所以原子吸收的测量中应对背景吸收进行校正。可以利用空白溶液进行校正,配制与待测溶液相同的背景吸收,从待测溶液的吸光度中减去空白溶液的吸光度可扣除背景吸收,还可以利用氘灯或氢灯校正背景吸收。

四、定量分析方法

原子吸收光谱法的定量分析通常采用标准曲线法和标准加入法,内标法不常用。

1. 标准曲线法

配制一组合适的标准溶液,按低浓度到高浓度的顺序依次喷入火焰,分别测定吸光度 A。以 A 为纵坐标,被测元素浓度为横坐标,计算线性方程,即为标准曲线方程。线性方程的相关系数必须达到测试方法的要求,通常不应低于 0.999。然后,在相同测定条件下,喷入试样溶液,测定其吸光度,根据标准曲线方程可计算出试样中被测元素的浓度。

为了保证测定结果的准确度，标准溶液的组成应尽可能接近实际样品溶液的组成；标准曲线的浓度范围应使产生的吸光度位于0.2~0.8；试样待测液浓度不得超过标准曲线浓度范围。

2. 标准加入法

当样品基体影响较大，又没有纯净的基体空白，或测定纯物质中极微量元素时，可采用标准加入法。具体方法为：分取 n 份等量的被测样品，其中一份不加入被测元素的标准溶液，其余各份加入 V、$2V$、$3V$、……、nV 体积的被测元素标准溶液，测定纯样品溶液的吸光度为 A_0，测定加过标准溶液系列的吸光度分别为 A_1、A_2、A_3、……、A_n，通过计算以获取线性方程或制作曲线（图4-27）。线性方程中 $A=0$ 时的值，就是试样待测液中被测元素的浓度，即将曲线从上至下延长，与横坐标交于 c_x，c_x 为被测元素的浓度。

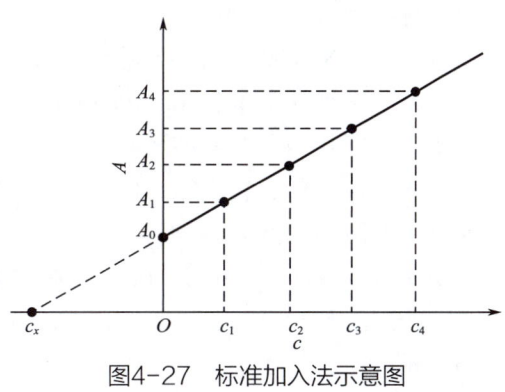

图4-27 标准加入法示意图

3. 内标法

在一系列不同浓度的待测元素标准溶液及试液中依次加入相同量的内标元素N（试液中不存在元素），稀释至同一体积。在同一试验条件下，分别在内标元素及待测元素的共振线吸收处，依次测量每种溶液中待测元素M和内标元素N的吸光度 A_M 和 A_N，并求出它们的比值 A_M/A_N，再绘制 A_M/A_N-C_M 的内标工作曲线（图4-28）。由待测元素测出 $(A_M/A_N)_x$ 的比值，从标准曲线上可查得试液中待测元素的含量。

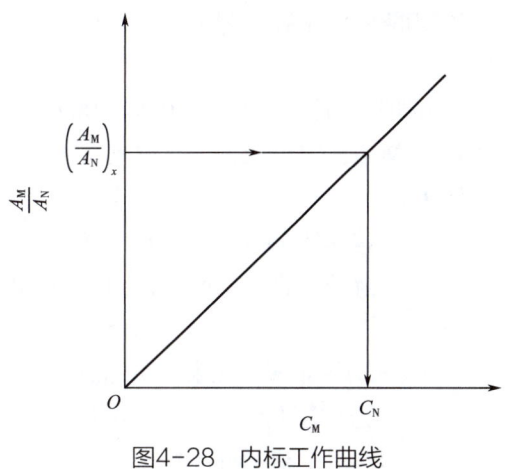

图4-28 内标工作曲线

五、应用实例——原子吸收分光光度法测定烟叶中铁、锰、铜、锌

1. 原理

采用微波消解法，用硝酸处理试样，待测液通过原子吸收分光光度计测定被测元素吸收值。该法可同时测定钾、钙和镁元素。

2. 试剂

除特别要求外，试剂均为优级纯试剂。实验用水符合GB/T 6682—2008中一级水的规定。具体试剂信息如下：

①硝酸，65%~68%。

②过氧化氢，30%。

③硝酸溶液，5%（体积分数）：移取50.0mL硝酸（HNO_3），缓慢加入约500mL水中，转移至1L容量瓶，用水定容至刻度。

3．标准溶液制备

①标准储备液，1000μg/mL：用高纯试剂铁、锰、铜、锌溶于稀硝酸，得到含铁、锰、铜、锌各为1000μg/mL的标准储备液。

②铁、锰标准工作溶液，50μg/mL：分别移取5.00mL的铁、锰标准储备液，置于100mL容量瓶中，用5%硝酸溶液定容至刻度。

③铜、锌标准工作溶液，10μg/mL：移取1.00mL的铜、锌标准储备液，置于100mL容量瓶中，用5%硝酸溶液定容至刻度。

分别吸取铁标准工作液0.00、0.50、1.00、1.50、2.00、2.50mL于50mL容量瓶中，用5%硝酸溶液定容至刻度，得到0.00、0.50、1.00、1.50、2.00、2.50μg/mL的系列铁标准溶液。

分别吸取锰标准工作液0.00、1.00、2.00、3.00、4.00、5.00mL于50mL容量瓶中，用5%硝酸溶液定容至刻度，得到0.00、1.00、2.00、3.00、4.00、5.00μg/mL的系列锰标准溶液。

分别吸取铜标准工作液0.00、0.50、1.00、1.50、2.00、2.50mL于50mL容量瓶中，用5%硝酸溶液定容至刻度，得到0.00、0.10、0.20、0.30、0.40、0.50μg/mL的系列铜标准溶液。

分别吸取锌标准工作液0.00、0.50、1.00、2.50、5.00、7.50mL于50mL容量瓶中，用5%硝酸溶液定容至刻度，得到0.00、0.10、0.20、0.50、1.00、1.50μg/mL的系列锌标准溶液。

如需同时测定多个元素，可配成混合标准溶液。

4．主要仪器设备

①分析天平，精确至0.1mg。

②微波消解仪，配聚四氟乙烯坩埚。

③原子吸收分光光度计，配铁、锰、铜、锌空心阴极灯或连续光源。

5．分析步骤

（1）抽样与制样　按照GB/T 5606.1—2004和GB/T 19616—2004抽取样品。按YC/T 31—1996制备试样并测定水分含量。

（2）待测液制备　称取试样0.2~0.3g，精确至0.0001g，置于消解罐内，依次加入5mL硝酸和2mL过氧化氢，待反应缓和后，进行微波消解。待消解罐内温度降至室温后取出，转移至25mL容量瓶中，用水定容至刻度。

（3）仪器工作条件　参照仪器说明书和各元素的特点调整仪器至最佳条件，推荐铁、锰、铜、锌的测定波长为248.3nm、279.4nm、324.8nm和213.8nm。

（4）标准工作曲线制作　在原子吸收光度计上测量4种元素的标准工作溶液吸光度，计算回归方程，回归方程的相关系数不低于0.999。

（5）样品测定　按标准工作曲线条件测定待测液中元素吸光度，根据回归方程计算出待测元素质量浓度。元素质量浓度应在仪器的线性工作范围内。

6. 结果计算与表述

试样中的元素含量按式（4-25）计算：

$$X = \frac{(C - C_0) \times V \times k}{m \times (1 - w)} \qquad (4\text{-}25)$$

式中　X——样品中的铁、锰、铜或锌含量，mg/kg；
　　　C——试样待测液中铁、锰、铜或锌的质量浓度，μg/mL；
　　　C_0——空白样品中铁、锰、铜或锌的质量浓度，μg/mL；
　　　V——待测液体积，mL；
　　　k——稀释倍数；
　　　m——试样的质量，g；
　　　w——试样的水分含量，%。

取两个平行样品的算术平均值为检测结果，精确至0.01mg/kg。两次平行测定结果之间的相对平均偏差不应大于5%。

7. 注意事项

测定钙镁时要加入硝酸镧作为基体改良剂。

第六节　原子荧光光谱法

原子荧光光谱法（AFS）是通过测定待测原子蒸气在辐射激发下发射的荧光强度来进行定量分析的方法。从原理来看该方法属原子发射光谱范畴，但其所用仪器与原子吸收仪器相近。

一、原子荧光光谱法的基本原理

1. 原子荧光的产生与类型

当气态原子受到强的特征辐射时，由基态跃迁到激发态，约在10^{-8}s后，再由激发态跃迁回到基态，辐射出与吸收光波长相同或不同的荧光。辐射停止后，跃迁停止，荧光立即消失，不同元素的荧光波长不同。

根据激发与发射过程的不同,一般将原子荧光分为共振荧光、非共振荧光、敏化荧光和多光子荧光四种类型。

(1)共振荧光　气态原子吸收共振线被激发后,激发态原子再发射出与共振线波长相同的荧光回到基态,如图4-29(1)中的A、C过程。若原子受热激发处于亚稳态,再吸收辐射进一步激发,然后再发射出相同波长的共振荧光,仍回到亚稳态,称为热共振荧光,即图4-29(1)中的B、D过程。

(2)非共振荧光　当产生的荧光与激发光的波长不相同时,即跃迁前后的能级发生了变化,产生非共振荧光。非共振荧光又可分为:直跃线荧光(Stokes荧光)、阶跃线荧光、反斯托克斯荧光(Anti-Stokes荧光)。

直跃线荧光指跃回到高于激发前所处的能级所发射的荧光,即荧光波长大于激发线波长,如图4-29(2)所示的两种过程。

阶跃线荧光指辐射激发后,先以非辐射方式释放部分能量(碰撞、放热等)到较低能量的激发态,再发射荧光返回低能级。或先光照激发,再热激发,返至高于基态的能级,发射荧光,如图4-29(3)所示的两种过程,这时所发出的荧光波长大于激发线波长。

反斯托克斯荧光的波长小于激发线波长,即先热激发再光照激发(或反之),之后再发射荧光直接返回基态,即荧光波长小于激发线波长,见图4-29(4)。

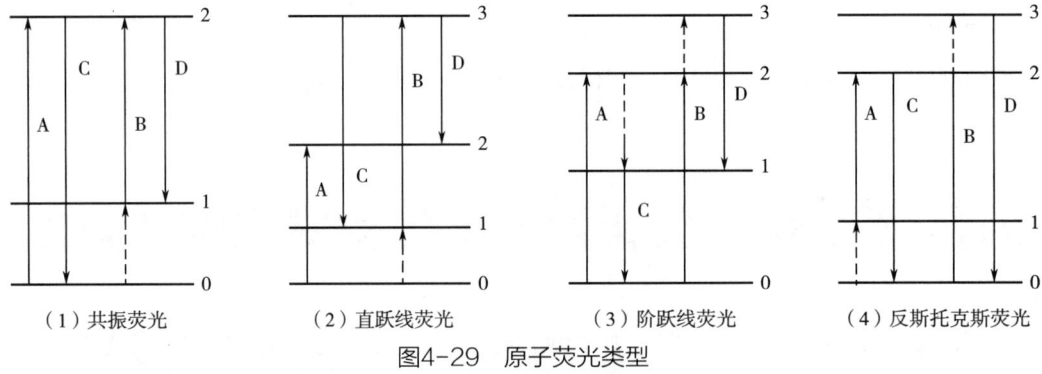

图4-29　原子荧光类型

(3)敏化荧光　受光激发的原子与另一种原子碰撞时,把激发能传递给另一个原子使其激发,由后者发射荧光。

(4)多光子荧光　吸收两种以上不同波长能量的光子跃迁至激发态,发射出荧光返回至基态。

以上所有类型中,共振荧光强度最大,最为有用,其次是非共振荧光。敏化荧光在火焰原子化中观察不到,在非火焰原子化中才观察得到。

2. 荧光猝灭与荧光量子效率

在产生荧光的过程中,同时也存在着非辐射去激发的现象。例如,当受激发原子与其他原子碰撞,能量以热或其他非荧光发射方式转移后回到基态时,会产生非荧光去激发过程，使荧光减弱或完全不发光，这种现象称为荧光猝灭。荧光猝灭的程度与原子化气氛有关，在氩气气氛中荧光猝灭的程度最小。因此，存在着如何衡量荧光效率的问题，通常定义荧光量子效率为：$\Phi=F_f/F_a$。其中F_f为发射荧光的光量子数，F_a为吸收的光量子数。通常荧光量子效率小于1。

3. 待测原子浓度与荧光的强度

当光源强度稳定、辐射光平行及自吸可忽略时，发射荧光的强度I_f正比于基态原子对特定频率的光的吸收强度I_a，即$I_f=\Phi/I_a$。

在理想状态下：

$$I_f = \frac{\Phi}{I_a} = \Phi \cdot I_0 \cdot A \cdot K_0 \cdot L \cdot c \tag{4-26}$$

式中　I_0——原子化火焰单位面积接受到的光源强度；

　　　A——受光照射在检测器中观察到的有效面积；

　　　K_0——峰值吸光系数；

　　　L——吸收光程；

　　　Φ——荧光发射过程的能量转换效率；

　　　c——试样中待测元素的浓度。

二、原子荧光光谱仪

常见的原子荧光光谱仪与原子吸收分光光度计的组成基本相同，主要包括激发光源、原子化器、单色器、检测器及信号处理显示系统（图4-30）。

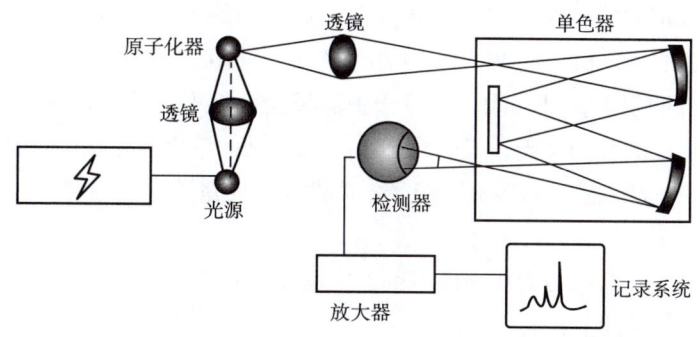

图4-30　原子荧光光谱仪结构图

AFS激发光源最常见的是空心阴极灯。此外，激光、无极放电灯、氙弧灯等也有应用。AFS的原子化器、检测器等与原子吸收分光光度法（AAS）的基本相同。由于测量的是向各方向发射的原子荧光，为避免光源的影响，检测器与光源不能在同一光路上，一般呈90°。

原子荧光光谱法具有检出限低、灵敏度高、谱线简单、干扰小、线性范围宽（可达3~5个数量级）、选择性极佳以及不需要基体分离可直接测定等特点。例如，对Cd的检出限可达10^{-12}g/mL，Zn的检出限可达10^{-11}g/mL，20多种元素的检出限优于AAS。特别是在采用激光作为激发光源或冷原子法测定时，性能更加突出，同时也更易实现多元素同时测定，从而提高工作效率。不足之处是存在荧光猝灭效应及散射光干扰等问题。

三、测定条件控制及干扰消除

若分析中存在荧光猝灭效应和较大的散射光干扰，其他干扰与原子吸收分析相似时，可采用预混火焰、增加观测高度和火焰温度或使用高挥发性溶剂等措施，来减少散射干扰；此外，也可通过扣除散射光的背景强度来进一步降低干扰。

四、定量分析方法

荧光强度与待测元素的含量成正比关系，可采用标准曲线法进行定量分析。

五、应用实例——原子荧光分光光度法测定烟叶中砷、汞

1. 原理

试样经微波消解后，在一定酸度条件下，试样中的汞、砷与硼氢化钾发生还原反应，生成挥发性的氢化物，生成的氢化物由氩气载入石英原子化器中进行原子化，在特制的空心阴极灯照射下，基态汞、砷原子被激发至高能态，这种高能态物质在回到基态时，发射出特征波长的荧光，其荧光强度与汞、砷的浓度成正比。该法还可用于铅、锗、锡、碲、铋、锑、镉、锌等具有荧光效应的元素含量测定。

2. 试剂

除特别要求外，试剂均为优级纯试剂。实验用水符合GB/T 6682—2008中一级水的规定。具体试剂信息如下：

①硝酸（HNO_3），65%~68%。

②过氧化氢（H_2O_2），30%。

③硝酸溶液，5%（体积分数）：移取50.0mL硝酸（HNO_3），缓慢加入约500mL水中，转移至1L容量瓶，用水定容至刻度。

④硝酸溶液，1%（体积分数）：移取2.5mL硝酸（HNO_3），缓慢加入约200mL水中，转移至250mL容量瓶，用水定容至刻度。

⑤盐酸溶液，10%（体积分数）：移取100mL盐酸（HCl，36%~38%），缓慢加入约500mL水中，转移至1L容量瓶，用水定容至刻度。

⑥盐酸溶液，50%（体积分数）：移取50mL盐酸（HCl，36%~38%），缓慢加入约40mL水中，转移至100mL容量瓶，用水定容至刻度。

⑦氢氧化钾溶液，5g/L：称取5g氢氧化钾（KOH），精确至0.1g，用水溶解后转移至1L容量瓶，用水定容至刻度。

⑧硼氢化钾溶液，5g/L：称取5g硼氢化钾（KBH_4），精确至0.1g，溶于5g/L氢氧化钾溶液中，转移至1L容量瓶，用5g/L氢氧化钠钾溶液定容至刻度。即配即用。

⑨硼氢化钾溶液，15g/L：称取15g硼氢化钾（KBH_4），精确至0.1g，溶于5g/L氢氧化钠钾溶液中，转移至1L容量瓶，用5g/L氢氧化钠钾溶液定容至刻度。即配即用。

⑩混合液：称取5g硫脲和5g抗坏血酸（维生素C），精确至0.1g，溶解于适量水中，转移至100mL容量瓶，用水定容至刻度。即配即用。

⑪铁氰化钾溶液，100g/L：称取10.0g铁氰化钾{$K_3[Fe(CN)_6]$}，精确至0.1g，溶解于适量水中，转移至100mL容量瓶，用水定容至刻度。即配即用。

3. 标准溶液制备

（1）汞标准溶液　①汞标准储备液A，10μg/mL：移取1mg/mL汞标准溶液1.0mL于100mL容量瓶中，用5%硝酸溶液定容至刻度。在常温下可保存3个月，出现浑浊、沉淀或颜色变化时，应重新配制。

②汞标准储备液B，100ng/mL：移取10μg/mL汞标准储备溶液1.0mL于100mL容量瓶中，用5%硝酸溶液定容至刻度。即配即用。

③汞标准工作溶液：移取一定量汞标准储备液B，用5%硝酸溶液定容至刻度。配制成浓度为0.00、2.00、4.00、6.00、8.00、10.00ng/mL的标准工作溶液。即用即配。

（2）砷标准溶液　①砷标准储备液A，10μg/mL：移取1mg/mL砷标准溶液1.0mL于100mL容量瓶中，用1%硝酸溶液定容至刻度。在常温下可保存3个月，出现浑浊、沉淀或颜色变化时，应重新配制。

②砷标准储备液B，100ng/mL：移取10μg/mL砷标准溶液1.0mL于100mL容量瓶中，用1%硝酸溶液定容至刻度。即配即用。

③砷标准工作溶液：移取一定量的砷标准储备液B至50mL容量瓶中，分别加入混合液5.0mL，用10%盐酸溶液定容至刻度，得到浓度为0.00、2.00、4.00、6.00、8.00、10.00ng/mL的标准工作溶液。即用即配。

（3）硒标准溶液　①硒标准储备液A，10μg/mL：移取1mg/mL硒标准溶液1.0mL于100mL容量瓶中，用10%盐酸溶液定容至刻度。在常温下可保存3个月，出现浑浊、沉淀或颜色变化时，应重新配制。

②硒标准储备液B，100ng/mL：移取10μg/mL硒标准储备溶液1.0mL于100mL容量瓶中，用10%盐酸溶液定容至刻度。即配即用。

③硒标准工作溶液：移取一定量硒标准储备液B，用10%盐酸溶液定容至刻度。配

制成浓度为0.00、2.00、4.00、6.00、8.00、10.00ng/mL的标准工作溶液。即用即配。

4. 主要仪器设备

①分析天平，精确至0.1mg。

②微波消解仪，配聚四氟乙烯消解罐。

③控温电热板（50~350℃）或排酸装置。

④原子荧光分光光度计，配汞、砷和硒特制空心阴极灯。

5. 分析步骤

（1）抽样与制样　按照GB/T 5606.1—2004和GB/T 19616—2004抽取样品。按YC/T 31—1996制备试样并测定水分含量。

（2）待测液制备　称取试样0.2g~0.3g，精确至0.0001g，置于微波消解罐中，加入5mL硝酸，待反应缓和后加入2mL过氧化氢，放置过夜，密封消解罐，置于微波消解仪中消解，待消解罐内温度降至室温后取出，分别按下述方法制备待测液。

①汞待测液：排酸（温度控制在120℃左右），直至溶液透亮，体积为0.5~1.0mL，冷却后用5%硝酸溶液将消解液转移至25mL容量瓶中，定容至刻度，即为汞待测液。

②砷待测液：排酸，直至溶液透亮，体积为0.5~1.0mL。冷却后用10%盐酸溶液将消解液转移至25mL容量瓶中，加入混合溶液2.5mL，用10%盐酸溶液定容至刻度，即为砷待测液。

③硒待测液：在消解液中加入50%盐酸溶液5.0mL，在130℃条件下加热20min至溶液变为透明并伴有白烟产生，冷却后转移至25mL容量瓶中，用水定容至刻度。吸取10.0mL稀释液于15mL刻度试管中，加入10%盐酸溶液2.0mL和铁氰化钾溶液1.0mL，混匀后即为硒待测液。

（3）标准工作曲线制作　按原子荧光光度计推荐的仪器工作条件测定标准工作溶液，获取标准工作曲线。

（4）样品测定　按标准工作曲线条件测定待测液中汞、砷质量浓度，每个试样重复测定两次。同时做一组空白样品溶液。

6. 结果计算与表述

试样中的汞、砷或硒含量按式（4-27）计算：

$$X = \frac{(C - C_0) \times V \times k}{m \times (1 - w)} \quad (4\text{-}27)$$

式中　X——样品中的汞、砷或硒含量，ng/g；

C——试样待测液中汞、砷或硒离子的测定质量浓度，ng/mL；

C_0——空白样品中汞、砷或硒离子的测定质量浓度，ng/mL；

V——待测液体积，mL；

k——稀释倍数；

m——试样的质量，g；

w——试样的水分含量，%。

取两个平行样品的算术平均值为检测结果，精确至0.01ng/g。汞、砷含量的两次平行测定结果之间的相对平均偏差不应大于8%，硒的不应大于5%。

7．注意事项

硼氢化钾也可用硼氢化钠（$NaBH_4$）替代。

思考题

1．试述电磁波谱能级跃迁类型和仪器分析测试方法的关系。
2．试述常见的电磁辐射与物质作用及现象。
3．试述光学分析方法的分类。
4．试述Lambert-Beer定律及其在分析测试中的运用。
5．分别阐述紫外-可见分光光度法、红外吸收光谱法的基本原理。
6．叙述紫外-可见分光光度计、红外光谱仪的结构有何共同点与不同点。
7．用紫外-可见分光光度法测定烟叶中的烟碱时，其分析条件如何控制？
8．试述怎样控制红外光谱仪的分析条件。
9．比较紫外-可见分光光度法和近红外光谱法测定烟碱含量的优缺点。
10．试述原子发射光谱法的基本原理。
11．试述原子吸收光谱法的基本原理。
12．比较原子发射光谱仪与原子吸收分光光度计在结构上的差异。
13．试分析用原子发射光谱仪、原子吸收分光光度计和原子荧光光度计测定烟叶中无机元素的优缺点。

第五章　色谱分析在烟草化学成分分析中的应用

本章导读与思政点

　　色谱技术的出现，极大推动了烟草化学成分的分离和鉴定。本章将探讨色谱分析的基础理论、仪器构造及操作流程，并详细展示其在烟草化学成分分析中的实际应用。通过本章学习，学生要掌握现代分离技术的基本理论，了解色谱技术的发展和该技术在烟草及其制品的化学成分分析中的应用，强化科技创新对行业进步的意义。此外，本章还将强调科技工作者在技术提升方面的引领作用，激励学生对科学素养培养的自觉性。

◎ **学习目标**

　　（1）了解色谱技术的发展，掌握色谱分析的基础理论。
　　（2）掌握液相色谱仪、气相色谱仪的构造。
　　（3）熟练运用色谱技术分析烟草及其制品中烟碱、香气成分等物质成分的含量。

◎ **学习内容**

　　（1）学习色谱分析的基础知识，包括色谱的类型，色谱图及其信号、基线、保留值、峰高、区域宽度等概念，色谱分离原理，以及色谱定性和定量分析方法。
　　（2）学习气相色谱、液相色谱的仪器构造和工作流程，涵盖气路系统、进样系统、分离系统、检测系统、数据处理系统及温控系统六个基本组成单元，以及它们的性能参数。
　　（3）学习气相色谱与液相色谱在烟草品质分析中的应用，进行气相色谱测定烟叶中不同类型糖、高效液相色谱测定不同多酚的实际操作。

◎ **学习重点**

　　（1）学习并掌握色谱分析的基础理论，尤其是塔板理论及其在物质分离过程中的应用。
　　（2）掌握色谱图的解析技能，包括信号、基线、保留值、峰高、区域宽度等的影响因素。
　　（3）掌握气相色谱和液相色谱仪的关键部件及其功能，特别是不同类型分离系统和监测系统的特点与应用场景。

（4）掌握气相色谱与液相色谱在烟草品质分析中的运用。

◎ 学习难点

（1）深入理解色谱分析中影响信号强度、基线、保留值、逢高、区域宽度等的因素。

（2）学习不同类型分离系统的特点，掌握常见色谱柱的性能，准确地将其运用在不同烟草品质化学成分分析中。

（3）熟悉气相色谱、液相色谱技术的操作流程，包括前处理技术、进样技术、数据处理方法等，进行烟草样品化学成分的定性和定量分析。

近代色谱技术的出现，使人们发现的烟草和烟气化学成分从20世纪50年代的300多种提升到了70年代初期的2000多种。20世纪80年代以后，气质联用和液质联用技术的发展更是极大地推动了烟草化学成分的发现。目前，从烟草和烟气中鉴定出的有机化合物已达9400种。

第一节 色谱分析概述

一、色谱分析法简介

1. 色谱分析法历史

1906年俄国植物学家茨维特成功分离树叶中各种色素。他在研究植物叶片色素过程中，先用石油醚提取植物叶中的色素，然后将萃取液注入一根填充碳酸钙颗粒的直立玻璃管的顶端，再用石油醚自上而下地进行淋洗，随着淋洗的缓慢进行，玻璃管内的植物色素向下移动，并被分离成具有不同颜色的谱带（图5-1），最下面的色带为橙黄色，经分析为胡萝卜素，随后为黄色的叶黄素谱带，以及蓝绿色的叶绿素a和黄绿色的叶绿素b对应的色带。

由于谱带具有不同的颜色，因此人们将这种分离方法贴切地称为"色谱法"。由该实验可以看出，色谱法包含两相，即管内填充物碳酸钙是固定不动的，称为固定相（stationary phase），而淋洗剂石油醚是携带混合物流过固定相的液体，称为流动相（mobile phase）。

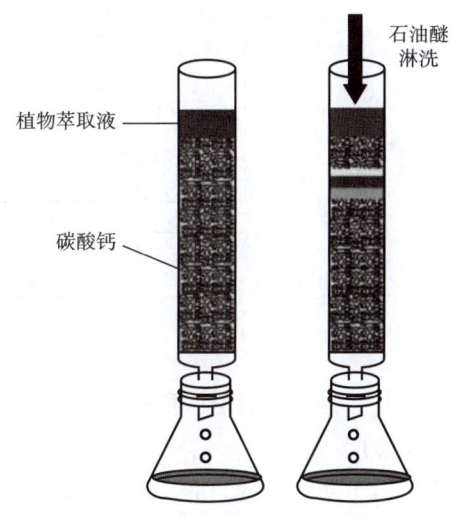

图5-1 分离植物叶片色素实验

2. 色谱分析法的分类

色谱法经过一个多世纪的发展，现已成为色谱分析法，即把色谱法与适当的检测器结合起来，这样既能分离混合物，又能对各组分进行定性与定量分析。色谱法的发展体现在以下几方面：可分离物质由最初的仅限于分离有色物质发展到目前可分离无色物质；流动相的相态由最初的液体发展到气体和超临界流体，于是诞生了液相色谱法、气相色谱法和超临界流体色谱法；色谱法还能与其他仪器分析技术联用，两者优势互补，构成新的联用分离分析方法。

色谱法的分类有多种方式，按流动相状态分类，可分为液相色谱、气相色谱和超临界流体色谱；按固定相使用的形式可分为柱色谱、纸色谱和薄层色谱；按分离原理分类，可分为吸附色谱、分配色谱、离子交换色谱、凝胶色谱。在现代科研中，已派生出亲和色谱、手性色谱等十余种色谱法。

3. 色谱图及色谱常用术语

色谱图又称色谱流出曲线，它是以色谱柱流出物通过检测器时所产生的信号强度作为纵坐标，以检测时间作为横坐标的曲线图。正常的色谱峰为左右对称的正态分布曲线，包含出峰时间、峰面积和响应值三要素。如图5-2所示，横坐标为组分出峰时间，纵坐标为组分峰面积或峰高的信号响应值。峰面积的单位通常是mAU·min（毫安培乘以分钟）或AU·min，有时也用mV·min表示。峰面积是峰高与保留时间的积分值。峰高的单位通常是mAU（毫安培单位）或AU（任意单位），有时也用mV（毫伏）表示。峰高指待测组分从柱后洗脱出最大浓度时检测器输出的信号值。每个色谱峰表示一个完整结构的待分离组分。

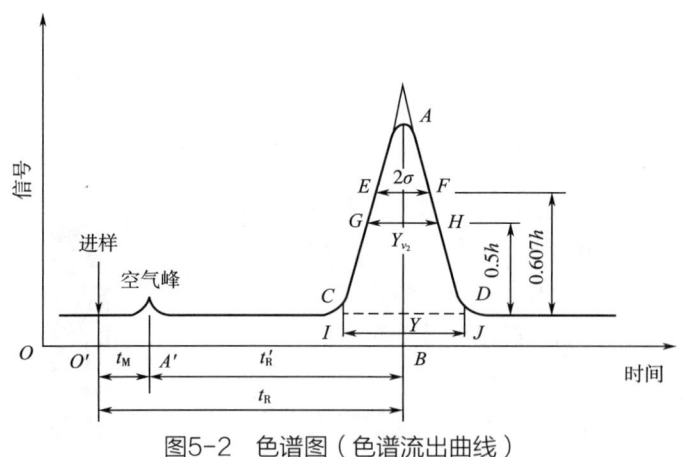

图5-2 色谱图（色谱流出曲线）

从一张色谱图中，我们至少可以获得3个重要的信息，包括基线、保留值、峰高和区域宽度。

（1）基线（baseline） 是只有流动相而没有组分通过检测器时的色谱曲线，它反映了检测器稳定性随时间变化而变化的情况。正常的基线是一条平稳的直线，不正常的基线会出现漂移和噪声。

（2）保留值（retention value） 用保留时间 t_R 或保留体积 V_R 来表示，是指组分从进样到出现峰最大值时所需要的时间或所消耗的流动相体积，它是色谱定性分析的重要指标。保留时间如图5-2中 $O'B$ 所示。

保留时间包含两个部分，一个部分是死时间（dead time）t_M，指的是不与固定相作用的组分从进样至出现浓度最大点时的时间，反映了流动相流过色谱系统所需的时间，如图5-2中 $O'A'$ 所示；另一部分是调整保留时间（adjusted retention time）t'_R，是指扣除死时间后的保留时间，可以看出，只有在 t_M 与 t_R 之间的这段时间，组分才参与了与固定相之间的分配，如图5-2中 $A'B$ 所示。同理，如果流动相流速为已知条件，用时间乘以流速，就可以求出每个时间点流过色谱系统的流动相体积，可以得到调整保留体积（V'_R）的计算公式，见式（5-1）、式（5-2）。

$$t'_R = t_R - t_M \tag{5-1}$$

$$V'_R = V_R - V_M \tag{5-2}$$

相对保留值（relative retention value）r_{21} 是指组分2的调整保留值与另一组分1的调整保留值之比，即按式（5-3）计算：

$$r_{21} = \frac{t'_{R(2)}}{t'_{R(1)}} = \frac{V'_{R(2)}}{V'_{R(1)}} \neq \frac{t_{R(2)}}{t_{R(1)}} \neq \frac{V_{R(2)}}{V_{R(1)}} \tag{5-3}$$

相对保留值是色谱定性的重要参数，在气相色谱中，只要柱温、固定相性质不变，即使柱长、柱径、填充情况及流动相流速发生变化，相对保留值仍保持不变。相对保留值也可以表示固定相的选择性，r_{21} 值越大，两组分的 t'_R 差值越大，分离效果越好；若 r_{21} 值为1，说明两组分不能被分离。

（3）峰高（peak height） h 是峰的最大值到峰底的距离，与组分的浓度有关。分析条件一定时，色谱峰的积分面积或峰高是定量分析的依据。

（4）区域宽度（peak width） 色谱峰区域宽度是评价色谱柱柱效的重要依据，区域宽度越窄，分离效果越好。通常有三种度量方式，如图5-2所示。

①峰底宽度（peak width at peak base）Y：峰宽，是指在流出曲线的拐点做切线，分别交于基线上的距离，如图5-2中 IJ 所示。根据峰宽，可以对色谱柱分离情况进行评价。

②半峰宽（peak width at half-height）$Y_{1/2}$：指峰高一半处色谱峰的宽度，如图5-2中 GH 所示。

③标准偏差（standard deviation）σ：指峰高0.607处峰宽的一半，如图5-2中 EF 的一半。

由几何计算可知，这三个参数之间的关系是峰宽 Y 等于4倍的标准偏差 σ，半峰宽 $Y_{1/2}$ 约等于2.354倍的标准偏差 σ。

二、色谱分离原理和基本理论

1. 色谱分离原理

物质在固定相和流动相（气相）之间发生的吸附、脱附和溶解、挥发的过程，称作分配过程。色谱分配平衡是指在一定温度下，组分在固定相和流动相之间分配所达到的平衡，通常用分配系数 K 和分配比 K' 来表示。K 是热力学常数，是指组分在两相之间分配达到平衡时，该组分在固定相和流动相中的浓度之比，见式（5-4）。

$$K = \frac{\text{组分在固定相中的浓度}}{\text{组分在流动相中的浓度}} = \frac{c_s}{c_m} \quad (5\text{-}4)$$

由此公式可以推测，当某组分具有较大的 K 值时，其在固定相中的分配浓度 c_s 大，那么该组分的保留时间 t_R 也更长。不同组分的分配系数差异是实现色谱分离的先决条件。

分配比 K' 也称为容量因子，即组分在两相中分配达到平衡时，组分在固定相与流动相中的质量之比、分子数之比或物质的量比。它是一个热力学常数，见式（5-5）。

$$K' = \frac{\text{组分在固定相中的质量}}{\text{组分在流动相中的质量}} = \frac{m_s}{m_m} = \frac{c_s V_s}{c_m V_m} = K \frac{V_s}{V_m} \quad (5\text{-}5)$$

从式（5-5）可看出，K 与 K' 也成正比例关系。以上两个热力学常数在色谱分离中随色谱柱温度和柱压的变化而变化。

在混合组分的色谱分离过程中（图5-3），由物质A和B组成的混合物随着流动相进入色谱柱。在柱内，A和B时刻在两相即固定相和流动相之间进行着分配过程。由于两组分的分配系数不同，它们与固定相的作用力也就不同，因此它们在柱中前进的速率有差异。速率的差异使A和B两组分彼此分离开，先后流出色谱柱，在记录仪上出现了两个保留值不同的色谱峰。

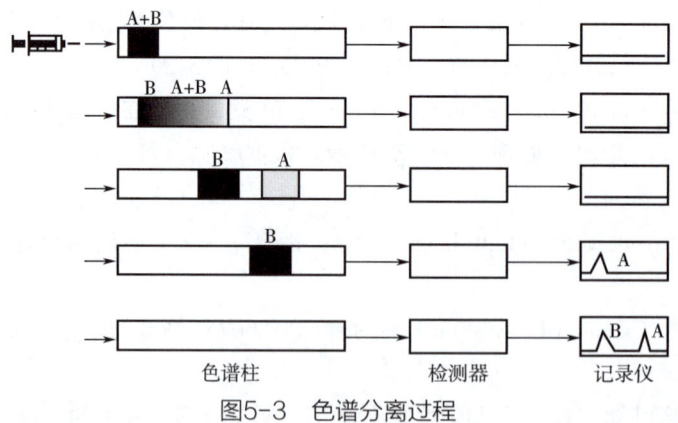

图5-3 色谱分离过程

综上可知，色谱分离实际上是热力学过程和动力学过程的综合体现。热力学过程是指与组分在体系中分配系数相关的过程，即各组分应具有不同的 K 值，这是实现色谱良好分离的内因。动力学过程是指组分在该体系两相间扩散和传质的过程，它决定了分离效能，也就是柱效。实现色谱良好分离的外因还需要流动相的不间断流动。

2. 塔板理论

塔板理论（plate theory）是1941年由Martin和Synge提出的半经验理论。该理论把整个色谱柱比作一座分馏塔，将连续的色谱分离过程分割成多次平衡过程的重复。想象柱中有若干层塔板（图5-4），假设色谱柱的总长度为L，每一块塔板高度为H，则色谱柱中的塔板层数$n=L/H$。塔板数n和板高H可以作为描述柱效能的指标，理论塔板数和色谱各参数之间的关系如式（5-6）所示。

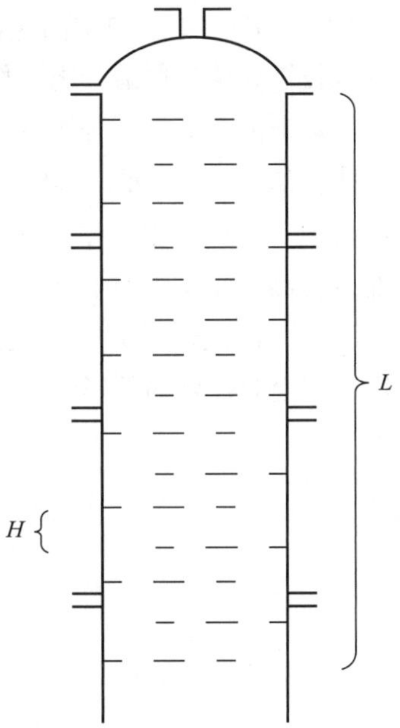

$$n = 16\left(\frac{t_R}{Y}\right)^2 = 5.54\left(\frac{t_R}{Y_{1/2}}\right)^2 \quad (5-6)$$

式中　n——塔板数；
　　　t_R——保留时间；
　　　Y——峰底宽度；
　　　$Y_{1/2}$——半峰宽。

图5-4　塔板理论示意图

根据此式，可通过色谱图各参数推算出塔板数。塔板数越大，柱效能越高，分离效果越好。

塔板理论的贡献在于提出了塔板数和塔板高可作为有效评价色谱柱性能的指标。而塔板理论的不足点在于，这个理论是建立在一系列的基本假设之上，只考虑到组分热力学因素，没有考虑组分在柱内的动力学因素，因此这些假设是不严格的。所以它无法解释为什么同一色谱柱在不同的流速下的柱效不同，也未能解释出影响柱效的因素及提高柱效的途径和方法。

3. 速率理论

在塔板理论的基础上，荷兰学者范蒂姆特引入了影响塔板高度的动力学因素，提出了色谱过程的动力学理论-速率理论。根据Van Deemter方程［式（5-7）］可得到评价柱效的重要指标塔板高度H与流速$\bar{u}$的关系曲线。从这个方程可看出，影响板高的三项主要因素是涡流扩散项A、分子扩散项$B/\bar{u}$、传质阻力项$C \cdot \bar{u}$。

$$H = A + \frac{B}{\bar{u}} + C \cdot \bar{u} \quad (5-7)$$

式中　A、B、C——常数；
　　　$\bar{u}$——流动相的流速，cm/s。

由此可见，只有在A、B、C三项常数较小的情况下，塔板高度才可能小，柱效能才可能高。其中，涡流扩散项A取决于固定相填充的均匀性及颗粒的大小，固定相填充越均匀，颗粒越小，A值越小。分子扩散项与组分在流动相中的扩散系数成正比，而传

质阻力项 $C \cdot \bar{u}$ 取决于固定相和流动相两相中组分分子的分配比和扩散系数。范蒂姆特方程是指导选择色谱分离操作条件的重要依据。

根据范蒂姆特方程测定不同流速下的塔板高度，可进一步得到柱效能与流速的关系曲线，如图5-5所示。其中涡流扩散项 A 是常数项，不受流动相流速的影响。以气相色谱为例，当载气流速较高时，传质阻力项 $C \cdot \bar{u}$ 是影响柱效的主要因素，即随流速增大，探塔板高度增大，柱效下降。当载气流速较低时，分子扩散项 $B/\bar{u}$ 成为影响柱效的主要因素，即流速增大，塔板高度减小，柱效也提高。由于流速对这两项的完全相反作用，流速对柱效的总影响存在一个最佳流速值，即这张曲线图的最低点。

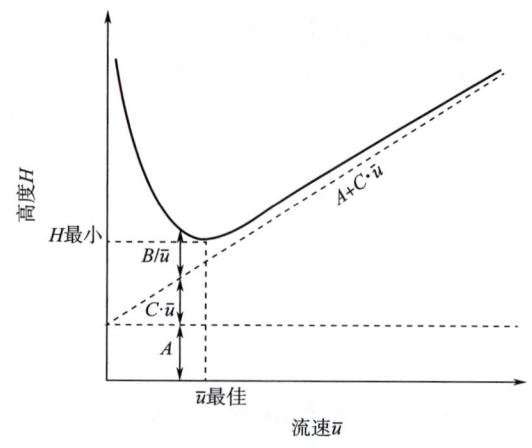

图5-5　柱效能与流速的关系（H–$\bar{u}$ 曲线）

三、色谱定性和定量分析方法

1. 色谱定性分析方法

色谱定性分析方法主要有两种，第一种是利用已知物定性，是最常用的方法；第二种是与其他分析仪器结合定性。

（1）利用已知物定性　在一定的色谱条件下，每个组分的保留值表现出特征值，可作为定性依据。定性的方法是在相同的色谱条件下，分别将标样和试样进行色谱分析，比较两者的保留值，即 t_R 值，如果相同即为同一物质，进而可以确定试样中的各组分。如图5-6所示，峰a—甲醇峰，峰b—乙醇峰，峰c—正丙醇峰，峰d—正丁醇峰，峰e—正戊醇峰，峰e为已知物的保留时间峰，利用色谱分析法测定未知样品与已知醇类物质的色谱图，未知样品的色谱图中2号峰的 t_R 值与标准物谱图中a峰的 t_R 值相同，即可判断未知谱图中2号峰为甲醇，根据对应标准物谱图 t_R 值判断出相应物质。未知物谱图中的1、5、6、8号峰由于没有相应的对照物，就不能进行定性分析，这是利用已知物 t_R 值定性方法的不足点。

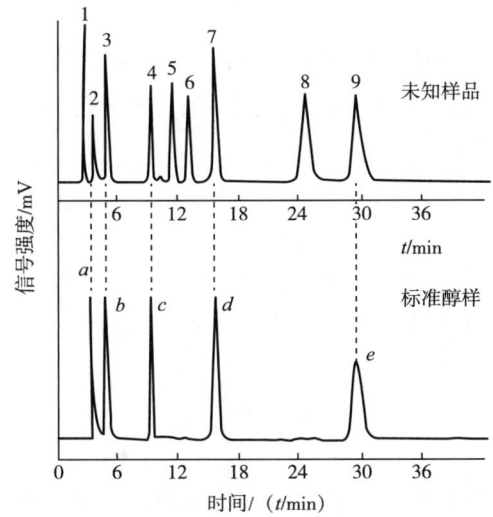

图5-6 鉴定未知样品中含有哪些醇类物质

（2）与其他分析仪器结合定性 如色谱分别与质谱仪、傅里叶变换红外光谱仪或核磁共振波谱仪联用，即综合利用色谱仪对混合物的高分离能力，与其他联用仪器对单一物质的结构的高鉴别能力，发挥两种仪器各自的优点，实现既能分离混合物，又能鉴定物质结构的目的。如图5-7所示，色谱图的信息只能定性出每个组分的名称，质谱图中的信息可以进一步给出每个组分的结构信息，从而进一步鉴定该组分的结构。

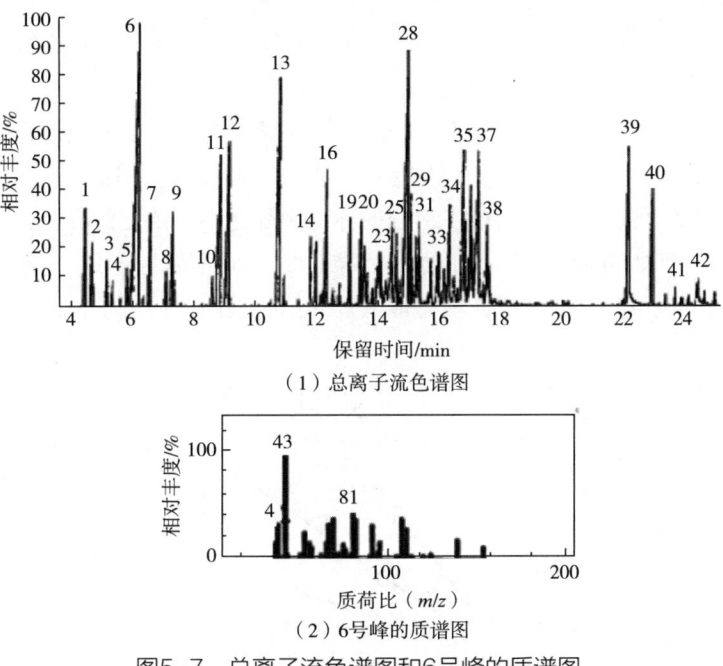

图5-7 总离子流色谱图和6号峰的质谱图

2. 色谱定量分析方法

在相同的色谱条件下,被测组分的质量 m_i 与对应峰的检测器响应值(峰面积 A_i 或峰高 h_i)成正比,用如下的公式来表示。这是色谱定量分析的依据。

$$m_i = f_i \times A_i \tag{5-8}$$

或

$$m_i = f_{hi} \times h_i \tag{5-9}$$

式中　f_i、f_{hi}——校正因子,实际检测中,不同组分在色谱仪上的响应值不同,不能通过简单的面积比例去估算其含量,需添加系数校正因子 f,不同物质校正因子 f 值不同;

　　　A_i——峰面积;

　　　h_i——峰高。

峰高和峰面积可利用计算机色谱软件处理色谱图自动积分求得。

常用的色谱定量分析有三种:归一化法、外标法和内标法。

(1)归一化法　是以样品中被测组分经校正过的峰面积或峰高占样品中各组分经校正过的峰面积或峰高的总和的比例来表示样品中各组分含量的定量方法。通过如下公式来计算,若样品有 n 个组分,则其中 i 组分的含量为 w_i。

$$w_i = \frac{A_i f_i}{A_1 f_1 + A_2 f_2 + A_3 f_3 + \cdots + A_n f_n} \times 100\% = \frac{A_i f_i}{\sum A_i f_i} \times 100\% \tag{5-10}$$

此方法的优点是简便、准确,对操作条件的控制要求不苛刻。此方法的不足点是所有组分的校正因子 f 值均需测出,在试样中 n 个组分不能全部出峰时不能使用。归一化法一般只在气相色谱定量分析中应用。

(2)外标法　通过配制一系列不同浓度的标准物质样品,绘制其峰面积和浓度关系的曲线(标准曲线),在线性响应范围内,一般呈线性关系。例如图 5-8,已知待测样品中有三种已知组分,分别使用单一组分的标样来配制不同浓度的样品,进而绘制出其标准曲线,就得到如图所示的三条不同的标准曲线。计算待测样品中某组分的含量,只需将其色谱图中该组分的峰面积或峰高带入其外标标准曲线便可求得。

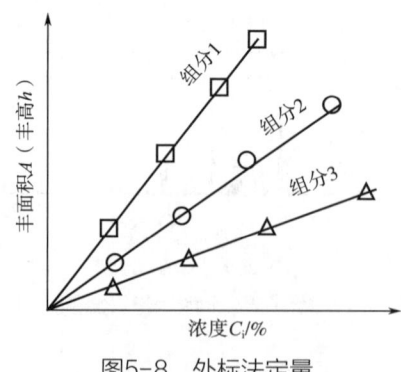

图 5-8　外标法定量

外标法不需要计算校正因子，简便快捷，适用于大批量试样的快速分析。不足点是操作条件变化对结果准确性影响较大，对进样量准确性要求较高。

（3）内标法　　当出现下列情况时，可采用内标法进行定量：样品中组分不能全部出峰；检测器不能对各个组分均产生信号；只需测定样品中的某几个组分。可以根据下列公式求出某组分的百分含量 w_i。

$$\frac{m_i}{m_s} = \frac{f_i A_i}{f_s A_s} \tag{5-11}$$

$$w_i = \frac{m_i}{m} \times 100\% = \frac{A_i f_i}{A_s f_s} \cdot \frac{m_s}{m} \times 100\% = f_{i,s} \frac{A_i}{A_s} \cdot \frac{m_s}{m} \times 100\% \tag{5-12}$$

式中　　m_i——待测组分质量；

m_s——内标物质量；

A_i——待测组分的色谱峰面积；

A_s——内标物的色谱峰面积；

f_s 和 f_i——分别是内标物和待测组分的校正因子；

$f_{i,s}$——待测组分相对于内标物的相对校正因子。

精确加入一定质量某纯物质 m_s 作内标物，以内标物为基准，取 $f_s=1$ 进行简化计算，待测组分的校正因子 f_i 可通过标样测得或通过绘制内标标准曲线直接校正，所以内标法也称为内标标准曲线法。

内标物的选取不能盲目，在选择内标物时应考虑以下几点：内标物是试样中不存在的纯物质；内标物含量应与待测组分含量接近；内标物的出峰位置应在待测组分附近，但又能完全分离开；内标物与待测组分的物理及化学性质相近。

内标法的优点是定量准确，操作条件对测定的准确度影响不大。不足之处是必须准确称量试样和内标物，且选择合适的内标物比较困难，所以这个方法常用于定量分析要求比较高的分析中。

第二节　气相色谱法

气相色谱法在烟草科研和生产中的应用非常广泛。气相色谱在烟草及其制品农药残留量检测中，检出限可达 $10^{-9} \sim 10^{-6}$ g/ml。气相色谱还可用于烟草及其制品中卤化物、氮化物、硫化物、芳香族化合物等物质的品质检测。

一、气相色谱法概述

气相色谱（gas chromatography，GC）是采用气体作为流动相的一种色谱分析法，载气载着欲分离的试样，通过色谱柱中的固定相，使试样中各组分分离，然后分别检测，检测器信号由记录仪记录，得到色谱图。气相色谱法具有高分离效能、高选择性、高灵敏度、分析速度快、应用范围广的优点。高分离效能是由气相色谱中非常高的塔板数所决定的。例如利用一根60m长的毛细管柱，一次性能够分离出200多种组分，这是气相色谱最突出的优点。气相色谱应用范围广，能直接分析气体、液体和固体产品，不受待测样品的相态限制。气相色谱的不足之处是在没有纯样品时，定性分析比较困难，需要与其他仪器联用，且沸点高、易分解、腐蚀性强的物质，不能用于气相色谱分析。

气相色谱根据不同的分类依据，可以分为如表5-1中所示的各个分支。

表5-1 气相色谱的分类

分类依据	色谱名称
固定相状态	气固色谱、气液色谱
分离原理	吸附色谱、分配色谱
色谱柱内径	填充柱气相色谱、毛细管气相色谱
用途	常规气相色谱、裂解气相色谱、顶空气相色谱

依据色谱柱的内径不同，气相色谱可分为填充柱气相色谱和毛细管柱气相色谱（表5-2）。填充柱的形状粗短，毛细管柱的形状细长，柱内是空心的，因此也称为空心毛细管柱或开管柱，其峰容量小，一般只有填充柱的1%。毛细管柱气相色谱具有高渗透率、高柱效和低容量的特点。

表5-2 填充柱和毛细管柱对比

参数	填充柱	毛细管柱
内径/mm	2~5	0.1~0.53
柱长/m	1~3	10~60
总柱效（塔板数）	10^3	10^5
柱材料	玻璃、不锈钢	熔融石英
峰容量	10^4（ng级）	<100（ng级）

毛细管柱气相色谱具有高柱效，可以通过色谱的塔板理论和速率理论给予解释。从塔板理论得知，因为柱长L大，$n=L/H$，塔板数n也大，柱效能较高；由速率理论可知，因为毛细管柱内是空心的，范蒂姆特方程中涡流扩散项A就等于零，$H=A+(B/u)+C·u$，板高H较小，柱效能较高。以下图5-9为例，从填充柱与毛细管柱分离硝基化合物的色谱图中可以非常直观地看到，毛细管柱的分离效果优于填充柱。

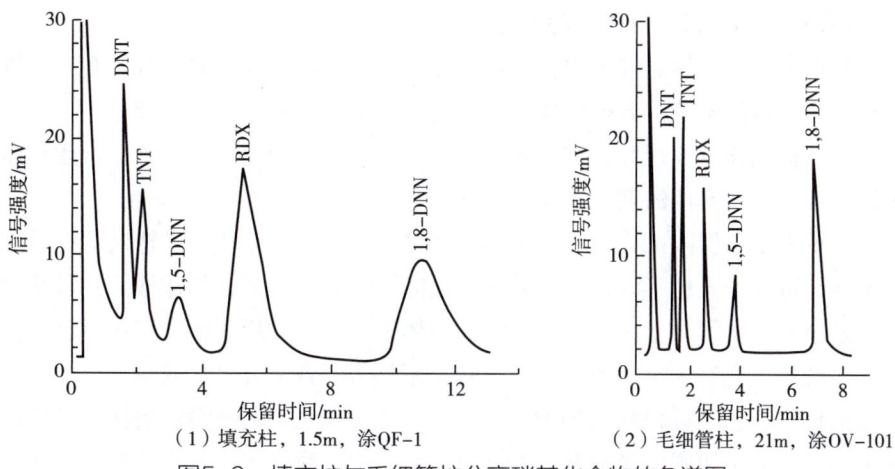

（1）填充柱，1.5m，涂QF-1　　　　（2）毛细管柱，21m，涂OV-101

图5-9　填充柱与毛细管柱分离硝基化合物的色谱图

二、气相色谱仪

1. 气相色谱仪的工作流程

图5-10为气相色谱仪的工作流程图。

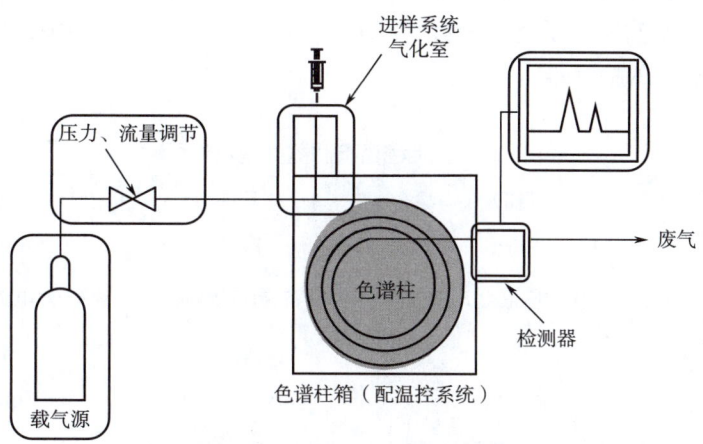

图5-10　气相色谱仪工作流程图

来自高压钢瓶的载气经减压和调速后流入进样器，待测样品通过注射器进入气化室，之后立即气化成样品蒸汽，并被载气带入色谱柱。由于待测样品中各组分的热力学性质不同，它们在色谱柱中与固定相之间经过反复多次的作用后，彼此得到分离，并依次进入检测器，检测器将其转变成电信号，经放大后送入记录仪记录下来得到色谱图。在气相色谱仪中，色谱柱箱所占空间最大，其中配置了温控系统，温控系统分别对气化室、色谱柱和检测器三个部件的温度进行控制。

2. 填充柱气相色谱仪各主要部件的作用

从气相色谱仪的工作流程图中我们可以得知，气相色谱仪主要由气路系统、进样系统、分离系统、检测系统、数据处理系统及温控系统六个基本单元组成。

气路系统提供连续运行并具有恒定流速的纯净载气和辅助气，实验室常用钢瓶或气体发生器作为气源，常用的载气是氮气，辅助气是氢气和空气。

进样系统能定量引入试样，并使试样瞬间气化，包括气化室和进样装置。待测样品的相态不同，进样方式也不同，分别采用不同的进样器。例如，气体样品一般采用六通阀进样，液体样品采用微量注射器进样，而固体样品必须采用裂解气相色谱进样。

分离系统是填充有固定相的色谱柱，其作用是将混合组分分离成单一组分。在填充柱气相色谱仪中，色谱柱包括两种类型，第一个类型是气-固吸附色谱柱，其柱内填充固体固定相，一般采用固体吸附剂，如硅胶、氧化铝、活性炭、分子筛等。气固色谱柱主要用于分离一些永久性气体和一些低沸点物质，如气态烃。第二个类型是气液分配色谱柱，其柱内填充的液体固定相由惰性固体颗粒作为载体和高沸点有机物作为固定液组成，目前一般是利用化学反应将有机分子键合到载体表面上，形成化学键合柱。固定液也可以通过涂渍将有机分子固定在载体表面上。

检测系统是色谱仪的关键部位，是将色谱柱后流出物的浓度或质量信号转化为电信号的装置。根据检测原理不同，分为浓度型和质量型两类检测器。常用气相色谱检测器有以下几种，其中浓度型检测器有热导检测器（TCD）和电子俘获检测器（ECD），而质量型检测器有氢火焰离子化检测器（FID）（表5-3）。在分析应用中，应根据待测物质的种类选择合适的检测器。

表5-3 气相色谱检测器类型及性质

检测器性质	TCD	FID	ECD
类型	浓度型	质量型	浓度型
选择性	有机物和无机物均响应	只对有机物响应	只对电负性物质响应
最小检测量	10^{-6}g	10^{-9}g	10^{-12}g
对组分的破坏性	不破坏组分	破坏组分	破坏组分
适用范围	常量分析、微量分析	微量分析、痕量分析	痕量分析

数据处理系统可进行信号放大、记录与数据处理，并显示测定结果。目前的色谱仪均采用安装了色谱工作站软件的计算机来承担这项工作。色谱工作站软件快速计算出保留时间、峰高、峰面积等色谱参数。

温控系统是一个辅助系统，在色谱仪中，气化室、色谱柱箱、检测器都需要加热和控温，其中，气化室控温以保证待测组分迅速且完全气化。柱温控制可以加速混合组分的分离，检测器控温可以防止色谱柱流出物在检测器内冷凝而污染检测器。

3. 毛细管柱气相色谱仪

毛细管柱色谱系统包含气路系统、进样系统、分离系统、检测系统、数据处理系统及温控系统六个主要部件。因为毛细管柱的柱容量较低,一般只有填充柱的1%,所以对毛细管柱色谱仪的系统设计有特殊的要求。毛细管柱与填充柱色谱系统的不同在于两点,柱前增加了分流器,柱后增加了尾吹气。第一个不同点是因为毛细管柱的柱容量小,液体试样的进样量一般只有1μL,很难采用常规进样方式准确进样。因此,毛细管柱气相色谱采用分流进样方式,放空量与入柱量之比称为分流比。通常控制在(50∶1)~(100∶1)。第二个不同点,尾吹气的引入,是由于毛细管柱内载气流量太低,不能满足检测器的最佳操作条件,在色谱柱后增加一路载气直接进入检测器,就可保证检测器在高灵敏度状态下工作;尾吹气的另一个重要作用是消除检测器死体积的柱外效应。经分离的化合物流出色谱柱后,可能由于管道体积的增大而出现体积膨胀,导致流速缓慢,从而引起谱带展宽,加入尾吹气后就消除了这一现象。

三、气相色谱分离条件选择

1. 载气

载气的选择应考虑检测器和流速两方面的影响。检测器的适应性,例如TCD常用氢气、氦气作载气,FID、FPD和ECD常用氮气作载气。流速的大小,从范蒂姆特方程可知,当流速较小时,分子扩散项是影响色谱柱效的主要因素,应采用相对分子质量较大的载气,以减小组分在载气中的扩散系数,如采用氮气、氩气等;而当流速较大时,传质阻力项起主要作用,此时应采用相对分子质量较小的载气,如氢气、氦气等。

2. 流速

载气流速严重影响分离效率和分析时间,由范蒂姆特方程可以算出最佳流速,此时柱效最高,但是最佳流速的数值往往很小,在此流速下分析时间较长。根据塔板高度流速曲线,实际上当流速略高于最佳值时,对板高的影响并不大,因此实际操作中往往采用稍高于最佳流速的载气流速,以加快分析速度。

3. 色谱柱

固定相的选择应遵从"相似相溶"原则,出峰顺序则遵循"不相似则不相溶"。

(1)分离非极性组分时,选用非极性固定相,低沸点组分先出峰。

(2)分离极性组分时,选用极性固定相,极性小的先出峰。

(3)分离氢键型物质时,选用极性或氢键型固定相,难形成氢键的先出峰。

柱长的选择也是应考虑的因素。在对混合组分具有一定分离度的前提条件下,应尽可能选用短的柱子来缩短分析时间,提高分析效率。

4. 温度

气相色谱的温度包括柱温、气化室和检测器三个部分的温度。柱温的选择,色谱柱工作的温度区间应控制在固定相的最高使用温度和最低使用温度范围之内，以防对色谱柱固定相产生损害。实际操作中，根据柱温控制方式不同，分为恒温法和程序升温法。所谓恒温法控温，是指在一个气相色谱分析周期内，柱温恒定在某一温度值，此时柱温应选择各组分的平均沸点或更低的温度。而程序升温法是指在一个气相色谱分析周期内，柱温随分析时间的延长呈线性或非线性地升高，使沸点不同的组分都能在最佳柱温下流出色谱柱。采用程序升温法能够改善分离效果，并缩短分离时间。图5-11展示了程序升温法的优势。左右两张图分别为相同烷烃混合物采用恒温法和程序升温法得到的气相色谱图。采用恒温法，以柱温为150℃来进行分离，结果显示C_9以下的低碳烷烃组分因其沸点低而柱温太高，较早且出峰转为拥挤，没有得到分离。而C_{15}烷烃组分则因其沸点较高而柱温太低，在90min之后才出峰，其色谱峰扩展，峰形变宽且脱尾严重，影响了分离效果和速率。采用程序升温法，将柱温从一个较低的起始温度按照升温程序逐步升温到250℃时，色谱结果显示，C_9以下的低碳烷烃组分彼此分离良好，且具有较好的分离度；C_{15}烷烃组分在20min左右就出峰，大大缩短了分析时间。在实际分析操作中，当混合组分沸点范围较大或者组分数目较多时，多采用程序升温法，可兼顾提高高低沸点组分的分离效果和缩短分离时间。

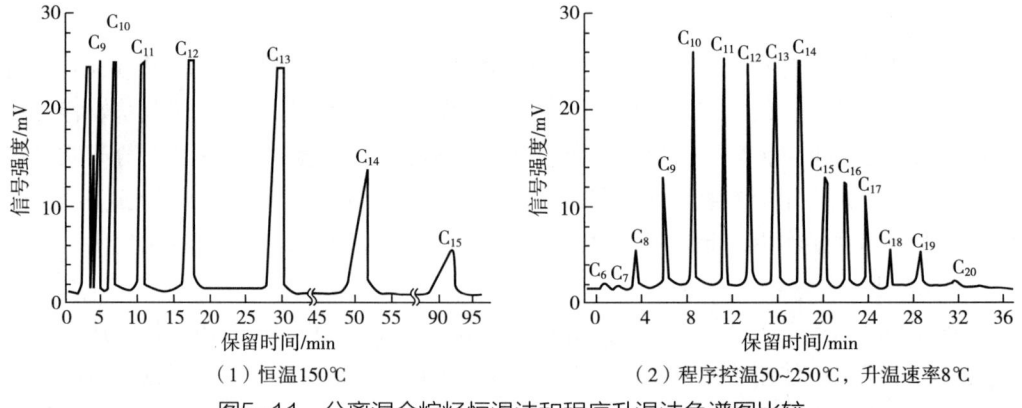

图5-11 分离混合烷烃恒温法和程序升温法色谱图比较

气化室温度的选择取决于样品的挥发性、沸点及稳定性，可等于样品的沸点或稍高于沸点，以保证待测组分迅速完全气化，但一般不要超过沸点50℃以上，以防样品分解。在选择检测器温度时，为了避免色谱柱流出物在检测器中冷凝而污染检测器，其温度需高于柱温30~50℃，或等于气化室温度，如FID、FPD温度应大于100℃，以防水分积存。

色谱分离条件的优化是在保证色谱分离度和灵敏度的前提下，尽可能地实现快速分析。色谱条件的优势可通过两个指标进行衡量，即分离度和分析时间，较优的色谱条件应具有较好的分离度和较短的分析时间。

四、应用实例——气相色谱法测定烟叶中的4种糖

1. 原理

用50%的乙腈溶液振荡提取烟叶样品,用三甲基氯硅烷及六甲基二硅胺烷衍生化,产物通过微型液-液萃取净化后用气相色谱检测。

2. 试剂

除特别要求以外,均应使用优级纯试剂,水应符合GB/T 6682—2008中一级水的规定。具体试剂信息如下:

①葡萄糖、果糖、蔗糖、麦芽糖,≥98.0%;

②山梨醇,≥98.0%;

③吡啶(C_5H_5N),色谱纯;

④六甲基二硅胺烷,≥97.0%;

⑤三甲基氯硅烷,≥97.0%。

3. 标准溶液制备

可溶性糖与内标溶液用吡啶配制,山梨醇内标质量浓度为110μg/mL。

①混合标准储备液:分别称取0.5g葡萄糖、0.5g果糖、0.05g蔗糖、0.2g麦芽糖,精确至0.0001g,用50%(体积分数)的乙腈溶液溶解后转入100mL容量瓶中,并用50%(体积分数)的乙腈溶液定容至刻度,配制成葡萄糖、果糖和蔗糖含量分别为5000μg/mL、500μg/mL和2000μg/mL的混合标准储备液。储备液应在0~4℃条件下贮存,并在两周内使用。

②混合标准工作溶液:分别移取一定体积的混合标准储备液,用50%(体积分数)的乙腈溶液稀释定容。根据需要,配制合适浓度的混合标准工作溶液待用。推荐按表5-4配制混合标准工作溶液系列。

表5-4 混合标准工作溶液系列   单位:μg/mL

序号	果糖	葡萄糖	蔗糖	麦芽糖
1	1000	1000	100	400
2	500	500	50	200
3	200	200	20	100
4	100	100	10	50
5	50	50	5	20
6	10	10	1	4

4. 主要仪器设备

①分析天平,感量0.1mg。

②调速振荡器。

③浓缩仪。

④气相色谱仪，配FID检测器。

⑤C_{18}固相萃取柱：500mg/6mL，或其他同效萃取柱。

⑥Agilent12管真空固相萃取装置。

⑦0.45μm滤膜。

5. 分析步骤

（1）试样制备　按YC/T 31—1996制备试样并测定水分含量。

（2）待测液制备　准确称取1.0g烟样，精确至0.0001g，置于250mL磨口三角瓶中，加入50%（体积分数）的乙腈溶液55mL，室温下振荡提取60min，静置后取6mL上清液过0.45μm滤膜，滤液可按以下两种方式之一进行衍生化处理。如有必要，也可先将滤液用C_{18}固相萃取柱进行净化，这样可以提高色谱柱的柱效，减少杂质对目标峰的干扰。

①直接吸取滤液200μL于10mL玻璃试管中，在45℃下N_2吹干，加入100μL内标山梨醇和0.9mL吡啶，45℃水浴超声溶解20min，依次加入0.2mL六甲基二硅胺烷和0.1mL三甲基氯硅烷，振荡混匀后室温静置反应50min，再加入2mL去离子水和0.5mL正己烷，振荡离心，取上清液进行GC分析。

②取5mL滤液过预先用5mL甲醇与5mL去离子水活化的固相萃取小柱，收集滤液，再用4mL去离子水洗脱，合并洗脱液后定容至10mL，取400μL净化提取液进行衍生化，以后步骤同"①"。

（3）仪器工作条件　TR-5（0.32mm×60m，0.25μm）弹性石英色谱柱；起始柱温80℃，保持0min，20℃/min升到180℃，保持0min；5℃/min升到280℃，保持10min；进样口温度220℃，分流比7∶1，载气为N_2，流速：1.5mL/min；检测器温度270℃，H_2流量35mL/min，空气流量350mL/min，尾吹气流量30mL/min；进样量1μL。

（4）标准工作曲线的制作　对混合标准工作溶液进行色谱测定，以山梨醇为内标，混合标准溶液的质量浓度为横坐标，各种糖的峰面积与内标峰面积的比值为纵坐标，内标法获得线性回归方程，相关系数应大于0.999。

混合标准工作溶液色谱图参见图5-12。

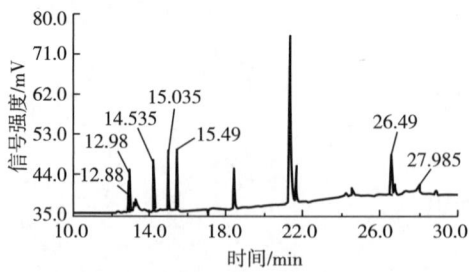

果糖—12.98min、12.88min；葡萄糖—14.535min、15.49min；山梨醇—15.035min；蔗糖—26.49min；
麦芽糖—27.985min。

图5-12　混合标准工作溶液色谱图

（5）样品测定　按照仪器测试条件测定试样待测液，每个样品平行测定两次。

6. 结果计算与表述

样品中葡萄糖、果糖、蔗糖和麦芽糖的含量以质量分数w计，数值以%表示，按式（5-13）计算：

$$w = \frac{c \times V}{m \times (1 - w_{水分}) \times 10^6} \times 100\% \tag{5-13}$$

式中　c——样品溶液中葡萄糖、果糖、蔗糖的测定质量浓度，μg/mL；

　　　V——待测液的体积，mL；

　　　m——样品的质量，g；

　　　$w_{水分}$——样品水分的质量分数，%；

　　　10^6——单位换算系数。

结果以两次平行测定值的算术平均值表示，精确至0.01%。

第三节　高效液相色谱法

液相色谱在日常生产和生活中应用广泛，可用于样品定量和定性分析。利用标准样品库和谱库对样品进行定性，根据峰面积与样品浓度或质量成正比来定量。液相色谱主要用于高沸点、热稳定性差、生物活性以及相对分子量较大的物质的测量，如药物、核酸、代谢产物、生物大分子、肽类、多环芳烃等。在烟草行业，可用于分析烟草及其制品中的各种化学成分，如尼古丁、烟草特有亚硝胺（TSNAs）、有机酸、多酚类物质等。

一、高效液相色谱法概述

20世纪60年代中后期，在经典液相色谱的基础上引入气相色谱理论，在技术上采用了高效固定相和高灵敏度检测器，使之发展成为具有高分离速度、高效率、高检测灵敏度的液相色谱法，称为高效液相色谱法。液相色谱法（liquid chromatography，LC）是指以液体作为流动相的方法，具有以下特点：高压，工作压力可达5~40MPa；高速，一般分离可在1h内完成；高效，理论塔板数可达30000塔板/m；高灵敏度，检测限可达10^{-11}~10^{-9}g级；应用范围广，只要试样能制成溶液就可测量，无需气化，不受试样挥发性的限制。

高效液相色谱法与经典液相色谱法在色谱柱内径长度、填充材料粒度、柱压、分离时间等方面显著不同。如表5-5所示，经典液相色谱法中色谱柱的内径为1~5cm，柱长为50~100cm，高效液相色谱柱的内径为0.4cm左右，柱长为15~50cm。经典液相色谱填充材料粒度为150~200μm，使用压力为0.1~50MPa，而高效液相色谱材料粒度为4~10μm，使用压力为5~40MPa。分离时间方面，经典液相色谱为0.5~24h，而高效液相色谱大约为10min。

表5-5　经典液相色谱法与高效液相色谱法比较

比较项目	经典液相色谱法	高效液相色谱法
柱内径	1~5cm	0.4cm左右
色谱柱长度	50~100cm	15~50cm
填充材料粒度	150~200μm	4~10μm
使用压力	0.1~50MPa	5~40MPa
分离时间	0.5~24h	10min左右

高效液相色谱（high performance liquid chromatography，HPLC）法有别于气相色谱法，如表5-6所示。高效液相色谱法以液体作为流动相，可选用不同极性的溶剂，选择余地大。洗脱液的选择对分离效果影响很大，而气相色谱选择的是对组分没有亲和力的惰性气体（如氮气、氦气等），可供其选择的气体少，且对分离选择性几乎没有影响。在分析对象方面，液相色谱可分离高沸点、热稳定性差、分子质量相对较大的物质，如氨基酸、蛋白质、生物碱、核酸、维生素、抗生素等，占总有机物的75%~80%，分离温度通常为室温。气相色谱通常分离气体或沸点较低、热稳定性好、分子质量小的化合物，占总有机物的15%~20%，且通常需要较高的分离温度，典型的温度为200~400℃。此外，液相色谱法制备样品简单，回收样品比较容易，而且回收是定量的。

表5-6　高效液相色谱法与气相色谱法比较

差异	高效液相色谱法	气相色谱法
流动相	可选用不同极性的液体，选择余地大，对分离影响大	选择对组分没有亲和力的惰性气体，对分离选择性几乎无影响
分析对象	高沸点、热稳定性差、相对分子质量大的物质，占有机物总数75%~80%	气体，以及沸点较低、热稳定性好、相对分子质量400以下的化合物，占有机物总数15%~20%
色谱柱温度	通常为室温	一般较高

高效液相色谱具有一些局限性，如成本高、对环境有污染、梯度洗脱装置复杂、缺少灵敏度高的通用型检测器，以及在复杂样品分离时，缺少总理论塔板数达10万以上的色谱柱。针对这些问题，现在有微型化液相色谱、超高效液相色谱（UPLC）。

二、高效液相色谱的类型及其分离原理

1. 高效液相色谱的类型

根据分离原理不同，液相色谱分为液-液色谱、液-固色谱、离子交换色谱和凝胶色谱。各类液相色谱的分离原理如图5-13所示，液-液色谱法基于溶质在流动相和固定相的分配系数不同而进行分离，液-固色谱法基于溶质在流动相和固定相吸附与解吸行为的不同而进行分离，离子交换色谱法基于溶质在流动相与固定相之间离子交换的不同而进行分离，凝胶色谱法则根据溶质粒径大小和形状的不同而进行分离。

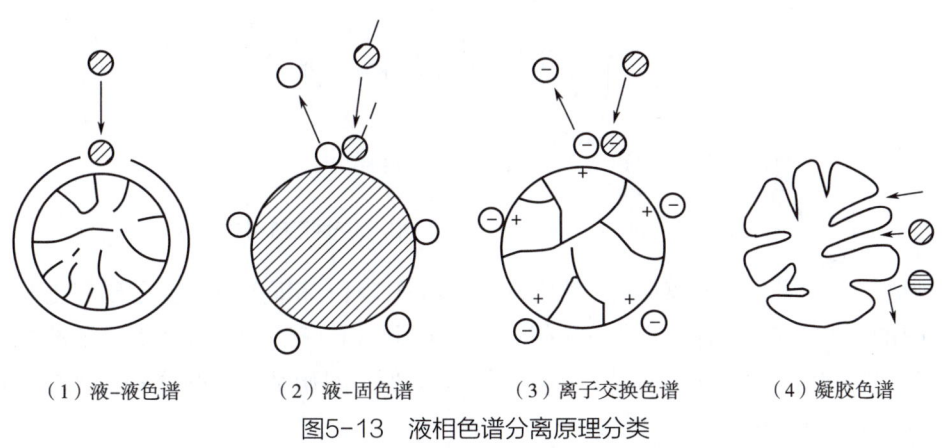

（1）液-液色谱　　（2）液-固色谱　　（3）离子交换色谱　　（4）凝胶色谱

图5-13　液相色谱分离原理分类

高效液相色谱分为液-固吸附色谱、液-液分配色谱、离子交换色谱、凝胶色谱（图5-14）。液-液分配色谱又分为正向色谱和反相色谱，离子交换色谱又分为一般离子交换色谱和离子色谱。液-液分配色谱和离子交换色谱都属于键合相色谱。凝胶色谱也称为空间排阻色谱，分为凝胶渗透色谱和凝胶过滤色谱。此外，还有亲和色谱、手性色谱、毛细管电泳和假相色谱等。

2. 高效液相色谱分离原理

（1）液-固吸附色谱　　液-固色谱法是基于溶质在吸附剂表面吸附和解吸行为的不同进行分离的。组分分子与流动相分子在吸附剂表面活性中心发生竞争吸附，对具有不同官能团的化合物和异构体有较高的选择性。液固色谱主要用于异构体的分离。

用来制作液-固吸附色谱固定相和流动相的材料类型较多，如图5-15所示。固定相分为极性固定相和非极性固定相。极性固定相常见的材料有氧化铝、氧

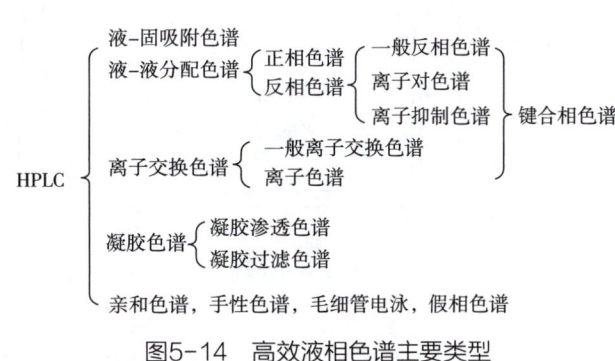

图5-14　高效液相色谱主要类型

化镁、硅酸镁分子筛、硅胶等。硅胶应用最广，有无定形硅胶、薄壳型硅胶、全多孔球形硅胶等。非极性固定相常用材料有多孔微粒活性炭、多孔石墨化碳黑、苯乙烯-二乙烯基苯共聚物多孔微球等。

流动相中洗脱液的选择遵循相似相溶的原理。极性大的组分宜选用极性强的洗脱剂，极性小的组分宜选用极性弱的洗脱剂。

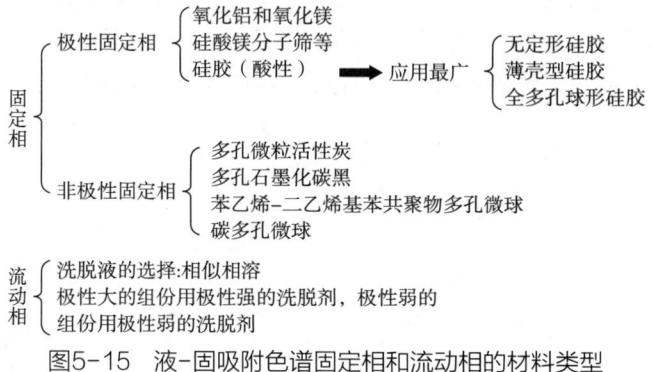

图5-15　液-固吸附色谱固定相和流动相的材料类型

吸附色谱主要用于分离那些在化学结构上相似或具有相同分子质量但物理化学性质不同的化合物，如异构体，基于分子间的相互作用（如氢键、范德华力、离子键等）来实现异构体的选择性分离。如图5-16所示，邻、间、对硝基苯胺的分离，顺式和反式有机磷杀虫剂的分离。

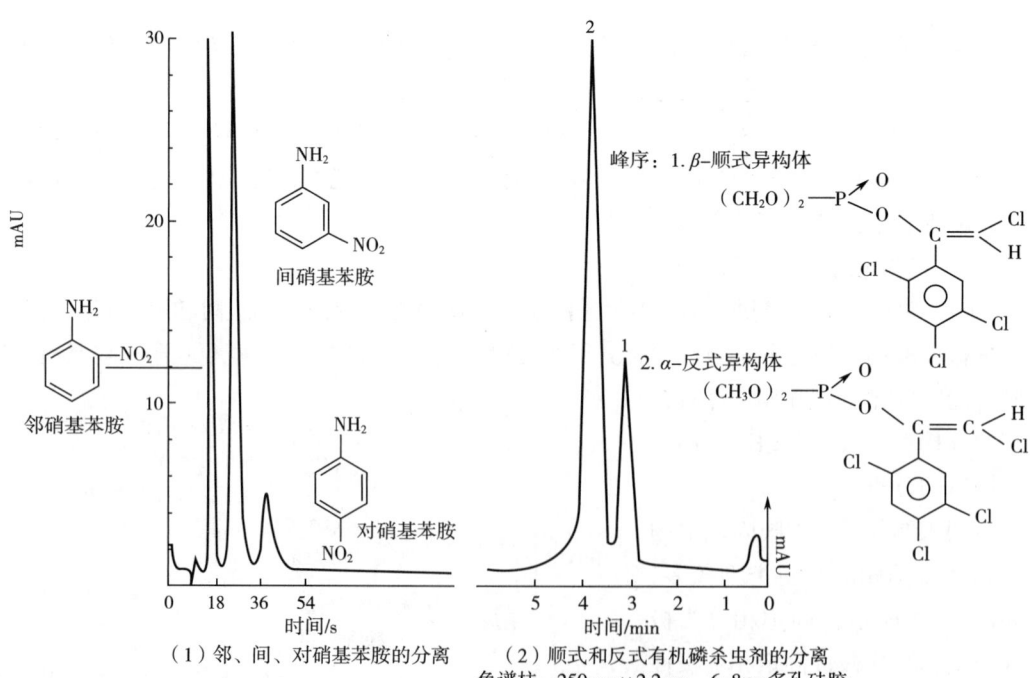

（1）邻、间、对硝基苯胺的分离　　（2）顺式和反式有机磷杀虫剂的分离
色谱柱：250mm×2.2mm，6~8μm多孔硅胶；
流动相：1.5%甲醇/己烷，流速0.5mL/min

图5-16　吸附色谱邻、间、对硝基苯胺的分离与顺式和反式有机磷杀虫剂的分离

（2）液-液分配色谱　液-液分配色谱，又称液-液色谱，是利用不同溶质在流动相和固定相中具有不同的分配系数进行分离的。液-液色谱以涂渍或键合在惰性载体表面的固定液为固定相，分为涂渍固定相和键合固定相，两者性质存在差异（表5-7）。涂渍固定相中固定液容易流失，色谱柱寿命短，分离重现性差，所以很少被使用；键合固定相稳定耐热，不易流失，柱寿命长、重现性和分离效果好，所以被广泛使用，为色谱柱固定相未来发展的方向。

表5-7　液-液色谱法固定相差异

差异	涂渍固定相	键合固定相
与载体结合方式	涂渍	键合
特点	固定液易于流失、柱寿命短、分离的重现性差	稳定耐热、不易流失、柱寿命长、重现性和分离效果好
使用程度	很少使用	广泛使用

根据流动相和固定相极性的不同，液-液分配色谱分为正相色谱（normal phase chromatography，NPC）和反相色谱（reverse phase chromatography，RPC）。正相色谱和反相色谱比较如表5-8所示。当固定相极性大于流动相极性时，称为正相色谱；当流动相极性大于固定相极性时，称为反相色谱。正相色谱中组分流出的顺序是从非极性组分到极性组分，极性组分的分配比最大，当流动相极性增加时，组分的分配比减小。反相色谱中组分的流出顺序由极性向非极性过渡，极性组分的分配比最小，当流动相极性增加时，组分的分配比增大。因此，正向色谱适合于极性化合物的分离，而反相色谱适合于非极性化合物的分离。

表5-8　正相色谱和反相色谱比较

色谱操作	正相色谱	反相色谱
固定相	极性	非（弱）极性
流动相	非（弱）极性	极性
流出次序	极性组分的分配比（K'）最大	极性组分的分配比（K'）最小
流动相极性影响	极性增加，则组分分配比（K'）减小	极性增加，则组分分配比（K'）增大
适用对象	分离极性化合物	分离非极性化合物

反相色谱中极性和保留时间的关系如图5-17所示。当待测物质极性大小顺序为A＞B＞C时，正相色谱中，当流动相为低极性时，容易分离，A保留时间最长，最后流出，C保留时间最短，最先流出。而在反相色谱中，当流动相为高极性时，则C的保留时间最长，最后流出，A的保留时间最短，最先流出。当流动相极性中等时，出峰顺序不变，但分离度变化较大。

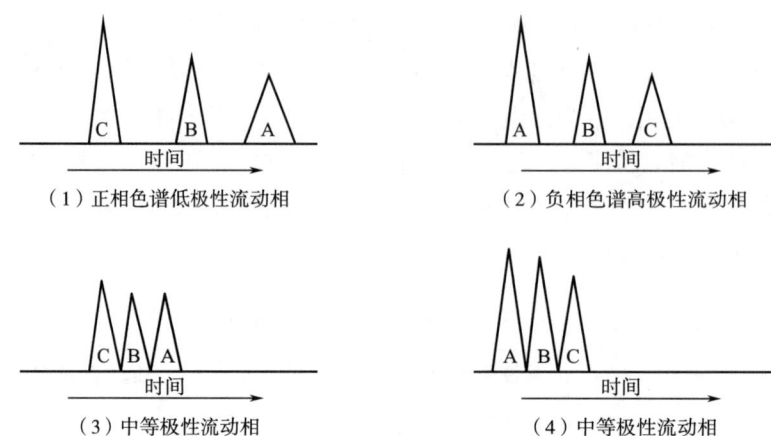

（1）正相色谱低极性流动相　　（2）负相色谱高极性流动相

（3）中等极性流动相　　　　　（4）中等极性流动相

待测物极性：A>B>C

图5-17　反相色谱中极性和保留时间的关系

反相色谱中键合相中烷基链长度对反相色谱分离的影响如图5-18所示。对于胞嘧啶、苯酚、乙酰苯、硝基苯、苯甲酸甲酯、甲苯六种物质，在反相色谱中，键合相的烷基链越长，分离效果越好；当烷烃链从1个碳变为18个碳时，分离度逐渐提高。可见反相键合色谱中键合相碳链越长，分离效果越好。

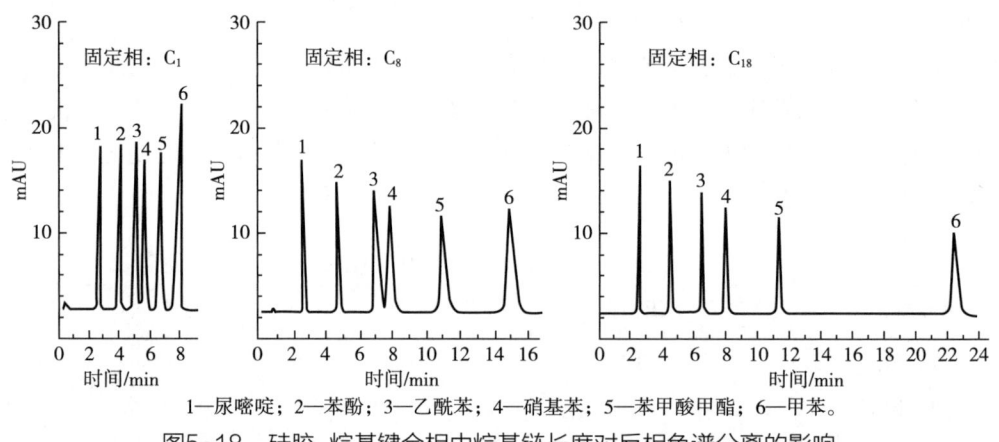

1—尿嘧啶；2—苯酚；3—乙酰苯；4—硝基苯；5—苯甲酸甲酯；6—甲苯。

图5-18　硅胶-烷基键合相中烷基链长度对反相色谱分离的影响

（3）离子交换色谱　离子交换色谱基于离子交换树脂上可电离的离子和流动相中具有相同电荷的溶质离子进行可逆交换，依据这些离子对交换剂具有不同的亲和力进行分离。主要用于离子或可离解的化合物、无机离子、有机离子及生物物质的分离。用离子交换树脂为固定相，电解质为流动相，以电导检测器为通用检测器。分离模式有单柱离子色谱和双柱离子色谱。离子色谱的特点是分离能力强、重现性好，是混合阴离子分离最有效的办法。

（4）凝胶色谱　凝胶色谱法也称为空间排阻色谱法，依据组分分子的尺寸和形状的不同进行分离。凝胶色谱出峰顺序取决于相对分子质量的大小，相对分子质量大的先流出。凝胶色谱的特点是峰形窄，利于检测；固定相和流动相的选择简便，适用范围广。但凝胶色谱不能分离大小相似、相对分子质量接近的分子，不能分离复杂的化合物，主要用于获得聚合物的相对分子质量分布情况。

三、高效液相色谱仪

高效液相色谱仪包括流动相输送系统、进样系统、色谱分离系统、检测系统、数据记录与处理系统（图5-19）。

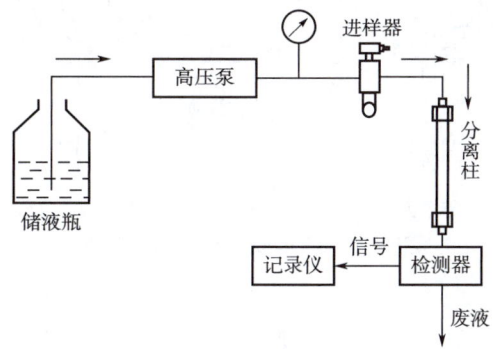

图5-19 高效液相色谱仪组成

1. 流动相输送系统

流动相输送系统包括储液瓶、高压泵和梯度洗脱装置。储液瓶经常使用一升的广口试剂瓶，在连接到泵入口处加一过滤器，以防止固体颗粒进入泵内。为了去除储液瓶溶液内溶解的气体，经常采用真空在线脱气法，将溶液与半透膜相连接，然后引入真空室进行在线脱气。

高效液相色谱对泵的要求：泵材料抗化学腐蚀，输出压力高达40~50MPa，无脉冲，压力平稳，流量可调、稳定，泵腔死体积小。高压泵分为恒流泵和恒压泵。恒流泵的主要特点是流量恒定，与柱压力的大小和压力的变化无关。恒压泵使用高压惰性气体直接加压于流动相，输出无脉冲液流，流速不如恒流泵精确，一般用于精度要求不高的场合。

梯度洗脱装置。梯度洗脱是将两种或两种以上的不同性质但可以互溶的溶剂，按一定比例随着时间改变进行混合，以连续改变色谱柱中洗液的极性、离子强度或pH等，从而改变被测组分的相对保留值，提高分离效率，加快分离速度。主要用于分配比相差很大的复杂混合物。

2. 进样系统

进样系统主要部件是六通阀，进样方式分为手动进样和自动进样。手动直接注射进样只用进样针手动吸取样品，将样品注射入六通阀。六通阀有装样（load）和进样（inject）两个状态，如图5-20所示。装样是指将样品装入定量环中，进样是指将定量环中的样品注入色谱柱。当样品量较多时，经常采用自动进样器，工作站按预定的程序自动完成取样、进样、复位、样品管管路清洗和样品盘移动等所有步骤，自动将样品注入色谱柱中。

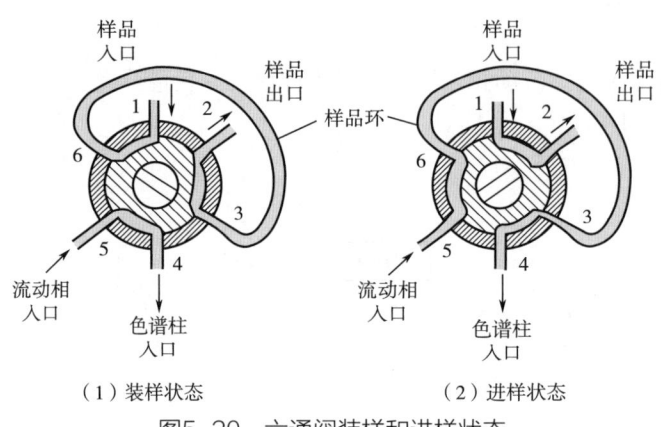

（1）装样状态　　　　　　　（2）进样状态

图5-20　六通阀装样和进样状态

3. 色谱分离系统

色谱分离系统包括色谱柱、柱恒温箱、保护柱、连接阀等。色谱柱包括柱子和固定相，材料通常为不锈钢管，每根色谱柱一端有一块多孔隔膜片，孔径为1μm左右，用于阻止填充的固定相逸出或注射口带入的杂质。恒温器用于调节柱温，一般调节温度为室温至65℃，升高柱温能增加溶质在流动相中的溶解度，缩短分析时间，改善传质过程，减少传质阻力，增加柱效率，降低流动相黏度，降低柱压。保护柱是一种消耗性柱子，一般长5cm，用于保护色谱柱不受污染。

4. 检测系统、数据记录与处理系统

检测系统、数据记录与处理系统包括检测器、记录仪、微型数据处理机。理想的检测器要求灵敏度高、重现性好、响应快、峰形好、线性范围广，并且对流量和温度的变化不敏感。液相色谱检测器可以根据其基本的物理或化学检测原理进行分类，根据光学检测原理，包括紫外/可见光检测器、二极管阵列检测器、荧光检测器、示差折光指数检测器、蒸发光散射检测器；根据热学检测原理，包括热导检测器；根据电化学检测原理，包括电导检测器和电化学检测器；根据质量分析原理，包括质谱检测器。

紫外/可见光检测器（UV/Vis detector）（图5-21）的检测原理及结构见紫外吸收光谱章节。其特点是灵敏度高，可达10^{-9}g数量级，线性范围宽，流动吸收池小，波长可调，易于操作，可用于梯度洗脱。紫外检测器的缺点是不能检测在紫外光区无吸收的物质，同时溶剂的选择受到限制。

二极管阵列检测器（diode array detector）的原理为氘灯发出的紫外光通过一个消色

差透镜系统，聚焦到流动池上，经狭缝后光束照到一个全息光栅上，经色散分光后抵达一组光电二极管阵列上，在数十毫秒内读出光谱信息，可获得全波长三维色谱图，为样品提供丰富的色谱和光谱信息。可运用该检测器对未分离峰进行定量，并协助对色谱峰的定性和纯度鉴定。

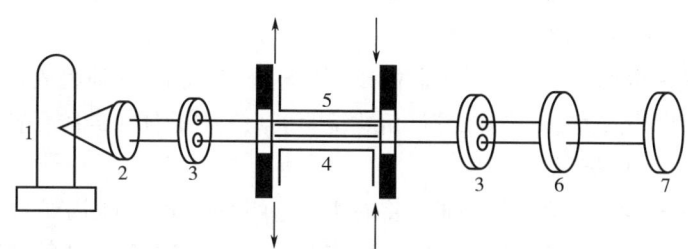

1—低压汞灯；2—透镜；3—遮光板；4—测量池；5—参比池；6—紫外滤光片；7—双紫外光敏电阻。
图5-21 紫外检测器光路示意图

荧光检测器（fluorescence detector）是利用某些试样具有荧光特性而建立的检测方法。光源可以是高强度的汞灯或者氙灯，具有高灵敏度和高选择性，可测量具有荧光的物质，如稠环芳烃、甾族化合物、酶、氨基酸、维生素、色素、蛋白质等，一些不具有荧光的物质可通过柱前或柱后衍生法来检测。缺点是样品适用范围有限，定量分析的线性范围较窄。

示差折光检测器（differential refractive index detector）原理是基于不同物质的溶液对光具有不同的折射率，通过连续测量溶液折射率的变化，定量各组分的含量。示差折光检测器是通用型检测器，操作简单，不受流速影响。缺点是折光率测定受温度的影响较大，不能用于梯度洗脱，灵敏度有限。示差折光检测器在制备色谱中经常被使用。

蒸发光散射检测器（evaporative light scattering detector）是通用型检测器，不需要衍生便可检测任何不带发色基团的化合物，具有比示差折光检测器更佳的灵敏度和稳定性，对温度变化不敏感，可用于梯度洗脱。样品的响应值和样品的质量相关，具有相似的响应规律。

电导检测器（electrical conductivity detector）是基于电导值的不同进行检测的检测器。主要应用于离子色谱，受温度的影响较大。

电化学检测器（electrochemical detector）是一个薄层电解池，具有电化学氧化还原性质的化合物流进检测器即发生电解，产生的电流经放大而被检测。电化学检测器适用于具有电活性还原基团的有机化合物的检测，检出限达 10^{-12}g 数量级。

记录仪和数据处理机指的就是色谱工作站。色谱工作站是由计算机来实时控制色谱仪，并集成数据采集和处理的系统，由硬件和软件组成。硬件就是计算机、色谱数据采集卡、色谱仪器控制卡，软件主要指色谱工作软件。

四、高效液相色谱固定相和流动相

高效液相色谱固定相包括液-固色谱、液-液色谱、离子交换色谱、凝胶色谱等。液-固色谱固定相主要吸附剂有硅珠、氧化铝、分子筛等,硅珠使用较为普遍,分为全多孔球形和薄壳型两种。近年来发展的微粒型全多孔硅珠具有传质速度快、柱效高、容量大等优点,已普遍取代了多孔层硅珠。

液-液色谱固定相分为涂渍型固定相和化学键合固定相。涂渍型固定相是将固定液(如 β,β 氧二丙腈、聚苯醚、聚乙二醇、角鲨烷等)涂渍在载体(硅胶颗粒)上。其稳定性较差,易流失,现在已很少使用。

键合色谱固定相是以硅珠为基质,将有机物基团通过化学键固定在单体上。根据修饰基团的不同,键合固定相可分为硅氧碳键型、硅氧硅碳键型、硅碳键型和硅氮键型等。键合固定相具有表面均一、选择性多、柱效高、色谱柱稳定性好、耐各种溶剂等优点,是液相色谱中广泛使用的固定相。

不同色谱类型所修饰的基团不同,因此在选择色谱类型时要根据实际情况来选择,如表5-9所示。C_{18} 经常用于反相色谱,根据分离样品的种类不同选择不同的极性洗脱液,如分离多环芳烃等非极性物质时,选用的流动相经常为强极性溶剂。

表5-9 化学键合固定相的选择

样品种类	键合基团	流动相	色谱类型	实例
低极性溶解于烃类	$-C_{18}$	甲醇-水、乙腈-水、乙腈-四氢呋喃	反相	多环芳烃甘油三酯、类脂、脂溶性维生素、甾族化合物、氢醌
中等极性可溶于醇	$-CN$ $-NH_2$	乙腈、正己烷、氯仿、正己烷、异丙醇	正相	脂溶性维生素、甾族、芳香醇、胺、类脂止痛药、芳香胺、脂、氯化农药、苯二甲酸
	$-C_{18}$ $-C_8$ $-CN$	甲醇、水、乙腈	反相	甾族、可溶于醇的天然产物、维生素、芳香酸、黄嘌呤
高极性可溶于水	$-C_8$ $-CN$	甲醇、乙腈水、缓冲溶液	反相	水溶性维生素、胺、芳醇、抗菌素、止痛药
	$-C_{18}$	水、甲醇、乙腈	反相离子对	酸、磺酸类染料、儿茶酚胺
	$-SO_3^-$	水、缓冲溶液	阳离子交换	无机阳离子、氨基酸
	$-NR_3^+$	磷酸缓冲液	阴离子交换	核苷酸、糖、无机阴离子、有机酸

离子交换色谱中离子交换剂要求稳定性好、pH范围广、交换容量大、耐高压。常用的离子交换剂有硅珠和玻璃微球、苯乙烯和乙烯基苯的共聚物,通常将离子交换基团键合在玻璃或硅珠微珠表面。离子交换树脂分为阳离子交换树脂和阴离子交换树脂

（图5-22）。阳离子交换树脂分为强酸型阳离子交换树脂和弱酸型阳离子交换树脂。强酸型阳离子交换树脂表面基团为磺酸基（—SO_3H），弱酸型阳离子交换树脂表面基团为羧基（—COOH）。阴离子交换树脂分为强碱型和弱碱型阴离子交换树脂。强碱型阴离子交换树脂表面基团为季胺基[—$CH_2N(CH_3)_3Cl$]，弱碱型阴离子交换树脂为叔胺基[—$NH(R_2)Cl$]等。

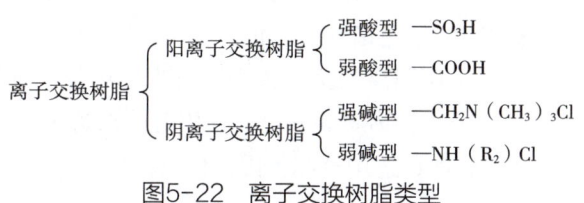

图5-22 离子交换树脂类型

凝胶色谱固定相主要分为软质凝胶、半硬质凝胶、硬质凝胶。软质凝胶主要为葡萄糖凝胶和琼脂凝胶。软质凝胶在较高的流速下容易被压缩，只适合于低压低流速使用。半硬质凝胶主要是苯乙烯和二乙烯基苯的共聚凝胶，适用于非极性有机溶剂。刚性凝胶固定相如多孔硅胶、多孔玻珠等，具有恒定的孔径和较窄的粒度分布，易填充均匀，适用于高压液相色谱操作。常见的凝胶色谱填充剂不同孔径所分离的分子大小不同，当硅胶孔径为1000Å时，相对分子质量排斥极限为$(5×10^5)\sim(20×10^5)$，因此要根据分子质量的大小选用不同的溶剂。

液相色谱对流动相有严格要求，包括不与色谱柱、固定相、分离组分反应，对样品具有较大的溶解度，对检测器没有干扰，黏度小，对组分的扩散系数大。此外，还要求其纯度高、成本低、易清洗、毒性小、稳定性好。溶剂强度是液相色谱中很重要的参数，如表5-10所示，水的极性强度最大，甲醇的极性强度次之，两者通常用于反相色谱中。不同强度的洗脱液影响物质的洗脱和分离，需根据具体的溶剂强度和溶解度参数等指标来选择。

表5-10 不同溶剂的溶剂强度

溶剂	溶剂强度（E_0）	溶解度参数（δ）	溶剂	溶剂强度（E_0）	溶解度参数（δ）
正戊烷	0.00	7.1	四氢呋喃	0.45	9.1
正己烷	0.01	7.3	丙酮	0.56	9.4
四氯化碳	0.18	8.6	乙腈	0.65	11.8
苯	0.32	9.2	甲醇	0.95	12.9
氯仿	0.40	9.1	水	0.90	21
二氯甲烷	0.42	9.6			

五、高效液相色谱仪的选择

当分析某一组分时，色谱分离类型的选择主要由样品的性质决定，如根据相对分子质量、水溶性或非水溶性、离子型或非离子型、极性或非极性、分子结构等因素来选择。

如图5-23所示，当相对分子质量大于2000时，若测量组分不溶于水，则选用凝胶渗透色谱；若溶于水，则选用凝胶过滤色谱。当相对分子质量小于2000时，若组分溶于水且不离解时，采用反相液-液色谱和凝胶色谱；可离解时，分离阴离子采用阴离子交换色谱；分离阳离子时，采用阳离子交换色谱。对于相对分子质量小于2000的非水溶液系统，若是不同相对分子质量物质的分离，选用凝胶渗透色谱；若是异构体分离，选用吸附色谱；若是同系物分离，选用分配色谱，根据具体需求还可选用正相色谱或反相色谱。

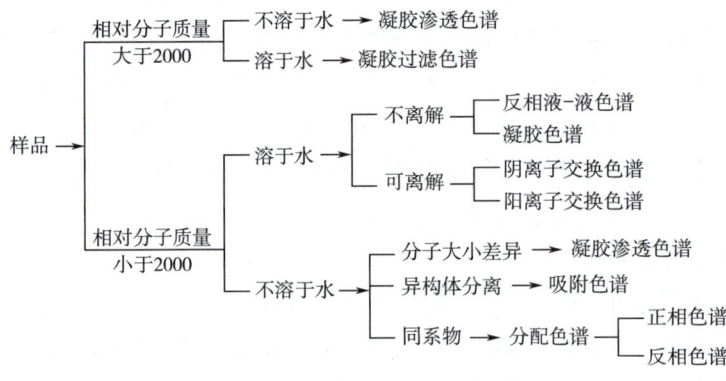

图5-23 高效液相色谱选择

六、超高效液相色谱

在实际分析工作中，一方面样品的复杂性对色谱分离能力提出了更高的要求，如天然产物中复杂组分的分析及蛋白质、多肽、代谢组等生化分析；另一方面，大量的样品需要在很短时间内完成，例如现场检测；另外，在色谱与质谱（MS）及串联质谱（MS/MS）等检测技术联用时，对连接的技术提出了更高的要求，这些都需要从科学和技术上有新的发展。超高效液相色谱（ultra performance liquid chromatography，UPLC）使用1.7μm的小颗粒固定相，获得高达每米2×10^5理论塔板数的超高柱效，使分离时间比使用5μm颗粒时缩短了90%。超高效液相色谱在高效液相色谱的基础上，使用了粒度仅为1.7μm的新型固定相、超高压输液泵（压力高达120MPa）和高速检测技术。它全面提升了液相色谱的分离效能，提高了分辨率，且检测灵敏度和分析速度也大幅提高，从而拓宽了液相色谱的应用范围。

著名的速率理论方程是超高效液相色谱的理论基础。若只关心理论塔板高度（H）与流速（线速度，u）及填料颗粒度（d_p）之间的关系，则可以把该方程式做如下简化：

$$H = A(d_p) + \frac{B}{u} + C(d_p)^2 u \qquad （5-14）$$

涡流扩散项与固定相粒度成正比，流动相传质阻力与固定相粒度的平方成正比。因此，减小固定相粒度可以减小板高，从而在一定柱长内极大地增加塔板数，提高柱效能。绘制填充不同粒径固定相的色谱柱测定某一组分时的H-u曲线（图5-24），发现随着色谱柱中固定相粒度的减小，最佳线速度向高流速方向移动，优化线速度范围更宽，最佳柱效范围也更宽。

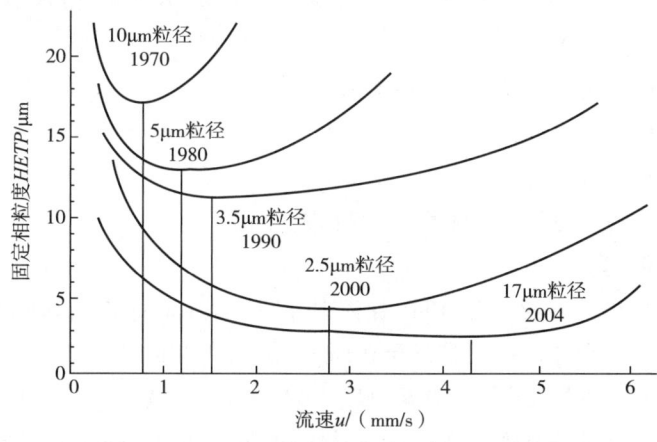

图5-24　不同固定相粒度（d_p）的H-u曲线

超高效液相色谱的实现必须满足以下条件，包括：

①高柱效的色谱柱。超高效液相色谱柱的固定相是利用杂化颗粒技术合成的有机硅填料，粒度1.7~1.8μm，内部有更多"交联"结构，机械强度显著提高，可耐受15000psi（1psi=6894.76Pa）的压力，色谱柱长为20~50mm。

②超高压输液泵。具备极好的密封性和高压动力，在很宽的压力范围内，具有补偿溶剂压缩性变化的能力，可在等度或梯度分离条件下保持流速的稳定和梯度的重现性，解决超高压下容器的压缩性及绝热升温等问题。

③高速检测器。由于超高效液相色谱分离获得的色谱峰半峰宽小于1s，所以检测器的采样速度必须非常高，时间常数非常小，以便收集足够的数据点，从而获得准确可重现的保留时间和峰面积；检测器的流通池死体积要尽可能小，减少谱带扩展，以保持高柱效；检测器的光学通道还要满足高灵敏度检测要求。

④低扩散、低交叉污染的自动进样器。进样过程应无压力波动，进样系统的死体积应小，以降低组分谱带的扩展，进样速度快，以降低交叉污染，实现高速度。

由于UPLC与高效液相色谱是基于相同的分离机制，并具有相同的填料，仅色谱柱的粒径规格不同,因此,分离方法能够在高效液相色谱和超高效液相色谱技术平台实现转换。

七、应用实例——高效液相色谱法测定烟草及烟草制品多酚类化合物

1. 原理

用50%甲醇水溶液萃取烟草和烟草制品中的多酚类化合物,萃取液经0.45μm滤膜过滤后,通过高效液相色谱检测、定量分析其中三种多酚类化合物的含量。

2. 试剂和材料

除特殊要求外,应使用优级纯级试剂,水符合GB/T 6682—2008中一级水的要求。具体试剂和材料信息如下:

①甲醇(CH_3OH),色谱纯:萃取溶液。

②乙酸(CH_3COOH)。

③绿原酸、莨菪亭、芸香苷:>97%。

④萃取溶液:将甲醇和水按体积比1:1进行制备。

3. 标准溶液制备

①多酚一级标准储备液:在50mL烧杯中分别称量100mg左右绿原酸、5mg左右莨菪亭、100mg左右芸香苷,称量准确至0.1mg,加入约30mL甲醇完全溶解后,转移到100mL的容量瓶中,加萃取溶液稀释至刻度(4℃冰箱内可保存3个月)。

②多酚二级标准储备溶液:将10mL一级标准溶液移至100mL容量瓶中用萃取溶液稀释至刻度。

③多酚校准工作溶液:分别准确移取1ml、2mL、5mL二级标准溶液,1mL、2mL、5mL一级标准溶液至100mL容量瓶中用萃取溶液稀释至刻度,此六个标准溶液以及二级标准溶液为系列标准校准溶液。现用现配。

4. 主要仪器设备

具体的仪器材料信息如下:

①超声波振荡器。

②分析天平:精确至0.1mg。

③0.45μm水相滤膜。

④高效液相色谱仪:配柱温箱、梯度洗脱功能、紫外检测器和自动进样器。

色谱柱:250mm×4.6mm色谱柱,固定相C_{18},填料粒度5μm。

5. 分析步骤

(1)试样制备 按照GB/T 5606.1—2004或GB/T 19616—2004抽取样品。按YC/T 31—1996制备试样并测定水分含量。

(2)试样萃取 称取100mg左右样品,准确至0.1mg,置于50ml三角瓶内,再准确

加入20.0mL体积比为1:1的甲醇+水溶液,置于超声波振荡器超声(频率:40kHz)提取20min。取约2mL萃取液经0.45μm的水相滤膜过滤,即为待测液。

(3) 分析条件　流动相A:水+甲醇+乙酸=88+10+2(体积分数);流动相B:水+甲醇+乙酸=10+88+2(体积分数);柱温:30℃;柱流量:1mL/min;进样体积:10μL;梯度:0min:A液100%;16.5min:A液80%,B液20%;30min:A液20%,B液80%。检测器:检测波长340nm;参比波长:480nm;分析时间约为40min。典型烟草样品色谱图见图5-25。

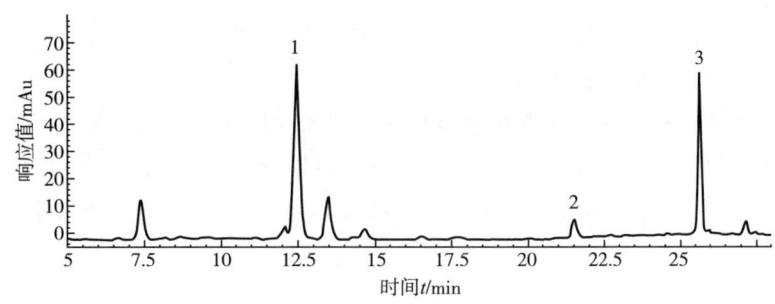

1—绿原酸；2—莨菪亭；3—芸香苷。
图5-25　典型烟草样品中多酚色谱图示例

(4) 标准曲线测定与制作　分别取不同质量浓度多酚标准工作溶液10μL,按上述条件上机测定,得到三种多酚不同质量浓度的积分峰面积。

用峰面积作为纵坐标,多酚质量浓度作为横坐标分别建立三种多酚的标准校正曲线。对校正数据进行线性回归,获得线性回归方程,其中$R^2 \geqslant 0.99$。

(5) 样品测试　取待测液10μL按标准工作曲线方法上机测定,获得多酚的峰面积。每个样品应平行测定两次。根据峰面积,利用标准线性回归方程,计算每一个烟草待测液中三种多酚的质量浓度。

6. 结果计算与表述

以干基计的三种多酚的含量,按式(5-15)计算:

$$p = \frac{c \times V}{m \times (1 - w_{水分})} \tag{5-15}$$

式中　p——每克样品的多酚含量,mg/g;

　　　c——萃取样品中多酚的质量浓度,mg/mL;

　　　V——萃取溶液体积,mL;

　　　m——样品的质量,g;

　　　$w_{水分}$——样品的水分百分含量,%。

以两次测定的平均值作为测定结果,结果精确至0.01mg/g。

思考题

1. 气相色谱定性的依据是（　　）。
   A. 物质的沸点　　　　　　　　　B. 物质在气相色谱中的保留时间
   C. 物质的熔点　　　　　　　　　D. 物质的密度
2. 对所有物质均有响应的气相色谱检测器是（　　）。
   A. 紫外检测器　　　　　　　　　B. 电导检测器
   C. FID检测器　　　　　　　　　D. 热导检测器
3. 简述液–液分配色谱中正相色谱和反相色谱应用和特点。
4. 简述色谱条件的选择依据。
5. 液相色谱中不同强度的洗脱液影响物质的洗脱和分离，应该怎样选择洗脱液？
6. 为什么色谱法是烟叶及其制品中香气物质测定最有效的方法？
7. 比较气相色谱法和气相色谱–质谱法在检测有机磷类农药残留中的优势和局限性。

第六章　质谱分析在烟草品质分析中的应用

本章导读与思政点

　　质谱分析技术以其高灵敏度和高选择性，在烟草品质控制领域扮演着关键角色。本章内容将深入探讨质谱分析的基础理论、仪器构造及操作流程，并详细展示其在烟草化学成分分析中的实际应用。通过本章学习，学生将不仅学会如何运用质谱技术分析烟草样品，而且将加深对科技如何推动行业进步和保障公共健康的理解。此外，本章还将强调科技工作者在提升产品品质和安全性方面的关键作用，并倡导采用环保的实验方法，以促进分析技术的绿色发展，增强学生对国产技术的信心及职业责任感。

◎ **学习目标**

　　（1）理解并掌握质谱分析的基础知识和性能参数，如分辨率、质量范围、灵敏度等。

　　（2）熟练将质谱分析技术运用于烟草化学成分的鉴定和农药残留的检测。

　　（3）掌握色谱-质谱联用技术（GC-MS、LC-MS）的原理与应用，有效解析烟草样品的质谱图，实现精准分析。

◎ **学习内容**

　　（1）探究质谱分析的基础知识，包括质荷比原理、离子化过程及质量分析方法，以及质谱图的解读技巧。

　　（2）详细了解质谱仪的构造和工作机制，涵盖离子源、质量分析器和检测器等关键部件，以及它们的性能参数。

　　（3）学习如何将质谱分析技术应用于烟草品质分析，包括GC-MS和LC-MS联用技术在成分鉴定、定量分析及农药残留检测中的应用。

◎ **学习重点**

　　（1）学习并掌握质谱分析的基础知识，尤其是质荷比的计算及其在离子分离过程中的应用。

　　（2）理解质谱仪的关键部件及其功能，特别是不同类型离子源和质量分析器的特点与应用场景。

（3）掌握质谱图的解析技能，包括分子离子峰、碎片离子峰的识别，以及在烟草化学成分分析和农药残留检测中的应用。

◎ **学习难点**

（1）深入理解质谱分析中离子的生成、分离过程，及其在电场和磁场中的运动规律，能够准确解析分子离子峰与碎片离子峰，并推断化合物的元素组成。

（2）熟悉质谱联用技术的操作流程，包括GC-MS和LC-MS的接口技术、数据处理方法，以及多维数据的综合分析。

（3）综合应用质谱分析理论知识和实践经验，精确解析复杂烟草样品的质谱图，进行化学成分的识别和定量分析，掌握高分辨率质谱分辨率的计算方法和精确质量测定在分子式推导中的关键作用。

第一节 质谱分析原理

质谱法（mass spectrometry，MS）是将待测物质离子化，根据不同离子在电场或磁场中运动行为的不同，按照离子的质量与电荷的比值（质荷比，m/z）大小，对生成的离子进行分离测定，从而进行物质成分和结构分析的方法。该方法被广泛运用在化学、生物、药学、矿物等研究领域，在烟草及其制品的物质鉴别与定量测定中发挥了重大作用。

一、质谱分析原理及相关概念

1. 质荷比（m/z）

质荷比（m/z）是离子质量与电荷的比值。利用电场调控带电荷离子的运动速度，或利用磁场使带电荷离子发生偏转，两者均与离子的质荷比存在确定的数学关系，如图6-1所示。因此，可以通过精确调控电场和磁场参数，对不同质荷比离子进行分离检测，实现质谱分析。

如式（6-1）所示，质量为m（单位:g），电荷数为z的正离子受到电压U（单位:V）加速，当其运动一段距离后，其所具有的动能与从电场中所获得的势能相等。

$$z \cdot U = \frac{1}{2}mv^2 \qquad (6-1)$$

具有速度v（单位：m/s）的带电离子进入磁场强度为B的均匀磁场时，由于受到与离子运动方向垂直的磁场的作用，离子做弧形运动，此时离子所受到的磁场洛伦兹力[向心力（$B \cdot z \cdot v$）]与运动离心力（mv^2/R）相等，如式（6-2）所示。式中R为离子运动的轨道半径。

$$\frac{mv^2}{R} = B \cdot z \cdot v \tag{6-2}$$

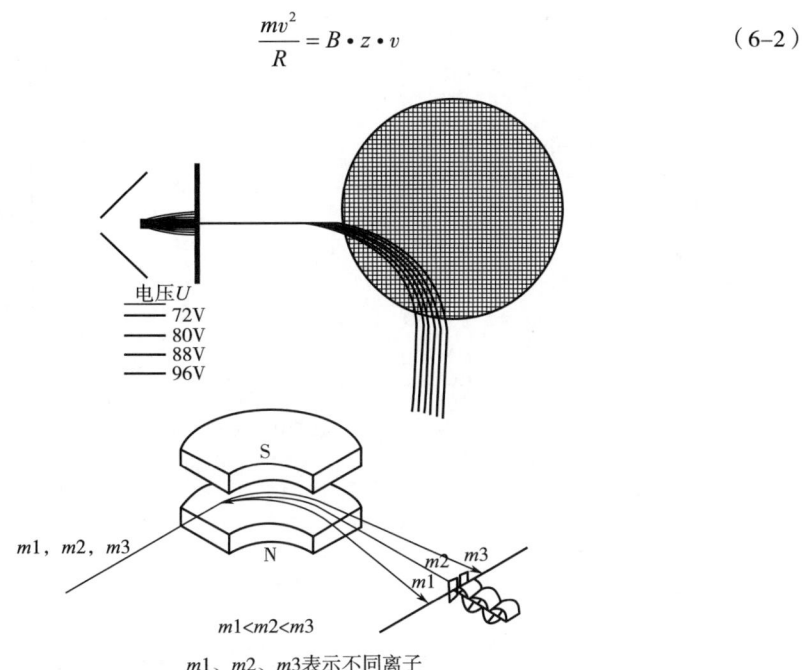

图6-1 电磁场中的离子（质荷比m/z）运动

由式（6-1）和式（6-2）可得离子质荷比与运动轨道曲线半径R（单位：m）的关系如式（6-3）、式（6-4）所示。由此可知，离子的质荷比与离子在磁场中运动的轨道半径的平方成正比，即质荷比越大，运动的轨道半径越大。离子的质荷比与磁场强度的平方成正比，即当加速电压、离子运动轨道半径保持不变时，不同质荷比的离子运动到相同距离时所需的磁场强度不同。质荷比越大，所需磁场强度越大。式（6-3）和式（6-4）称为质谱方程式，它们是质谱分析法的基本公式，也是设计质谱仪的主要依据。

$$\frac{m}{z} = \frac{B^2 R^2}{2U} \tag{6-3}$$

$$R = \left(\frac{2U}{B^2} \times \frac{m}{z}\right)^{\frac{1}{2}} \tag{6-4}$$

2. 质谱图

将质谱数据以质荷比（m/z）从小到大的顺序，用表格的形式记录下来，称为质谱表。也可将质谱数据绘制成二维坐标图谱，称为质谱图。

在质谱图中（图6-2），棒状线代表不同质荷比的离子峰，其中响应信号最大的离子峰称为基峰，规定其强度为100%。其他离子的响应信号与基峰的比值为相对强度值，又称为相对丰度。利用质谱图中不同离子峰的质荷比及其强度，通过质谱解析可以推测样品的相对分子质量、化学式及结构式，进行物质成分和结构解析，根据峰的相对强度可以进行定量分析。

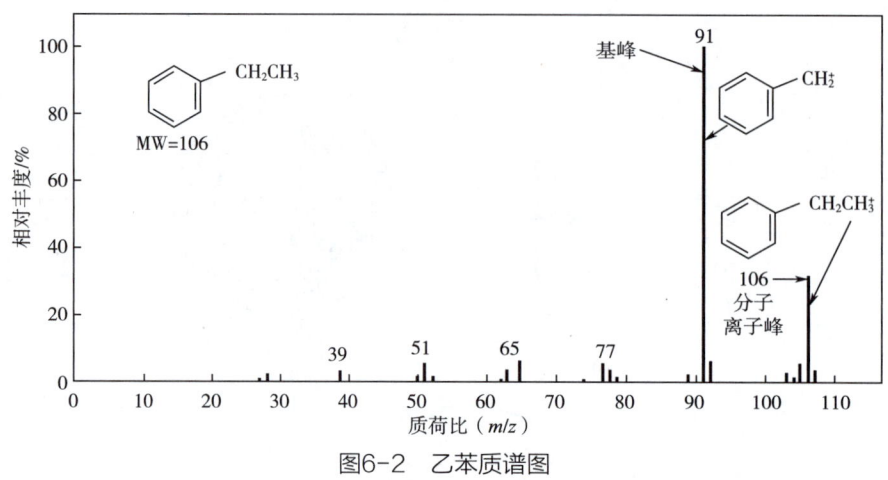

图6-2 乙苯质谱图

二、质谱分析的流程

如图6-3所示,样品由导入系统进入离子化室,电离为各种质荷比的离子,而后在电场的作用下被加速进入质量分析器,不同质荷比的离子被质量分离后依次进入检测器被检测,得到质谱图。其中离子化、质量分离和信号检测需要在高真空环境中进行。

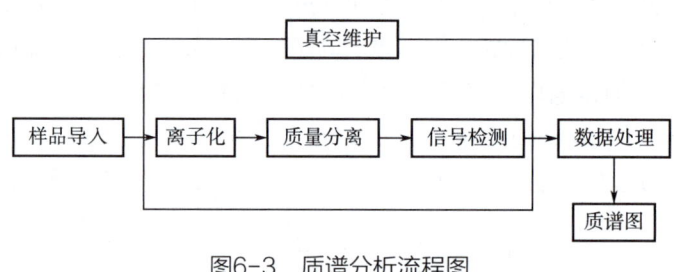

图6-3 质谱分析流程图

三、质谱分析的特点

(1) 应用范围广　分析对象从无机物小分子到生物大分子,样品形态可以是气体、液体和固体,可实现多组分同时检测。

(2) 灵敏度高,样品用量少　检测限可达10^{-14}g,试样需要离子化,对样品有破坏性。

(3) 分析速度快　完成一次全谱扫描仅需几秒。

(4) 提供的信息量大,能进行生物大分子分子质量的测定　使用高分辨质谱能同时提供精确的相对分子质量、元素组成、碳骨架及官能团结构信息。质谱法是唯一可以确定分子质量的方法,特别适用于生物大分子分子质量的测定。

(5)仪器结构复杂,使用环境严苛 高真空环境,仪器结构复杂。

第二节 质谱仪

一、质谱仪的结构

质谱仪的组成如图6-4所示。包括真空系统、进样系统、离子源、质量分析器、检测器与数据处理(显示)系统。在进样系统、离子源、质谱分析器等部分,分别有相应的技术和部件,常体现在质谱仪的名称中,如气相色谱-质谱联用仪(GC-MS)、电感耦合等离子发射-质谱联用仪(ICP-MS)、液相色谱-四极杆-飞行时间质谱(LC-Q-TOF-MS)、基质辅助激光解吸电离飞行时间质谱(MALDI-TOF-MS)等。离子源和质量分析器是质谱仪的两个核心部件。

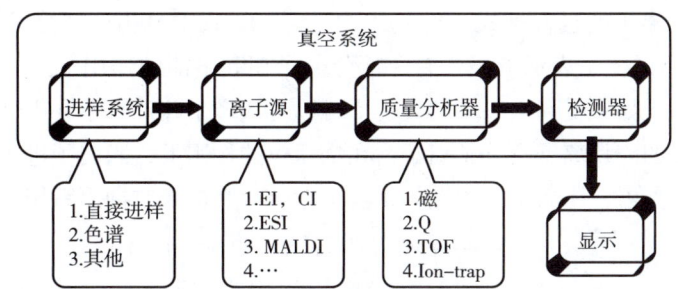

EI—电子轰击源;CI—化学电离源;ESI—电喷雾电离源;MALDI—基质辅助激光解吸电离源;磁—磁质量分析器;Q—四极杆质量分析器;TOF—飞行时间分析器;Ion trap—离子阱质量分析器。

图6-4 质谱仪的组成

1. 质谱仪的离子源

离子源的主要作用是提供合适的能量,将进样系统引入的样品离子化,转化为离子束。常用的离子源有电子轰击源(electron impact source,EI)、化学电离源(chemical ionization-source,CI)、电喷雾电离源(electron spray ionization,ESI)、大气压化学电离(atmospheric pressure chemical ionization,APCI)、基质辅助激光解吸电离源(matrix-assisted laser desorption-ionization source,MALDI)。根据对物质电离方式的不同,电离源分为硬电离和软电离两类。硬电离源离子化能量高,易使分子化学键断裂而产生丰富的碎片离子。软电离源产生的碎片离子数量少、峰少,质谱相对简单,易产生相对丰度大的分子离子和拟分子离子(也称准分子离子),包括分子离子和质子、分子离子或其他离子相互作用形成的离子,如分子离子质子化([M+H]$^+$)或去质子化(或[M-H]$^-$),

以及加合分子离子（如[M+NH$_4$]$^+$、[M+Na]$^+$）等。

（1）电子轰击源　电子轰击离子源的结构如图6-5所示。通过施加一定的外加电压，使阴极灯丝发热而发射热电子，在外加电场作用下，热电子向阳极运动，形成具有一定能量的电子束。气态样品进入离子源，受到离子数的轰击而产生电离。

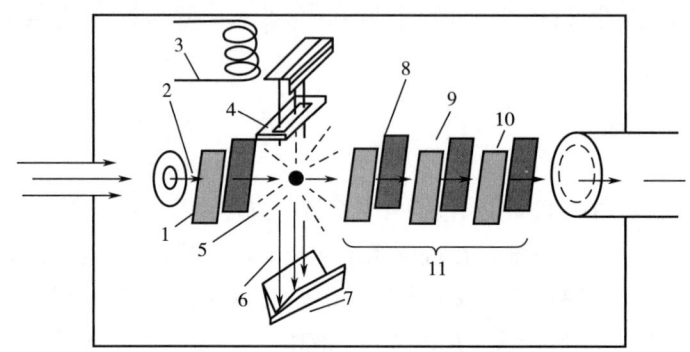

1—反射极；2—气体束；3—加热器；4—灯丝；5—离子化区；6—电子束；
7—阳极；8—第一加速狭缝；9—聚焦狭缝；10—第二加速狭缝；11—离子加速区。

图6-5　电子轰击源的结构示意图

产生的分子离子的过程见式（6-5）、式（6-6），式中M为待测分子，M$^+$为分子离子，n为电子的数量，e表示电子。有一部分分子在轰击能的作用下产生碎片离子或中性碎片，分子离子如果受到进一步的轰击，可以再次产生碎片离子和中性碎片。具有分子结构信息特征的碎片离子及分子离子，在推斥极的作用下，阳离子进入加速区，被加速后进入质量分析器，阴离子、中性分子及中性碎片则被真空抽出系统。

$$M \xrightarrow{e} M^+ + 碎片离子 + 中性分子 + ne \tag{6-5}$$

$$M^+ \xrightarrow{e} 碎片离子 + 中性分子 + ne \tag{6-6}$$

电子轰击源的特点：

①电离效率高，能量分散少，能够确保质谱仪的高灵敏度。

②在70eV的外加电压下，质谱图重现性好，因为电场能量的细小变化不足以影响分子离子的裂解。

③使用最为广泛。裂解理论相对成熟，有利于谱图解析。

④碎片离子多，能够提供更多的分子结构的信息；但分子离子峰的强度较弱或不出现。

现在谱图库的质谱标准谱图大多数是以电子轰击源离子化方式得到的谱图，电子轰击离子源使用70eV的高能电子轰击溶质分子，属于硬电离技术，也就是给样品较大能量的电离方式。硬电离源用足够的能量碰撞分子，使溶质分子处在较高的激发能态，发生键的断裂，并产生荷质比小于分子离子的碎片离子，硬电离源所获得的质谱图通常可以提供被分析物质所含功能基的类型和结构信息。

图6-2是由电子轰击离子源所产生的乙苯的质谱图，乙苯的相对分子质量为

106.16，从图中可以看出 m/z 106处为分子离子峰。m/z 91是基峰，是从分子离子中失去甲基碎片得到的，是很多烷基苯的基峰和特征离子。m/z 77、m/z 65、m/z 51、m/z 39等离子也是烷基苯的特征碎片离子。

（2）电喷雾电离源　电喷雾离子源是重要的软电离方法。所谓软电离方法，是指给样品较小能量的电离方法。软电离源所获得的质谱图中分子离子峰的强度大，碎片离子峰较少且强度较低，但能从提供的质谱数据中得到精确的分子质量。电喷雾电离源由电喷雾毛细管、雾化气、干燥气组成（图6-6）。

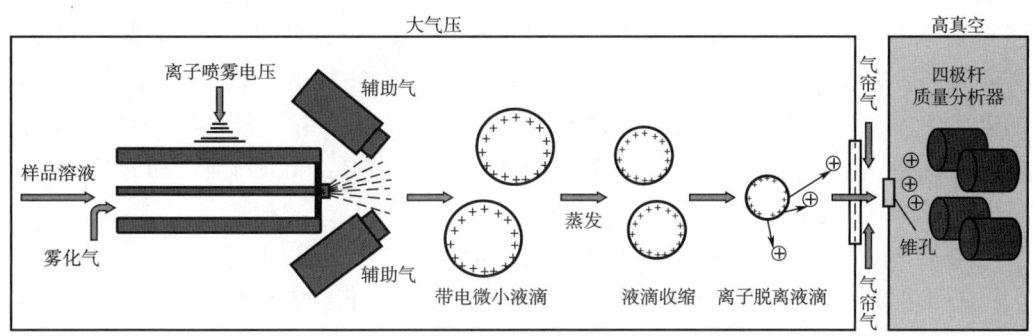

图6-6　电喷雾电离质谱仪示意图

电喷雾口由双层同心毛细管组成，外层通氮气作为喷雾气体，内层输送样品溶液，管的材质通常为不锈钢。毛细管被加以3~6kV的正电压，与相距约1cm的接地反电极形成静电场。被分析样品溶液从毛细管流出时，在高电场及雾化气体的作用下，形成高密度电荷的雾状小液滴，在加热氮气的作用下，液滴中的溶剂快速蒸发，直到表面电荷增大到库仑斥力大于表面张力后，小液滴裂解形成更小的子液滴，子液滴中的溶剂继续蒸发并再次裂解，经过多次的溶剂挥发雾状液滴裂解后，产生单个的样品气相离子，并以单电荷或多电荷的离子形式，在高电场及高真空度的作用下聚焦传输后进入质量分析器。作为一种软电离技术，ESI源能直接分析溶液样品，而不需要对分析样品加热气化，适用于难挥发或热不稳定的化合物。

电喷雾离子化分为三个过程：
①喷雾液滴的形成。
②溶剂蒸发和静电斥力使液滴进一步裂解。
③气相离子的形成。在毛细管的雾化口与接地电极之间施加高电压形成强的静电场，此高电压是关键的离子化条件。

以正离子模式为例，电喷雾雾化口保持高电位，在半月形的液体表面聚集着大量的正电荷离子，液体表面的正电荷离子间相互排斥，并从雾化口的尖端处的液体表面扩展出去。当静电场与液体表面张力保持平衡时，液体表面锥体的半顶角为49.3°，称之为泰勒锥。随着液滴的变小，过剩的正电荷克服液体表面的张力作用，裂变成更小的液滴，从泰勒锥的尖端溅射出来，这就是喷雾液滴形成的过程。

电喷雾电离源的特点：

①离子化模式多，正离子、负离子模式均可以分析。

②分子离子往往带多电荷，在谱图上会观察到$(M+nH)^{n+}$或$(M-nH)^{n-}$的峰；质荷比降低到各种不同类型的质量分析器都能检测的程度。

③适用于强极性、大分子质量的样品分析，如肽、蛋白质、糖等。

（3）基质辅助激光解吸电离源（MALDI） MALDI的原理是利用对一定波长的激光具有吸收并能提供质子的基质（小分子的液体或结晶化合物），将样品与其混合溶解并形成混合体。在真空下用脉冲激光束轰击样品和基质的混合体或共结晶，机体分子吸收激光能量，与样品分子一起蒸发成气相并发生电荷转移，从而使样品解析电离。MALDI需要有合适的基质才能得到较好的离子产率。MALDI的靶板用于承载并定位样品，靶的表面分布阵列式的、直径1~3mm的样品靶环，样品与基质置于靶环内。MALDI属于软电离技术，其准分子离子峰很强，特别适合多肽、蛋白质、低聚核苷酸和低聚糖的分析，可测分子质量达60万u以上。

与电子轰击电离、电喷雾电离技术相比，MALDI技术具有以下特点：

①可电离一些较难电离的样品，特别是生物大分子，得到完整的电离产物，且无明显的碎片。

②单电荷分子离子峰占多数，质谱图较简单，适合多组分样品的分析。

③适用范围广，能耐受一定程度的盐和缓冲液。

④对样品处理的要求不严格，甚至可以直接分析未处理过的生物样品，从而简化烦琐的制样过程。

⑤灵敏度高。

MALDI质谱中，MALDI-TOF-MS是近年来发展起来的一种新型的软电离生物质谱，已广泛应用于多肽、蛋白质、低聚核苷酸和低聚糖的分析。飞行时间质谱的工作原理：将样品与能够提供质子的基质混合溶解，形成混合体或共结晶后置于试样靶上。在真空条件下，用脉冲激光照射试样靶上的混合体或共结晶，此时样品不吸收激光能量，而基质强烈吸收激光能量，基质吸收激光能量后与样品分子瞬间相变成气相，并发生电荷转移。在形成离子的过程中，样品分子不发生裂解，通常只生成分子离子以及分子离子的多聚体。离子化的分子在强电场的作用下被加速进入飞行时间质谱进行检测。

2. 质谱仪的质量分析器

质量分析器位于质谱仪的离子源和检测器之间，其作用是依据不同的机制，将离子源产生的离子按质荷比进行分离。质量分析器是质谱仪的核心部件。质量分析器的主要类型有磁质量分析器（magnetic mass analyzer）、四极杆质量分析器（quadrupole mass filter，QMF）、飞行时间分析器（time of flight，TOF）、离子阱质量分析器（ion trap mass analyzer）、傅里叶变换离子回旋共振质量分析器（Fourier transform ion cyclotron resonance，FT-ICR）。这里介绍常用的四极杆质量分析器、飞行时间质量分析器和离子阱质量分析器的工作原理。

（1）四极杆质量分析器　以四极杆质量选择器为质量分析设备的质谱仪称为四极杆质谱仪，如图6-7所示。四极杆质量分析器由四根平行的金属杆组成，相对的极杆被连接起来构成两组电极，在两电极间加有数值相等、方向相反的直流电压和射频交流电压。四根极杆内所包围的空间便产生射频电场。从离子源入射的加速离子进入此射频场后受到电场力的作用，只有合适质荷比的离子才能以稳定的振荡通过四极杆质量分析器到达检测器。当通过改变直流电压和射频电压并保持两者比值恒定时，可以实现不同质荷比离子的检测，达到质量扫描的目的。

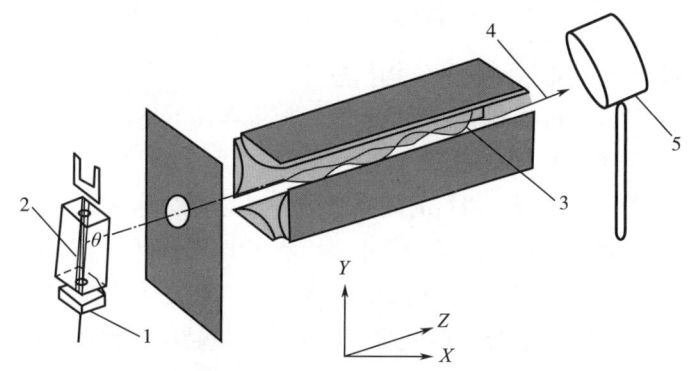

1—电子收集器；2—离子束；3—非共振离子；4—共振离子；5—接收器。
图6-7　四极杆质谱仪示意图

四极杆质量分析器由四根平行的金属杆组成，理想的四极杆为双曲面，常用的是四支圆柱形金属杆。四极质量分析器的基本原理是用交变射频电压产生交变的四极场来束缚离子。离子在向Z方向前进时，其运动是X和Y向振动的复杂组合，只有离子在两者振动都稳定时，合运动才是稳定的。此时，离子围绕Z轴做有限振幅的运动，通过四极场到达检测器。当离子X和Y轴的振动不稳定时，表示离子运动的振幅不断增大，从而撞击电极或从四极杆的边缘被弹出去，而不能通过四极场到达检测器。

四极杆质量分析器的特点：
①扫描速度快，对真空度要求不高，非常适合与其他分析仪器联用。
②体积小，操作简单，价格低，易于维护。
③可串联多个四极杆质量分析器实现多级质谱分析。
④只允许目标离子通过四极杆，适用于选择性离子监测，大大提高定量分析的稳定性和灵敏度。

四极杆质量分析器的缺点：
①分辨率较低，通常只能分辨相差一个原子质量单位的离子。
②质量上限低，有质量歧视效应，高质量端灵敏度下降。

多个四极杆质量分析器串联可实现多级质谱分析，通过多极质谱，离子在两组四极杆系统中可通过独立的腔体进行裂解操作，由此对特定质量的离子所产生的碎片进行分析，可得到该离子的结构信息。三重四极杆串联质谱仪与单四极杆质谱仪的工作原理基本相同，第一个四极杆Q1根据设定的质荷比范围扫描，或选择特定离子；第二个四极杆Q2也称碰撞池，第一个四极杆中选择的离子在碰撞池发生碰撞反应，生成碎片离子；第三个四极杆Q3，用于分析在碰撞池中产生的碎片离子。

两个四极杆质量过滤器，Q1和Q3中的每一个都包含四个平行的圆柱形金属棒。Q1和Q3均受直流和射频电势控制，而碰撞单元Q2仅受射频电势的控制。与碰撞单元Q2相关的Rf电位允许所有被第一个四极杆选择的离子通过它。在一些仪器中，正常的四极杆碰撞单元被六极或八极碰撞单元所取代，从而拥有更好的聚焦和传输功能。三重四极杆串联质谱仪具有以下优点：

①定性能力强，可获得待测物的结构信息。

②定量能力非常好，可得到更高的信噪比。但也存在不足：分辨率较低，容易受质荷比近似的离子的干扰。

（2）飞行时间质量分析器　飞行时间质量分析器既不需要磁场，也不需要电场，其核心是一个离子漂移管。飞行时间质谱仪中，由离子源产生的离子首先被收集，离子延迟引出，使用一个脉冲电场加速后，离子进入无场漂移管，并以恒定速度飞向离子接收器。离子质量越大，到达接收器的时间越长；离子质量越小，到达接收器的时间越短。如果离子源到检测器的距离为L，则由式（6-7）可推导出离子在无场漂移管中飞行的时间t，t与离子质荷比的平方根成正比[式（6-8）]。

$$zU = \frac{1}{2}mv^2 = \frac{1}{2}m\left(\frac{L}{t}\right)^2 \tag{6-7}$$

$$t = \frac{L}{\sqrt{2U}}\sqrt{m/z} \tag{6-8}$$

对于能量相同的离子，质荷比越大，到达检测器所需的时间越长。根据这一原理，不同质量的离子按质荷比的大小进行分离，适当增加漂移管的长度，可以增加分辨率。近年来，采用激光脉冲电离方式，使用垂直于送入方向的脉冲电场对离子进行加速，离子延迟引出技术和反射器技术可以在很大程度上克服传统飞行时间质谱仪分辨率低的问题。目前，TOF-MS大都装有反射器，离子经过多电极组成的反射器后，沿V型或W型路线飞行到达检测器。V型和W型飞行时间质量分析器使得分辨率可达2万以上，最高检测质量可超过30万u，且具有很高的灵敏度。

飞行时间质量分析器的特点：

①仪器的机械结构较简单，增长漂移管的长度就可以提高分辨率。

②质量分析范围宽，质量分辨率高，灵敏度高，分析速度快。

③对仪器的电子部分要求高，需采用灵敏度高、噪声低的电子倍增管，在较短时间内快速采集微弱的离子流信号。目前，飞行时间质量分析器已广泛应用于气相色谱质谱联用、液相色谱质谱联用及基质辅助激光解吸飞行时间质谱中。

（3）离子阱质量分析器　离子阱大致可分为三维离子阱、线性离子阱、轨道离子阱三种。三维离子阱由一对环形电极和两个呈双曲面形的端盖电极组成。在环形电极上加射频电压或再加直流电压,上下两个端盖电极接地。离子阱的工作原理十分简单,其利用电荷与电磁场间的交互作用力来精确控制带电离子的运动,以达到将其局限在特定的小范围空间的目的,然后通过改变电场的参数,逐渐增大射频电压的最高值,使特定质荷比的目标离子进入不稳定状态,最终使目标离子按质荷比由小到大的顺序,通过端盖电极上预留的孔或窄缝到达检测器被检测,同时记录获得的质谱图。

由于离子阱可以将目标离子限域在特定空间内"短暂停留"一段时间,使之产生相应的子离子,以用于后续的二次离子裂解的分析。因此,利用单一的离子阱质量分析器可以很方便地开展多级串联质库分析,这对物质结构的鉴定非常有用。另外,离子阱质量分析器的结构十分简单,灵敏度比四极杆质量分析器要高几百倍,在气相色谱质谱等仪器中应用较多。

二、质谱仪的性能指标

质谱仪的性能依赖于各个组成部件的性能。仪器的性能指标主要有分辨率(resolution)、质量范围(mass range)、质量测量准确度(mass measurement accuracy)和灵敏度(sensitivity)。前三项指标主要取决于质量分析器的类型,第四项质谱灵敏度不仅取决于质谱检测器的灵敏度,还与离子源、质量分析器、离子透镜系统的设计及真空系统的配置有关。

1. 分辨率

分辨率是指质谱仪分开相邻质量数离子的能力。定义两个强度相等的相邻峰质量分别为m_1、m_2。当两峰间的峰谷不大于其峰高的10%时,则认为两峰已分开。其分辨率如式(6-9)所示。

$$R = \frac{m_1}{m_2 - m_1} = \frac{m_1}{\Delta m} \tag{6-9}$$

式中m_1和m_2为离子的质量数,且$m_1 < m_2$。

可见,两峰的质量相差越小时,要求仪器的分辨率越高。在实际工作中,很难找到满足上述条件的两个峰,此时可任选一单峰,测量其峰高5%处的峰宽$W_{0.05}$,即可当做上式中的Δm。分辨率的定义如式(6-10)所示。

$$R = \frac{m}{W_{0.05}} \tag{6-10}$$

分辨率与离子通道半径、加速器和收集器狭缝宽度、离子源性质和质量m等因素有关。

2. 质量范围

质量范围指质谱仪所能测定的离子质荷比的范围,取决于质量分析器的类型,通常采用原子质量单位进行度量。因为质量分离的原理不同,不同的质量分析器有不同的质量范围。因为质谱检测的是质荷比,而不是质量,所以实际检测的质量取决于离子所带电荷数。仅当离子所带电荷数 $z=1$ 时,才能将质量上下限看成是能检测化合物的最高、最低相对分子质量;$z>1$ 的多电荷离子,能在低于其相对分子质量的质荷比处被检测到。

图6-8为十溴联苯醚($C_{12}Br_{10}O$)的EI谱图,其相对分子质量是950,在高质量区有较强的特征碎片,该物质通常用于仪器质量范围性能测试,样品质谱仪的质量范围越大,可测量化合物的范围越广。

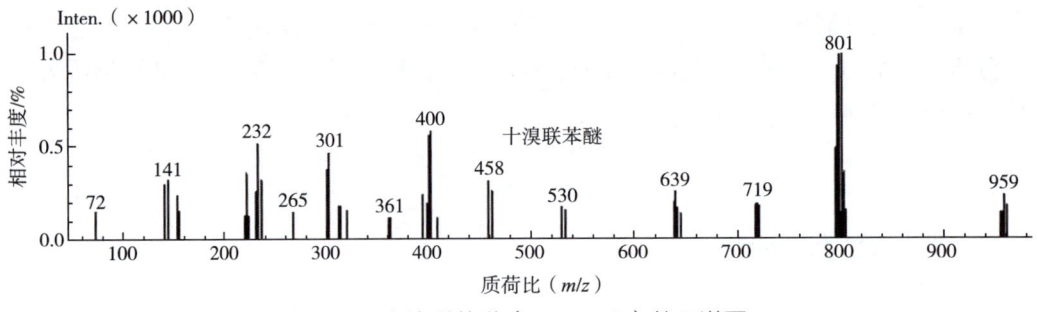

图6-8 十溴联苯醚($C_{12}Br_{10}O$)的EI谱图

不同分析器类型,四极杆的质荷比可达4000,磁质谱可达1万,飞行时间质谱无上限(表6-1)。对于不同系统,气相质谱的质荷比范围为2~800,有机质谱的质荷比达几千,生物质谱的质荷比则达几十万或更大。

表6-1 不同类型分析器质量范围

分析器类型	系统
四极杆:m/z 4000	气相质谱:m/z 2~800
磁质谱:m/z 10000	有机质谱:m/z 几千
飞行时间质谱:m/z 无上限	生物质谱:m/z 几十万或更大

3. 质量准确度

质量准确度,又称质量精度,是指离子质量的实测值与理论值的相对误差。它是质谱定性分析准确度的保障。如式(6-11)所示。

$$A = \frac{M' - M}{M} \times 10^6 \qquad (6-11)$$

式中 A——质量准确度;

M'——离子质量实测值,mg/kg;

M——离子质量理论值,mg/kg。

为获取分子离子的精确质量或准确的同位素质量,通常要求质谱仪的质量准确度应小于10,需要使用分辨率大于10000的高分辨率质谱仪。

4. 灵敏度

灵敏度是反映仪器整体性能的一项指标,与进样方式、离子化效率、扫描方式、扫描速度、检测器增益等许多因素密切相关,通常以检出限和离子峰的信噪比来表示。

第三节 质谱分析中的离子类型及谱图解析过程

一、质谱分析中常用离子类型

质谱图中离子的质量及相对强度是各物质所特有的,即代表了物质的性质和结构特点,质谱图是质谱分析的依据。熟悉质谱中各种离子是获取分析信息、从而准确解析质谱图的关键。分子在离子源中可以产生各种离子,其中主要有分子离子(molecular ion)、碎片离子(fragmentation ion)、重排离子(rearrangement ion)、亚稳离子(metastable ion)和同位素离子(isotopic ion)。假设某一有机化合物由A、B、C和D组成,当蒸汽分子进入离子源,受到电子轰击时,可能发生下列过程而形成各种类型的离子:失去一个电子形成分子离子,分子离子的化学键进一步断裂生成碎片离子,以及分子离子重排后断裂生成重排离子,如图6-9所示。

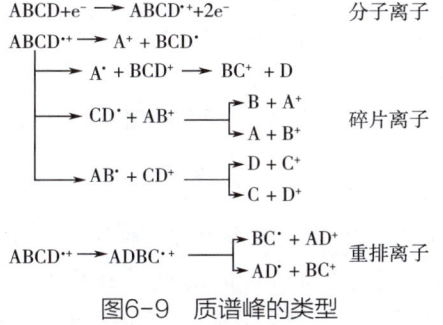

图6-9 质谱峰的类型

1. 分子离子

试样化合物通过某种电离方式,分子失去一个外层价电子而生成带一个正电荷的离子,称为分子离子或母离子,用 M^+ 表示。质谱图中相应的峰称为分子离子峰或母离子峰。因此分子离子峰的质荷比的数值相当于该化合物的相对分子质量。分子离子峰一般出现在质荷比最高处,确定分子离子峰即可确定其相对分子质量,由此可推断化合物的分子式。有时试样分子在电离时会出现比分子质量数多1(M+1)或少1(M-1)的分子离子,被称为准分子离子,通过其可间接确定分子质量。

2. 碎片离子

分子离子在特定离子源离子化条件下,某些化学键进一步发生断裂而生成的离子称为碎片离子。碎片离子对应质谱图中的离子峰称为碎片离子峰。利用碎片离子峰提供的信息，可解析出丰富的分子结构信息。

3. 重排离子

有些碎片离子不是仅仅通过键的简单断裂而形成，有时还会通过分子内某些原子或基团的重新排列或转移而形成，这种碎片离子称为重排离子。质谱图上相应的峰为重排离子峰。

图6-10为甲苯的质谱图。甲苯的相对分子质量为92，图中质荷比92处为分子离子峰，质荷比91是基峰，其中的质荷比为91、65、39的是重排离子。

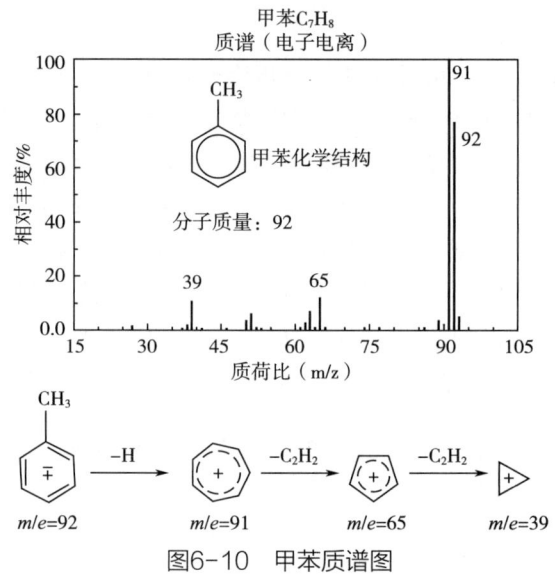

图6-10 甲苯质谱图

4. 亚稳离子

离子 m_1 在离开电离源到收集器之前的飞行过程中，由于碰撞等原因进一步分裂，失去中性碎片而形成低质量的离子 m_2，此时的 m_2 比在离子源中直接形成的相同质荷比的 m_2 离子能量低，会在磁场中产生更大的偏转，在质谱图中观察到其质荷比较小的峰为亚稳离子峰，用 m^* 表示。m^* 为亚稳离子的表观质量。如式（6-12）、式（6-13）所示，亚稳离子峰宽且矮小，质荷比通常为非整数。通过亚稳离子峰可以获得有关裂解信息，有利于推测裂解途径。

$$m_1 = m_2 + \Delta m \tag{6-12}$$

$$m^* = \frac{(m_2)^2}{m_1} \tag{6-13}$$

5. 同位素离子

大多数元素都由具有一定自然丰度的同位素组成，在质谱分析中必然产生相应的同位素离子。质谱图中存在M+1、M+2的峰，这些峰为物质的分子离子峰。M由最大丰度的同位素所产生,在质谱图上出现一个或多个由重同位素组成的分子所形成的离子峰,即同位素离子峰。在解析质谱图时,可通过同位素峰统计分布来确定其元素组成。分子离子的同位素离子峰相对强度与元素同位素的丰度比一致。根据同位素丰度比(表6-2),可以较容易地判断化合物中是否含有氯、溴、硫等原子及含有的数量。

表6-2　有机化合物常见元素同位素的丰度比

同位素	$^{13}C/^{12}C$	$^{18}O/^{16}O$	$^{15}N/^{14}N$	$^{33}S/^{32}S$	$^{34}S/^{32}S$	$^{37}Cl/^{35}Cl$	$^{81}Br/^{79}Br$
丰度比/%	1.12	0.20	0.36	0.80	4.44	31.98	97.28

二、质谱图解析的一般过程

解析质谱图信息主要包括四个方面,即相对分子质量的确定,分子式的确定,分子结构式的确定和定量分析。解析质谱图前,必须确认所需解析的质谱图为该化合物纯物质的质谱图,以免杂质信息干扰。

质谱图解析的主要步骤为:

(1)确定分子离子峰,由质荷比确定相对分子质量。

确认分子离子峰时要注意:

①分子离子稳定性越好,其分子离子峰强度越强。

②分子离子峰的质量数服从"氮规律"。

③质荷比最高位置出峰与相邻离子峰质量数的差应服从有机化合物裂解离去基团的结构特征。

④由于某些离子化方式不能给出分子离子,而是生成了准分子离子,此时确认M+1或M-1准分子离子峰解析的结果是一致的。

⑤注意实验条件对分子离子峰强度的影响。

(2)根据分子离子峰的丰度,依据不同类别有机化合物的分子离子峰丰度规律,推测化合物可能的类别。

(3)根据分子离子峰与同位素峰的丰度比,判断化合物分子中是否含有高丰度的同位素元素,推测其种类与数目。

(4)由同位素峰强度比法或精密质量法确定分子式,并由分子式计算不饱和度。

确定分子式一般有两种方法:

①由同位素离子峰确定分子式,只要质谱图中的M+2正离子、M+1正离子峰能准确测量其相对丰度,便可由Beynon表确定分子式。

②高分辨率质谱仪测定精确相对分子质量。由高分辨率质谱仪测得化合物的精确质量,可精确到小数点后4位,经计算机系统分析得到分子的元素组成,从而确定分子式。

(5) 解析基峰及碎片离子峰可能代表的结构单元，确定化合物可能含有的官能团，推测出所有可能的结构式。

(6) 根据标准谱图，结合其他相关信息进行筛选验证，确定化合物的结构式。

第四节 质谱联用技术

联用技术是将两台仪器结合在一起使用的技术，以便得到一种更快捷、更有效的分析工具，进一步探讨只应用一种技术无法获得的信息。分析技术的联用可以是光谱技术的联用、色谱技术的联用，或者是色谱与光谱、色谱与质谱技术的联用。近年发展起来的色谱与质谱联用技术，如气相色谱质谱联用技术和高效液相色谱质谱联用技术，是将分离效率高的色谱技术与定性能力强的质谱技术相结合，具有以下优点：①通过色谱保留时间及质谱信息共同进行物质定性分析，准确度得到很大程度的提高。②可分析组分复杂的试样。③物质经色谱分离后集中在一个窄带里进入质谱仪，大大提高了分析的灵敏度。④所需试样量少。⑤色谱分离使质谱信号抑制现象得以改善，质谱图的质量更高。

一、气相色谱-质谱联用技术（GC-MS）

1. 原理

气相色谱-质谱联用技术是将样品分子在气相色谱中气化分离，使其随载气进入特定接口引入质谱仪，从而进行下一步的分析鉴定。

(1) GC-MS的结构　GC-MS系统由气相色谱仪、接口、质谱仪组成，如图6-11所示。

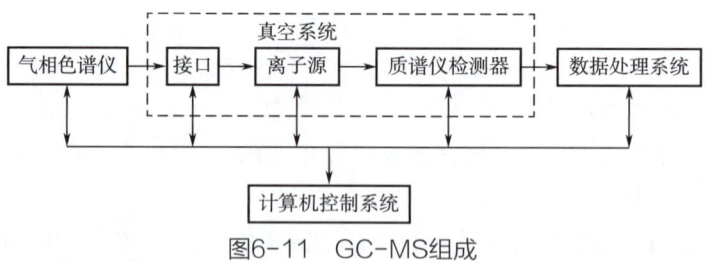

图6-11　GC-MS组成

在GC-MS系统中，气相色谱仪包括载气系统、进样系统、色谱柱、柱温箱等；质谱仪可以是磁式质谱仪、四极杆质谱仪、飞行时间质谱仪等；计算机控制系统，用于实现仪器的控制和数据处理。

由于气相色谱仪的出口处于常压状态,而质谱仪则是在高真空状态下工作,因此GC-MS的接口是GC-MS的重要组成部分。仪器接口(这里指分子分离器)作用:

①对进入质谱仪的气体流量实时调节,降低色谱柱流出压力,使气相色谱仪出口的压力适应质谱仪真空的需要;

②提高样品与载气比例,使进入质谱仪的气体浓缩,使其符合检测灵敏度要求。

GC-MS常见的接口方式有三种,直接导入型、开口分流型和浓缩型。

①直接导入型接口(图6-12):使用内径为0.25~0.32mm的毛细管色谱柱,载气流量在1~2mL/min,这些色谱柱通过一根金属毛细管直接接入质谱仪的离子源。这种接口方式是迄今为止最常用的一种技术。毛细管柱插入接口,直至有1~2mm的色谱柱伸出该金属毛细管,载气和待测物一起从气相色谱仪流出,立即进入离子源的作用场。由于载气氦气是惰性气体,不发生电离,而待测物却会形成带电离子,待测物带电离子在电场的作用下加速向质量分析器运动,而载气却由于不受电场的影响被真空泵抽走。接口的实际作用是支撑插入端毛细管,使其准确定位,另一个作用是保持温度,从而使色谱柱流出物始终不产生冷凝。该接口装置结构简单,容易维护,缺点是无浓缩作用。

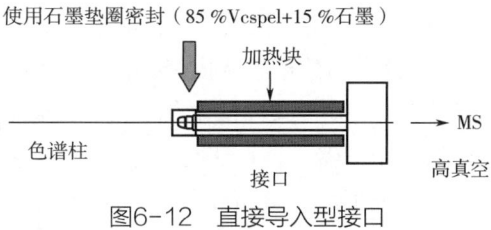

图6-12 直接导入型接口

②开口分流型接口(图6-13):气相色谱仪毛细管柱的一端插入接口,其出口正对着另一毛细管,该毛细管称为限流毛细管。限流毛细管承受将近0.1MPa的压降,与质谱仪的真空泵相匹配,将色谱流出物的一部分定量地引入质谱仪的离子源。内套管固定,插入色谱柱毛细管和限流毛细管,使这两根毛细管的出口和入口对准。内套管置于一个外套管中,外套管充满氦气。

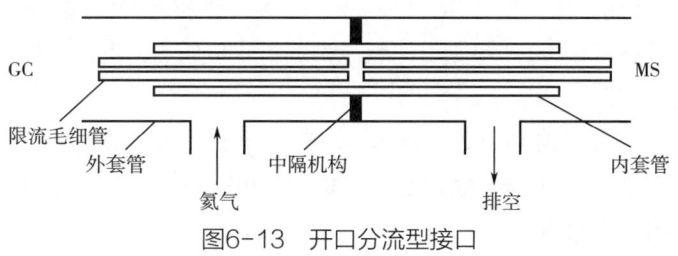

图6-13 开口分流型接口

③浓缩型接口:一般采用喷射式分子分离器结构。气体在喷射时,各种质量的分子均以超音速运动,其中动能大的分子保持在喷射方向运动,而动能小的分子则偏离喷射方向被真空抽走。它有两组喷嘴,第一组抽低真空,第二组抽高真空。当载气氦气和样

品分子从第一个喷嘴射出时,由于样品分子质量总是大于氦分子,因此样品以较大的惯性进入第二喷嘴,而氦气则优先被抽走。剩余的氦气和样品分子在第三喷嘴再次喷射,氦气又被先抽走,结果样品以较大的浓度进入质谱仪,这类接口装置具有除去载气浓缩样品的功能。

(2) GC-MS 谱图　通过 GC-MS 技术可以获得多种分析信息,首先是可以获得总离子流色谱图。总离子流色谱图与一般色谱图相似,总离子流强度是对指定质量范围内的离子进行全部扫描,质谱图中所有离子强度的加和。以总离子流的强度为纵坐标,时间为横坐标,表明总离子强度随时间变化的色谱图,就是总离子流色谱图。图中每一个峰表示样品的一个组分,色谱峰的保留时间是定性鉴定的参考信息,峰高和峰面积是定量分析的依据。总离子流图中色谱峰上的每一个点是一张质谱图中所有离子的总强度,由每个峰可以得到相应化合物的质谱图。

通过设定仪器工作条件,比如外加电场,对一种或者几种质荷比的离子实施离子流强度随时间变化的监测,称为选择离子监测。质谱仪在进行选择离子监测时,只记录某种质量的离子流强度随时间变化所得到的色谱图,称为质量色谱图。质量色谱图与总离子流色谱图相似,其纵坐标为离子流强度,横坐标为时间。使用选择离子监测模式提高了检测的灵敏度,改善了峰形。选择离子扫描方式,最主要的用途是定量分析。利用计算机的三维软件,将总离子流色谱图数据绘制成全扫描色谱-质谱三维图,其中 X 轴代表质荷比,Y 轴代表时间或者连续扫描次数,Z 轴代表离子流强度。

GC-MS 是最早商品化的联用仪器,适用于分析小分子、易挥发、热稳定、能气化的化合物,其灵敏度高,应用范围广,分析物的相对质量低于 1000u。用电子轰击方式得到的谱图可进行标准谱库检索。目前比较常用的质谱谱库包括 NIST 质谱数据库、EPA/NIH 库和 Wiley 库。这些谱库收录的标准质谱图均在 10 万张以上。常用的定量方法有外标法、内标法、标准加入法和归一化法。在实际工作中,根据分析任务的不同,可以选择不同的定量分析方法。

2. 应用实例——气质联用法检测烟草香味成分

(1) 原理　通过同时蒸馏萃取技术得到样品萃取液,再将萃取液直接浓缩,采用气相色谱-质谱/选择离子监测法(GC-MS/SIM)对致香物质进行定性、定量分析。

(2) 试剂　除特别说明,均使用优级纯试剂,水应符合 GB/T 6682—2008 中一级用水。具体试剂信息如下:

①饱和氯化钠溶液:称取 > 36.5g 的氯化钠(NaCl),置于烧杯中,加入 100mL 水溶解,静置后取上清液即可(该溶液为过饱和状态,可能有固体氯化钠沉淀)。

②无水硫酸钠(Na_2SO_4)。

③二氯甲烷(CH_2Cl_2,色谱纯)。

④26 种中性香味物质标样:2-甲基-四氢呋喃-3-酮、2-糠醛、糠醇、2-环戊烯-1,4-二酮、2-乙酰呋喃、苯甲醛、5-甲基糠醛、3-甲基-2-环戊烯-1-酮、6-甲基-5-庚烯-2-酮、苯甲醇、2-乙酰基-5-甲基呋喃、苯乙醛、芳樟醇、苯乙醇、异佛尔酮、

2,3-环氧-3,5,5-三甲基-1-环己酮、β-二氢大马酮、香叶基丙酮（含35%的橙花基丙酮）、β-紫罗兰酮、（2E，6E）-金合欢醇、法尼基丙酮（含2种异构体）、棕榈酸甲酯、香芹酮、香茅醇、甲基环戊烯醇酮、5-羟甲基糠醛。

⑤24种碱性香味物质标样：吡啶、噻唑、2-甲基吡嗪、2-乙基吡啶、2,5-二甲基吡嗪、2-甲氧基吡嗪、2,3-二甲基吡嗪、3-乙基吡啶、2-乙基-3-甲基吡嗪、2,3,5-三甲基吡嗪、2,3-二乙基吡嗪、四甲基吡嗪、3-乙烯基吡啶、吡咯、2-乙酰吡啶、1-甲基-2-乙酰吡咯、3-乙酰吡啶、喹啉、吲哚、2-乙酰吡咯、二烯烟碱、新烟草碱、2,3-联吡啶、新烟碱（≥98%）。

（3）标准溶液制备　①内标（乙酸苯乙酯）溶液，1.1623mg/mL：准确称取0.1162g乙酸苯乙酯（IS），精确至0.0001g，置于烧杯中，用二氯甲烷进行溶解，然后转移到100mL容量瓶中，用二氯甲烷定容至刻度。

②混合中性香味物质的标准储备液：分别称取不同质量（精确到0.1mg）的中性标样化合物用二氯甲烷溶解，转移至100mL容量瓶中，用二氯甲烷定容至刻度。

③混合碱性香味物质的标准储备液：分别称取不同质量（精确到0.1mg）的碱性标样化合物用二氯甲烷溶解，转移至25mL容量瓶中，用二氯甲烷定容至刻度。

④混合中性香味物质标准工作液：准确移取混合中性香味物质标准储备液8μL、20μL、60μL、0.15mL、0.4mL、0.8mL和2.0mL，分别置于50mL容量瓶中，各加入1.25mL内标溶液，用二氯甲烷定容至刻度。

⑤碱性香味物质混合标准工作液：准确移取混合碱性香味物质标准储备液0.08mL、0.3mL、0.75mL、2.0mL、5.0mL和7.0mL，分别置于10mL的容量瓶中，各加入0.25mL内标溶液，用二氯甲烷定容至刻度。

（4）主要仪器设备　具体仪器信息如下：

①气相色谱/质谱联用仪。

②毛细管色谱柱HP-INNOWAX（柱长30m，内径0.25mm，膜厚度0.25μm）或其他等效柱。

③同时蒸馏萃取装置。

④电子分析天平，感量0.0001g。

⑤水浴锅。

⑥调温电热器。

⑦高低温循环槽。

⑧旋转蒸发仪。

⑨真空泵。

⑩微量进样器：10μL、25μL和100μL。

（5）分析步骤　①抽样和制样：按照GB/T 5606.1—2004或GB/T 19616—2004抽取样品，按YC/T 31—1996制备试样并测定水分含量。

②样品预处理：称取过40目筛的烟末25.0g，精确至0.0001g，置于同时蒸馏萃取

装置一端的1000mL平底烧瓶中，并向其中加入350mL饱和氯化钠溶液，用调温电热套加热。装置的另一端接盛有60mL二氯甲烷的250mL圆底烧瓶，用60℃的水浴加热。调节加热温度使水相和二氯甲烷相的馏出速度相等，控制高低温循环槽冷凝水的温度为15℃，萃取2.5h。将二氯甲烷萃取溶液冷却至室温，加入适量的无水硫酸钠干燥过夜，过滤，滤液中加入25μL内标溶液，常压下在60℃水浴中旋转蒸发浓缩到1mL，即为待测液。

③仪器分析条件

色谱仪条件：进样口温度240℃；载气He；流速1mL/min；进样量1μL；分流比10∶1；升温程序50℃，以4℃/min升温到200℃，再以8℃/min升温至230℃，保持25min。

质谱仪条件：电子轰击离子源（EI）；离子源温度230℃；电离能量70eV；传输线温度250℃；四极杆温度150℃；电子倍增器（EM）电压1812V；隔垫吹扫流量3mL/min；扫描方式选择离子监测（SIM）和全离子扫描（Scan）模式；扫描范围50~350amu（atomic mass unit，原子质量单位，1amu=1u）；溶剂延迟4min。

④标准曲线测定：取含内标物质的标准液1μL，逐一上机进行测定。结果见图6-14和表6-3、图6-15和表6-4。

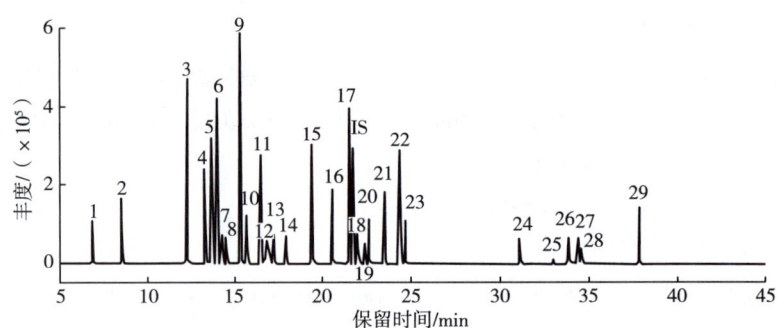

图6-14 中性香味成分的标样TIC图——SIM模式（图中物质编号见表6-3）

表6-3 中性香味成分的保留时间及特征离子

序号	保留时间/min	物质名称	选择离子		序号	保留时间/min	物质名称	选择离子	
1	6.94	2-甲基-四氢呋喃-3-酮	43*	72	18	21.96	橙花基丙酮	43*	69
2	8.65	6-甲基-5-庚烯-2-酮	43*	108	19	22.38	甲基环戊烯醇酮	112*	69
3	12.26	糠醛	96*	95	20	22.62	香叶基丙酮	43*	69
4	13.38	2-乙酰呋喃	95*	110	21	23.50	苯甲醇	79	108*
5	13.72	苯甲醛	106*	77	22	24.34	苯乙醇	91*	122

续表

序号	保留时间/min	物质名称	选择离子		序号	保留时间/min	物质名称	选择离子	
6	14.00	3-甲基-2-环戊烯-1-酮	96*	67	23	24.68	β-紫罗兰酮	177*	43
7	14.27	2,3-环氧-3,5,5-三甲基-1-环己酮	41	83*	—	24.88	新植二烯	68	95*
8	14.55	芳樟醇	71	93*	—	28.66	巨豆三烯酮1	190*	148
9	15.33	5-甲基糠醛	110*	53	—	29.90	巨豆三烯酮2	190*	148
10	15.68	异佛尔酮	82*	138	—	30.43	巨豆三烯酮3	190*	148
11	16.45	2-乙酰基-5-甲基呋喃	109*	124	—	30.99	巨豆三烯酮4	190*	148
12	16.80	苯乙醛	91*	120	24	31.16	棕榈酸甲酯	74*	87
13	17.22	2-环戊烯-1,4-二酮	96*	42	25	33.00	法尼基丙酮	69*	43
14	17.94	糠醇	98*	81	26	33.90	二氢猕猴桃内酯	111*	137
—	18.50	4-氧代异佛尔酮	68*	96	27	34.41	(2E,6E)-法尼醇	69*	41
—	19.39	茄酮	43	93*	28	34.57	法尼基丙酮	43	69*
15	19.44	香芹酮	82*	54	29	37.86	5-羟甲基糠醛	97*	126
16	20.57	香茅醇	69*	41	IS(内标)	21.70	乙酸苯乙酯	43	104*
17	21.48	β-二氢大马酮	177*	69					

注："—"表示无标样；*表示定量检测离子。

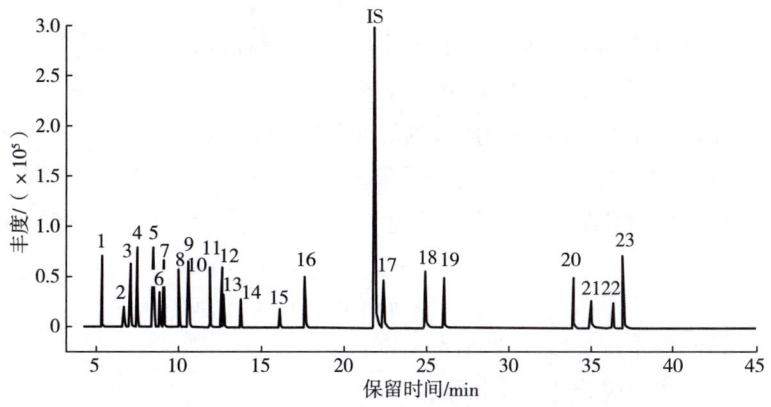

图6-15 碱性香味成分的标样TIC图——SIM模式

表6-4 碱性香味成分的保留时间及特征离子

序号	保留时间/min	物质名称	选择离子	序号	保留时间/min	物质名称	选择离子
1	5.22	吡啶	79* 52	13	12.52	3-乙烯基吡啶	105* 105
2	6.55	噻唑	85* 58	14	13.55	吡咯	67* 67
3	6.94	2-甲基吡嗪	94* 67	15	15.91	2-乙酰吡啶	79* 121
4	7.31	2-乙基吡啶	106* 79	16	17.43	1-甲基-2-乙酰吡咯	108* 123
5	8.31	2,5-二甲基吡嗪	108* 42	17	22.17	3-乙酰吡啶	106* 78
6	8.68	2-甲氧基吡嗪	110* 40	18	24.71	喹啉	129* 102
7	8.94	2,3-二甲基吡嗪	108* 67	19	25.86	2-乙酰吡咯	94* 109
8	9.86	3-乙基吡啶	107* 92	20	33.74	二烯烟碱	158* 158
9	10.41	2-乙基-3-甲基吡嗪	121* 122	21	34.83	新烟碱	160* 131
10	10.47	2,3,5-三甲基吡嗪	122* 42	22	36.14	吲哚	117* 90
11	11.71	2,3-二乙基吡嗪	121* 136	23	36.80	2,3-联吡啶	156* 155
12	12.40	四甲基吡嗪	136* 54	IS（内标）	21.70	乙酸苯乙酯	104* 43

注：*表示定量检测离子。

⑤待测液测定：取1μL待测液，按标准曲线测定条件与方法上机分析，同一样品进样2次，分别测定其中的中性和碱性香味成分。

（6）结果计算与表述 ①定性分析：采用NIST质谱数据库检索，以匹配度≥85%进行定性。

②定量分析：每个待测成分的响应系数E_p，由下式计算：

$$E_P = \frac{C_{pst} \times A_{ist}}{A_{pst} \times C_{ist}} \tag{6-14}$$

式中 C_{pst}——标准工作溶液中待测成分的质量浓度，μg/mL；

A_{ist}——标准工作溶液中内标物的峰面积或峰高；

A_{pst}——标准工作溶液中待测成分的峰面积或峰高；

C_{ist}——标准工作溶液中内标物的质量浓度，μg/mL。

以干基计的待测物量R_p，以毫克每千克（mg/kg）表示，由式（6-15）计算：

$$R_p = \frac{A_p \times E_p \times Q_{ist} \times 100 \times 1000}{A_i \times m \times (100 - w_{水分}) \times 1000} \tag{6-15}$$

式中 A_p——待测液中待测成分的峰面积或峰高；

E_p——每个待测成分的响应系数；

Q_{ist}——萃取溶液中内标物的质量，μg；

A_i——试样萃取液中内标物的峰面积或峰高；

m——样品质量，g；

$w_{水分}$——样品的水分含量，%。

以两次平行测定结果的平均值作为最终测定结果，保留两位有效数字。

两次平行测定结果的相对平均偏差应小于10%。

二、液相色谱-质谱联用技术（LC-MS）

1. 原理

已知化合物中约80%是亲水性强、挥发性低、热不稳定的化合物以及生物大分子，这些化合物不适宜用气相色谱分析。液相色谱与质谱技术的联用主要应用于不挥发性的化合物、极性化合物、热不稳定化合物和大分子质量化合物（如蛋白、多肽、多聚物等）的分析测定。这一技术在药学、临床医学、生物学、化工和环境等领域获得广泛应用。

（1）LC-MS结构　LC-MS由液相色谱仪、接口、质谱仪组成。

LC-MS的接口装置同时也是离子源，需要满足以下要求：

①分离除去流动相中大量的溶剂，以保证质谱仪的高真空度。

②使不易挥发组分离子化。

③保证分离组分的离子化效率。大气压电离（API）接口是商品化LC-MS仪器采用最广泛的接口，主要包括电喷雾电离（electrospray ionization，ESI）和大气压化学电离（atmospheric pressure chemical ionization，APCI）两种模式，以电喷雾电离的应用最为广泛。除了这两种接口之外，极少数仪器还使用离子束（particle beam，PB）、快原子轰击（fast atom bombardment，FAB）等接口方式。

电喷雾电离是最软的电离技术，通常只产生分子离子峰，因此可直接测定混合物，其易形成多电荷离子的特性，可用于分析蛋白质和DNA等生物大分子。大气压化学电离源的结构与电喷雾源大致相同，不同之处在于APCI喷嘴处有加热，且喷嘴的下游放置一个针状的放电电极。通过放电电极的高压放电，使空气中某些中性分子电离，产生氮气分子离子、氧气分子离子和氧原子离子等离子。溶剂分子也会被电离，这些离子与分析物分子进行离子分子反应，使分析物分子离子化。这些反应过程包括由质子转移和电荷交换产生正离子，质子脱离和电子捕获产生负离子等。

大气压化学电离过程主要包括：

①溶剂在蒸发器中蒸发。

②通过电晕针放电，形成带电荷的反应剂离子。

③电荷转移至分析物离子。

APCI的特点是：

①化合物需具有一定的挥发性、热稳定性。

②离子在气态条件中生成。

③主要产生的是单电荷离子，很少有碎片离子。

④适于分析弱极性或中等极性的小分子，分子质量一般小于2000u。

有些化合物由于结构和极性方面的原因，用ESI不能产生足够强的离子，可以采用APCI方式增加离子产率，可以认为APCI是ESI的补充。ESI和APCI接口都有正离子和负离子测定模式可供选择。正离子模式适合于碱性样品，可用乙酸或甲酸对样品加以酸化，样品中含有仲氨和叔氨时，可优先考虑使用正离子模式。负离子模式适合于酸性物质和含有较多的强负电性基团的物质。

（2）质量分析器　LC-MS联用系统使用的质量分析器种类很多。常用的有四极杆质量分析器（QMS）、离子阱质量分析器（ion trap）、飞行时间分析器（TOF MS）和串联质量分析器（MS/MS）。因为LC-MS主要提供相对分子质量信息，为了增加结构信息，LC-MS采用串联质量分析器，用于目标化合物的鉴定和结构分析。单级质谱得到的分析信息有全扫描（full scan）谱图和选择离子扫描（selected ion monitor，SIM）谱图。全扫描是对指定质量范围内的离子进行全部扫描，适用于未知物分析。选择离子扫描指单离子监测扫描，用于已知物分析，灵敏度高。二级或多级质谱的分析信息有选择反应监测（selective reaction monitor，SRM）谱图和多反应监测（multiple reaction monitor，MRM）谱图。选择反应监测是指母离子选择一个离子，碰撞后，从形成的子离子中也只选择一个子离子进行检测。因为两次都只选单离子，所以噪声和干扰被排除的更多，灵敏度会更高。多反应监测指一次实验中进行多个化合物测定时，同时进行多个选择反应监测。对于基质非常复杂的样品，多反应监测的灵敏度更高，也有益于化合物的结构解释。

2. 应用实例——高效液相色谱串联质谱法测定烟叶中农药

（1）原理　向粉碎的样品中添加适量水，充分浸润后使用乙腈振荡提取，盐析离心分层，取上层清液经吸附剂净化后，用高效液相色谱-串联质谱仪检测，用内标法定量分析。

该法可测定菊酯类、含氯类、含氮类等农药，包括三羟基克百威、啶虫脒、苯并噻二唑、涕灭威、涕灭威砜、涕灭威亚砜、嘧菌酯、苯双灵、克线丹、甲萘威、多菌灵、克百威、氯虫苯甲酰胺、毒虫畏、毒死蜱、异噁草酮、磺吸磷、二嗪磷、恶醚唑、除虫脲、乐果、烯酰吗啉、双苯酰草胺、乙拌磷砜、乙拌磷亚砜、苯硫磷、乙硫磷、灭线磷、苯线磷、苯线磷砜、苯线磷亚砜、丰索磷、倍硫磷、倍硫磷砜、倍硫磷亚砜、地虫磷、庚虫磷、吡虫啉、茚虫威、异稻瘟净、氯唑磷、马拉硫磷、灭蚜磷、杀扑磷、灭虫威、灭虫威砜、灭虫威亚砜、灭多威、久效磷、恶霜磷、杀线威、甲拌磷、伏杀硫磷、辛硫磷、抗蚜威、甲基嘧啶磷、丙溴磷、残杀威、吡蚜酮、定菌磷、喹硫磷、螺虫乙酯、特丁硫磷砜、特丁硫磷亚砜、杀虫畏、噻虫嗪、噻菌灵、甲基硫菌灵、三唑磷、敌百虫、杀虫脲、蚜灭灵、吡氟禾草灵等73种农药。

（2）试剂　所用试剂除特别说明外，均为分析纯。所有试剂应适用于农药残留量分析，空白溶剂色谱图的基线上应没有影响残留农药测定的峰出现。水应达到GB/T 6682—2008中一级水的要求。具体试剂信息如下：

①乙腈（CH_3CN），色谱纯；

②甲醇（CH_3OH），色谱纯；

③无水硫酸镁（$MgSO_4$）：用前应在650℃灼烧4h，贮存于干燥器中备用；

④氯化钠（NaCl）；

⑤柠檬酸钠（$C_6H_5Na_3O_7$）；

⑥柠檬酸氢二钠（$C_6H_6Na_2O_7$）；

⑦N-丙基乙二胺键合固相吸附剂，即PSA吸附剂（primary secondary amine）；

⑧丙草丹，用作内标物质，纯度≥95%：化学名称为N,N-二丙基硫代氨基甲酸-S-乙基酯，被国际纯粹与应用化学联合会（IUPAC）命名为S-ethyl dipropyl (thiocarbamate)，英文通用名EPTC；

⑨萃取剂：移取100μL内标储备液于100mL容量瓶中，用乙腈稀释定容至刻度。

（3）标准溶液制备　①标准物质：73种农药标准物质，纯度≥95%。

②单一标准储备液，1000μg/mL：分别称取0.01g 每种农药标准物质，精确至0.0001g，用甲醇溶解，转移至不同的10mL容量瓶中，用甲醇定容至刻度。避光贮存于0℃~4℃条件下，可至少稳定6个月。

③混合标准储备液，10μg/mL：移取各农药单一标准储备液1mL于100mL容量瓶中，用甲醇定容至刻度。避光贮存于0℃~4℃条件下，可至少稳定6个月。

④内标储备液，100μg/mL：称取0.01g丙草丹，精确至0.0001g，用甲醇溶解，转移至100mL容量瓶中，用甲醇定容至刻度。避光贮存于0℃~4℃条件下，可至少稳定6个月。

⑤内标工作液，1μg/mL：移取1mL内标储备液于100mL容量瓶中，用甲醇定容至刻度。避光贮存于0℃~4℃条件下，可至少稳定6个月。

⑥标准工作溶液：分别移取混合标准储备液500μL、250μL、100μL、50μL及25μL到5个10mL容量瓶中，每个容量瓶中移入1mL内标工作液，用甲醇定容至刻度。

⑦基质混合标准工作溶液：不含有所测定的73种农药残留的同类型样品可视作该类型空白样品。空白样品按照分析步骤进行提取和净化后得到空白样品提取液。分别移取200μL标准工作溶液和200μL空白样品提取液，混合后用乙腈稀释至1mL。现配现用。

（4）仪器及材料　具体的仪器及材料信息如下：

①分析天平，感量为0.0001g；

②高速离心机，应能使用50mL及1.5mL的离心管，转速不低于7000r/min；

③涡旋混合振荡器，转速不低于2500r/min；

④高效液相色谱-串联质谱仪，配备电喷雾离子源（ESI），C_{18}液相色谱柱（150mm×2.1mm×3μm）或其他同效柱；

⑤0.22μm有机相滤膜。

（5）分析步骤　①抽样与制样：按照GB/T 5606.1—2004和GB/T 19616—2004抽取样品。按YC/T 31—1996制备试样并测定水分含量。

②提取：称取约2g样品，精确至0.0001g，置于50mL具塞离心管中，加入10mL水，振荡至样品被水充分浸润后静置10min。移取10mL萃取剂加入离心管中，并置于涡旋混合振荡器上以2000r/min速度振荡1min。在离心管中加入4g无水硫酸镁、1g氯化钠、1g柠檬酸钠和0.5g柠檬酸氢二钠，立即置于涡旋混合振荡器上以2000r/min速度振荡2min，以防止无水硫酸镁遇水反应造成局部过热并结块，然后以4000r/min速度离心10min。

③净化：移取1mL样品提取液上清液置于1.5mL离心管中，加入150mg无水硫酸镁和25mg N-丙基乙二胺键合固相吸附剂，在涡旋混合振荡器上以2000r/min速度振荡2min，转移至离心机上以6000r/min速度离心2min，收集上清液备用。

④稀释：吸取200μL上清液，用乙腈稀释至约1mL，经0.22μm有机相滤膜过滤后得试样萃取液，待检测分析。

⑤仪器分析条件：柱温25℃。进样量10μL。流动相组成、流速和梯度见表6-5。扫描方式为正离子扫描，监测方式为多反应监测，电喷雾电压为5500V，雾化气压力为0.414MPa，离子源温度为500℃，监测离子对信息见表6-6。

表6-5　液相色谱流动相组成、流速和梯度变化

保留时间/min	流速/（μL/min）	水/%	乙腈/%
0.00	200	90	10
1.00	200	50	50
5.00	200	50	50
16.00	200	40	60
25.00	200	20	80
30.00	200	5	95
40.00	200	5	95
40.01	200	90	10
45.00	200	90	10

表6-6　73种农药和内标物监测离子对、保留时间、去簇电压和碰撞能量

序号	名称	保留时间/min	定量离子	定性离子	去簇电压/V	碰撞能量/V
1	三羟基克百威	8.83	255.2/163.1	255.0/181.1	35; 35	25; 23

续表

序号	名称	保留时间/min	定量离子	定性离子	去簇电压/V	碰撞能量/V
2	啶虫脒	9.30	223.3/125.6	223.3/55.2	70; 70	24; 24
3	苯并噻二唑	18.85	211.0/135.9	211.0/91.1	70; 70	35; 35
4	涕灭威	10.57	208.1/116.0	208.1/89.0	30; 30	12; 26
5	涕灭威砜	7.95	240.1/148.1	240.1/86.1	40; 36	19; 19
6	涕灭威亚砜	2.45	224.1/132.0	224.1/89.1	35; 30	15; 28
7	嘧菌酯	19.46	404.3/372.1	404.3/344.2	48; 48	21; 23
8	苯双灵	24.71	326.3/208.1	326.3/148.1	40; 40	20; 21
9	克线丹	25.74	271.1/158.7	271.1/214.9	42; 42	15.5; 15.5
10	甲萘威	13.30	202.1/145.0	219.1/145.0	54; 32	16; 19
11	多菌灵	9.00	191.8/159.7	191.8/131.8	60; 60	15; 19
12	克百威	12.45	222.1/165.0	222.1/123.0	61; 64	19; 30
13	氯虫苯甲酰胺	15.83	484.0/452.9	484.0/285.9	83; 83	19; 20
14	毒虫畏	23.73	359.1/155.0	359.1/205.0	48; 48	19; 22
15	毒死蜱	32.51	350.0/198.0	350.0/152.9	40; 40	23; 24
16	异噁草酮	15.80	240.2/124.5	240.2/127.6	74; 74	23; 23
17	磺吸磷	8.21	263.2/168.8	263.2/120.6	63; 63	24; 24
18	二嗪磷	26.49	305.3/169.1	305.1/153.1	36; 36	29.5; 29.5
19	恶醚唑	25.17	407.0/252.0	407.0/338.2	62; 62	31; 34
20	除虫脲	21.77	311.0/157.8	311.0/140.6	69; 69	20; 22
21	乐果	9.28	230.0/198.9	230.0/88.0	33; 33	14.5; 17.5
22	烯酰吗啉	15.34; 15.92	388.2/301.2	388.2/165.1	42; 42	48; 49
23	双苯酰草胺	15.52	240.2/134.1	240.2/167.1	38; 38	26; 30
24	乙拌磷砜	17.00	307.1/153.0	307.1/124.8	40; 40	18; 19
25	乙拌磷亚砜	12.50	290.9/185.1	290.9/213.1	52; 52	24; 25
26	苯硫磷	24.99; 29.66	324.2/296.0	324.2/156.8	40; 40	21; 22

续表

序号	名称	保留时间/min	定量离子	定性离子	去簇电压/V	碰撞能量/V
27	乙硫磷	33.00	385.1/199.0	385.1/170.7	33; 33	13.5; 17
28	灭线磷	19.30	243.0/172.9	243.0/130.8	34; 34	20; 21.5
29	苯线磷	18.09	304.1/217.0	304.1/234.0	40; 40	24; 27
30	苯线磷砜	11.27	226.3/308.4	336.3/266.0	82; 82	25; 25
31	苯线磷亚砜	9.37	320.0/171.0	320.0/292.1	85; 85	28; 29
32	丰索磷	14.18	309.2/253.1	309.2/281.1	32; 32	26; 26
33	倍硫磷	26.41	279.1/247.0	279.1/168.9	35; 35	23; 24
34	倍硫磷砜	15.95	311.2/279.1	311.2/124.9	45; 45	28; 31
35	倍硫磷亚砜	12.05	295.1/280.1	295.1/232.1	13; 13	29; 33
36	地虫磷	27.59	247.1/137.0	247.1/109.0	34; 34	16; 18
37	庚虫磷	14.24	251.0/127.0	251.0/125.0	33; 33	14.5; 17
38	吡虫啉	9.11	256.2/209.2	256.2/175.2	65; 65	20; 26
39	茚虫威	29.25	528.0/249.0	528.0/149.8	56; 56	26; 26
40	异稻瘟净	21.08	289.1/204.9	289.1/247.0	60; 60	13; 14
41	氯唑磷	24.25	314.0/120.0	214.0/162.1	37; 37	22.5; 22
42	马拉硫磷	22.41	331.0/126.8	331.0/285.0	35; 35	13.5; 13.5
43	灭蚜磷	24.45	330.1/226.9	330.1/143.9	45; 45	10.5; 14
44	杀扑磷	18.28	303.1/144.9	303.1/85.1	40; 40	10.4; 16
45	灭虫威	17.37	226.1/169.0	226.1/121.0	55; 52	15; 24
46	灭虫威砜	9.97	258.2/201.0	258.2/121.7	70; 70	13; 15
47	灭虫威亚砜	8.47	242.2/185.0	242.2/122.0	62; 62	17; 17
48	灭多威	8.13	163.1/88.1	163.1/106.0	44; 15	15; 9
49	久效磷	7.87	224.0/98.0	224.0/192.9	39; 39	12.5; 13.5
50	恶霜磷	10.82	279.3/219.2	279.3/102.1	43; 43	14; 17
51	杀线威	7.88	237.1/72.0	237.1/90.0	35; 34	25; 13
52	甲拌磷	28.22	261.0/75.0	261.0/199.0	32; 32	13; 13
53	伏杀硫磷	28.53	368.1/181.9	368.1/322.0	42; 42	15; 18.5

续表

序号	名称	保留时间/min	定量离子	定性离子	去簇电压/V	碰撞能量/V
54	辛硫磷	28.45	299.1/129.0	299.1/152.9	38; 38	13; 14.5
55	抗蚜威	12.64	239.1/182.0	239.1/72.0	70; 70	24; 36
56	甲基嘧啶磷	28.91	306.2/164.1	306.2/108.0	44; 44	34; 35
57	丙溴磷	28.74	375.0/305.0	375.0/346.9	32; 32	22; 23.5
58	残杀威	12.25	210.1/111.0	210.1/168.1	50; 56	22; 13
59	吡蚜酮	2.43; 7.76	218.3/105.2	218.3/79.0	74; 74	23; 23
60	定菌磷	26.93	374.1/222.0	374.1/237.9	43; 43	28; 31
61	喹硫磷	25.19	299.1/162.8	299.1/243.0	77; 77	26; 26
62	螺虫乙酯	17.05	374.3/330.2	374.3/302.2	83; 83	24; 24
63	特丁硫磷砜	20.91	321.1/171.1	321.1/199.0	40; 40	15; 17
64	特丁硫磷亚砜	15.78	305.1/187.0	305.1/153.0	34; 34	13; 20
65	杀虫畏	22.04	366.8/126.8	367.2/240.8	32; 32	16; 21
66	噻虫嗪	8.32	292.2/211.0	292.2/131.5	56; 56	16; 16
67	噻菌灵	11.53	355.0/162.9	355.0/87.3	62; 62	14; 15
68	甲基硫菌灵	11.70	343.2/150.8	343.2/311.2	73; 73	19; 19
69	三唑磷	22.69	314.2/161.8	314.2/177.9	88; 88	23; 27
70	敌百虫	8.41	259.0/126.6	259.0/108.5	66; 66	20; 20
71	杀虫脲	25.78	359.0/155.7	359.0/138.6	76; 76	20; 24
72	蚜灭灵	8.30	288.0/146.0	288.0/118.0	30; 30	13; 18.5
73	吡氟禾草灵	31.93	384.0/282.2	384.0/328.2	89; 89	27; 27
内标	丙草丹	23.52	190.2/86.1	190.2/43.2	33; 33	21; 23

⑥基质混合标准工作曲线制作：对基质混合标准工作溶液进行高效液相色谱－串联质谱分析，得到每个农药目标化合物与内标的峰面积之比以及质量浓度之比，通过线性拟合检查质谱检测器的响应是否呈线性。相关系数 $R^2 \geqslant 0.99$。单一水平基质混合标准工作曲线应使用中等质量浓度的基质混合标准工作溶液制作。参考色谱图见图6-16。

每次试验均应制作基质混合标准工作曲线，每进样10次后应加入一个中等质量浓度的基质混合标准工作溶液，如果测得值与原值相差超过10%，则应重新进行基质混合标准工作曲线的制作。

⑦样品测定：对试样萃取液进行分析，依据内标法由基质混合标准工作曲线计算得到测定值。平行进行两次样品测定。

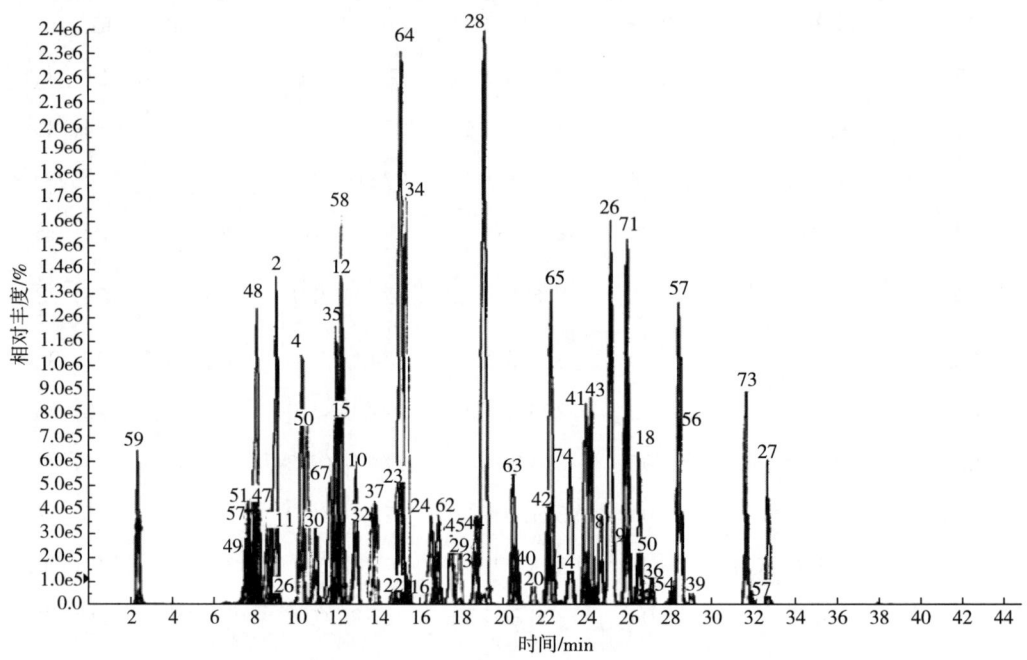

图6-16　0.1μg/mL农药的标准工作溶液色谱图（图中农药序号与表6-6中相同）

（6）结果计算与表述　每个农药的响应系数E_p，由式计算：

$$E_p = \frac{C_{pst} \times A_{ist}}{A_{pst} \times C_{ist}} \tag{6-16}$$

式中　C_{pst}——基质混合标准工作溶液中农药的质量浓度，μg/mL；

A_{ist}——基质混合标准工作溶液中内标的峰面积或峰高；

A_{pst}——基质混合标准工作溶液中农药的峰面积或峰高；

C_{ist}——基质混合标准工作溶液中内标的质量浓度，μg/mL。

以干基计的农药残留量R_p，以毫克每千克（mg/kg）表示，由式（6-17）计算：

$$R_p = \frac{A_p \times E_p \times Q_{ist} \times 100 \times 1000}{A_i \times m \times (100 - w_{水分}) \times 1000} \tag{6-17}$$

式中　A_p——试样萃取液中农药的峰面积或峰高；

E_p——每个农药的响应系数；

Q_{ist}——萃取剂中内标的质量，μg；

A_i——试样萃取液中内标的峰面积或峰高；

m——样品质量，g；

$w_{水分}$——样品的水分含量，%。

以两次平行测定结果的平均值作为最终测定结果，保留两位有效数字。两次平行测定结果的相对平均偏差应小于10%。

思考题

1. 试述质谱分析的流程。
2. 结合质谱仪结构特点，谈谈质谱仪的类型。
3. 要分辨 N^{2+}（m/z 为28.006）和 CO^+（m/z 为27.995），仪器的分辨率至少是多少呢？
4. 某化合物的质谱图中，除质荷比192的分子离子峰和较强峰质荷比93、121、136外，还发现有亚稳离子峰108.2和71.8的峰。根据离子峰，推断裂解过程。
5. 质谱图信息的获取方式有哪些？
6. 采用色谱–质谱联用技术对某种物质进行定性分析时，主要的定性指标是什么？

第七章　核磁共振波谱在烟草成分分析中的应用

本章导读与思政点

本章深入探讨了核磁共振波谱在烟草成分分析中的应用，涵盖其基本原理、仪器结构及操作流程。通过学习，学生不仅能够掌握核磁共振波谱技术的基本知识，还能理解其在烟草成分分析中的重要作用，增强对科技进步与社会责任的认识。同时，本章强调了科技工作者在保障产品质量与安全方面的责任，以培养学生严谨的科学态度和职业操守。

◎ 学习目标

（1）掌握核磁共振波谱的基本原理和关键技术，包括原子核的自旋、核磁共振的产生条件、化学位移和耦合常数等。

（2）熟悉核磁共振仪的结构和工作原理，了解其在烟草成分分析中的应用。

（3）能够解析核磁共振谱图，进行烟草成分的定性和定量分析，并了解核磁共振波谱在烟草香味成分鉴定和农药残留检测中的具体应用。

◎ 学习内容

（1）学习核磁共振的基本原理，如原子核的自旋及其量子数、核磁共振的产生条件及基本关系式、化学位移和耦合常数的计算等。

（2）学习核磁共振仪的结构、工作原理及性能指标。

（3）学习核磁共振波谱在烟草成分分析中的应用，包括氢谱和碳谱的解析方法和实际案例。

◎ 学习重点

（1）核磁共振的基本原理、核磁共振仪的主要结构及其功能、仪器的性能指标及影响因素。

（2）核磁共振波谱在烟草成分分析中的应用，以及氢谱和碳谱的谱图解析方法。

◎ 学习难点

（1）深入理解核磁共振的产生条件及其基本关系式的推导，掌握化学位移和耦合常数的计算及其在谱图解析中的应用。

（2）了解核磁共振仪的性能指标及其影响因素，以及如何通过实例解析烟草样品的核磁共振谱图，进行成分的定性和定量分析。

核磁共振波谱，是分子中的磁核在外磁场中吸收兆赫级电磁辐射而产生的。该波段的电磁辐射能量很低，对分子的振动-转动能级跃迁、电子能级跃迁均无影响，仅可引起核自旋能级之间的跃迁。在强磁场作用下，自旋核因吸收射频电磁波而产生核自旋能级跃迁的现象，称为核磁共振（NMR）。利用NMR进行有机化合物分子结构测定、定性及定量分析的方法，称为核磁共振波谱法。以 ^{1}H 核为研究对象获得的谱图称为氢谱（^{1}H—NMR），以 ^{13}C 核为研究对象获得的谱图称为碳谱（^{13}C—NMR）。

核磁共振是研究分子结构、构形构象、分子动态等的强有力工具之一。由于核磁共振波谱仪可以非常精确地提供氢、碳、氟、磷等原子核的微观化学环境信息，而这些化学环境又是由物质的分子结构决定的，所以核磁共振波谱分析的最大用途就是确定有机物的空间结构。

第一节 核磁共振基本原理

一、原子核的自旋

核，就是原子核；磁，是指外加磁场；共振，当两个物体振动频率一致的时候，就会发生共振。原子是由电子和原子核组成的，所有的原子核都带有电荷，在原子核中电子绕核运动以及电子、质子的自旋会产生磁场，这样的原子核可看作是微小的磁铁，沿着核轴方向产生一个磁偶极距，简称磁矩（μ，magnetic moment）。处在外磁场中的原子核受到相应频率的电磁波作用时，发生核自旋跃迁，使原子核从低能态跃迁到高能态，吸收射频的电磁辐射现象就是核磁共振（nuclear magnetic resonance，NMR）。核磁共振也属于吸收光谱，所吸收的辐射频率取决于样品的特性，根据核磁共振谱图上共振峰的位置、强度、精细结构等信息可以对分子结构进行研究。

原子核自旋运动会产生磁矩，核磁共振的研究对象为具有磁矩的原子核。原子核的自旋运动与自旋量子数（I）相关，原子核的自旋量子数由中子数和质子数决定。例如，质子数和中子数同为偶数的原子核，如 ^{12}C、^{16}O、^{32}S 的自旋量子数为0，没有核磁矩，自旋量子数不等于0的原子核具有核磁矩，但这又分为自旋量子数等于1/2和大于1/2两种情况。自旋量子数等于1/2的原子核是核磁共振测试研究的主要对象，主要有 ^{1}H、^{13}C、^{15}N、^{19}F、^{31}P 等。具体内容见表7-1。这类核可以看作是电荷均匀分布的旋转球体，不具有电四极矩，核磁共振的谱线窄。

表7-1 原子核的自旋量子数

质子数与中子数	I	原子核
同为偶数	0	^{12}C、^{16}O、^{32}S
奇偶性相反	1/2	^{1}H、^{13}C、^{15}N、^{19}F、^{31}P
	3/2	^{7}Li、^{9}Be、^{23}Na、^{33}S、^{11}B、^{35}Cl、^{79}Br、^{127}I
	5/2	^{17}O、^{25}Mg、^{27}Al
同为奇数	1	^{2}H、^{6}Li、^{14}N
	2	^{58}Co

自旋量子数大于1/2的原子核，它们的电荷在原子核表面分布不均匀，可看作在电荷均匀分布的基础上加一对电偶极矩。两极正电荷密度增大，原子核具有正的电四极矩。中间正电荷密度增大，原子核具有负的电四极矩，如果改变球体形状使表面电荷密度相等，则球体会变为纵向或者横向延伸的椭球体。凡具有电四极矩的原子核都具有特殊的弛豫机制，其核磁共振谱线宽，不利于测试。

原子核自旋量子数 $I \neq 0$ 时，具有自旋角动量 P，P 与 I 的关系如式（7-1）和式（7-2）所示。h 为普朗克常数。自旋不为零，具有自旋角动量的原子核都有核磁矩，其数值用 μ 表示。γ 称旋磁比，它是原子核固有的性质，同一种核，γ 为常数。

$$P = \sqrt{I(I+1)}\frac{h}{2\pi} = h\sqrt{I(I+1)} \tag{7-1}$$

$$\mu = \gamma P \tag{7-2}$$

二、核磁共振的产生

1. 量子力学观点

核磁共振是如何产生的呢？从量子力学的观点来看，自旋量子数为 I 的核共有 $2I+1$ 个自旋取向，每个自旋取向用磁量子数 m 表示，则 $m=I$，$I-1$，$I-2$，0，… $-I$。例如，图7-1中氢原子核 $I=1/2$，m 则有两种自旋取向（$2 \times 1/2+1=2$），即 $m=+1/2$ 或 $-1/2$；氘原子核 $I=1$，则 m 有3种自旋取向（$2 \times 1+1=3$），即 $m=+1$，0或-1。氢原子核磁量子数 m 的两个值表示了氢在外加磁场 B_0 中，其核有两个自旋取向，当 $m=1/2$ 时，自旋取向与外加磁场一致，能量较低；当 $m=-1/2$ 时，自旋取向与外加磁场相反，能量较高。

原子核的自旋角动量 P 在 Z 轴的投影 $Pz=mh/2\pi$。核磁矩 μ 在 Z 轴的投影 $\mu z=\gamma Pz=\gamma mh/2\pi$。核磁矩与磁场的相互作用能为 $E=-\mu zB_0=-\gamma PzB_0=-\gamma mB_0h/2\pi$。当 $m=-1/2$ 时，$E(-1/2)=-\gamma(-1/2)B_0h/2\pi$；当 $m=+1/2$ 时，$E(+1/2)=-\gamma(+1/2)B_0h/2\pi$。根据量子力学规律，$\Delta m=\pm 1$ 的跃迁允许，因此相邻两能级之间发生跃迁的能量差为 $\Delta E=E(-1/2)-E(+1/2)=\gamma B_0h/2\pi$。由公式可见，$\Delta E$ 与外加磁场 B_0 的强度成正比。

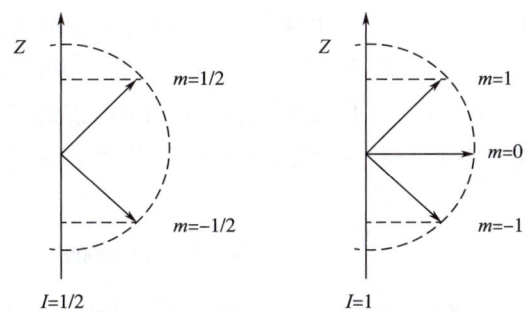

图7-1 静磁场中原子核自旋角动量的空间量子化

2. 经典力学观点

从经典力学的观点来看，磁场中氢核的核磁矩方向与外加磁场成一定的角度。如图7-2所示，原子核一方面在绕自旋轴自旋，同时又由于自旋轴与外磁场成一定的角度 θ，所以自旋的核受到一个外力矩的作用，使得氢核在自旋的同时还绕顺磁场的方向做一个假想轴的回旋进动，称为拉莫尔进动。拉莫尔进动类似于陀螺在重力场中的进动。拉莫尔进动的回旋频率 ν_1 与外加磁场 B_0 成正比。遵循公式，$\nu_1=\gamma B_0/2\pi$。式中 ν_1 是进动频率，γ 是旋磁比，B_0 是外加磁场。由于在磁场中具有磁矩的氢有两个不同能级，若在 B_0 的垂直方向用电磁波照射，核可以吸收

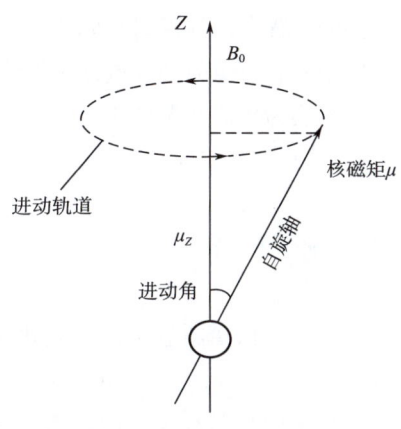

图7-2 拉莫尔进动

能量从低能级跃迁到高能级，吸收的电磁波的能量等于 ΔE。$\Delta E=h\nu_2=-\gamma h B_0=\gamma B_0 h/2\pi$。则吸收的电磁波的频率为 $\nu_2=\gamma B_0/2\pi$。此时若外界提供了一个电磁波，其频率为 ν_2，当原子核的拉莫尔进动频率 ν_1 等于外界电磁波的频率 ν_2 时，原子核会吸收射频能量，由低能级跃迁到高能级，这种现象就称为核磁共振。核磁共振的基本关系式是 $\nu_2=\gamma B_0/2\pi$。

这里需要注意，同一种核 γ 为一常数，磁场 B_0 强度增大，共振频率 ν 也增大。不同核的 γ 不同，其共振频率也不同。例如，400兆的仪器，其可提供外加磁场 $B_0=9.6T$，此时氢的共振频率为400MHz，^{13}C 的共振频率为100MHz。在800兆的仪器上可提供的外磁场 $B_0=19.2T$，此时氢的共振频率为800MHz，^{13}C 的共振频率为200MHz。

总之，核磁共振产生的条件为相邻两能级之间发生跃迁的能量差 ΔE 和外界吸收的能量 ΔE 相同，即 $\nu=\gamma B_0/2\pi$。

三、饱和与弛豫

以氢核为例，发生共振后，27℃下外加磁场强度1.4092T时，低能级与高能级核的

数目之比为1.0000099［式（7-3）］，也就是说每100万个核中只有99个净核。如果高能级的核没有其他有效途径回到低能级就不会有净的吸收，核磁共振信号将消失，这种现象就叫饱和。处于高能级的核以非辐射的形式回到低能态的过程称为弛豫过程。只有有效的弛豫存在，才能保证不断有低能态的原子核存在，才能维持核磁共振信号的检测。

$$\frac{N_\alpha}{N_\beta} = e^{\frac{\Delta E}{KT}} = e \cdot \gamma^{\frac{Hh}{2\pi KT}} = 1.0000099 \qquad (7-3)$$

弛豫过程又分为两种，第一种是自旋—晶格弛豫，又称纵向弛豫，是指自旋核与周围分子交换能量的过程，如固体的晶格，液体则为周围的同类分子或溶剂分子，用弛豫时间T_1表示。第二种是自旋—自旋弛豫，又称横向弛豫，是指核磁矩之间进行能量交换的过程，用弛豫时间T_2表示。每一种核在某一高能级的平均停留时间取决于T_1、T_2中较小者。有效的弛豫过程，能够连续不断地产生核磁共振信号，这些信号通过傅里叶变换转换为核磁共振谱图。

四、化学位移

核磁共振谱图里可以得到化学位移、信号强度和耦合常数等信息。根据核磁共振基本关系式，在一个固定外加磁场中，氢核磁共振谱应该只出一个峰。但实际情况是，分子中化学环境不同的氢核在不同的位置出现了谱峰。以乙醇为例，乙醇分子具有甲基、亚甲基和羟基，这些基团上的氢原子出峰位置并不相同，这是因为前面所述都是针对原子核的情况，并没有考虑原子核周围化学环境对其产生的影响。这里的化学环境主要是指氢原子核的核外电子云以及该氢原子相邻的其他原子对其产生的影响。当氢核处于外加磁场中时，其外部电子在外加磁场相垂直的平面上绕核旋转的同时，将产生一个与外加磁场相对抗的附加磁场，附加磁场使外加磁场对核的作用减弱，这种核外电子削弱外加磁场对核的影响的作用叫屏蔽。核周围电子云密度越大，屏蔽效应就越大，要相应增加磁场强度才能使之发生共振。核周围的电子云密度是受所连基团的影响，故不同化学环境条件下的核所受的屏蔽作用是不相同的，因此核磁共振信号也就出现在不同的地方。

如果以σ表示屏蔽常数，若外加磁场为B_0，原子核实际感受到的磁场$B=B_0(1-\sigma)$，氢原子实际的共振频率$\nu=\gamma B_0(1-\sigma)/2\pi$。因此，化学位移是指质子和其他种类的核，由于在分子中所处的化学环境不同，因而在不同的磁场下共振的现象。各种氢核化学位移的差别非常小，差异大约在10^{-6}范围内，即百万分之几。这么小的差别要靠测定磁场的绝对强度来加以辨别是很难办到的。另外，核外电子的感应磁场与外加磁场成正比，因此感应磁场的屏蔽作用所引起的化学位移大小也和外加磁场成正比。由于所用的仪器场强大小不同，因此用磁场强度或频率表示化学位移值，对不同兆数的仪器所测的数值是不同的。为了使不同兆数的仪器测试的化学位移有一个共同的标准，也为了克服绝对磁场强度测不准的问题，用标准物质的化学位移为原点，其他质子与它的距离也就是频率差作为化学位移值，用 δ 表示，则化合物质子的化学位移值与仪器无关。δ 是一个无因次的参数。

实验中，常采用某一标准物质作为基准，以标准物质的谱峰位置作为核磁谱图的零点，不同原子核的谱峰位置相对于零点的距离反映了它们所处的化学环境，称为化学位移。常用的标准物质是四甲基硅烷[(CH$_3$)$_4$Si，TMS]。四甲基硅烷有以下4个特点：①12个氢处于完全相同的化学环境，只产生一个尖峰；②所受屏蔽作用较大，共振峰位于高场，远离目前H谱和C谱中大多数有机化合物中质子吸收峰的低场；③化学惰性，不与样品作用，其信号处于高场区与有机化合物中的质子峰不重迭，不产生干扰；④沸点低，易去除。

可以通过扫场和扫频两种方式确定其他峰与四甲基硅烷峰之间的距离。如果使用的是固定磁场扫描频率的方法，那么如式（7-4）、式（7-5）所示，样品的共振频率减去标准的共振频率除以标准的共振频率乘以10^6，得到化学位移值。如果使用的是固定频率扫描磁场的方法，样品的共振场强减去标准的共振场强除以标准的共振场强乘以10^6，得到化学位移值。TMS的δ值定为0，相对于TMS，其他质子的δ值如果在低场方向（原子核受到的去屏蔽效应更强），δ值为正值；如果在高场方向（受到的屏蔽效应更强），δ值为负值，可是文献中常将负号略去，将它看作正数。

$$\delta = \frac{\Delta v}{v_{标}} \times 10^6 = \frac{v_{样} - v_{标}}{v_{标}} \times 10^6 \tag{7-4}$$

$$\delta = \frac{\Delta B}{B_{标}} \times 10^6 = \frac{B_{标} - B_{样}}{B_{标}} \times 10^6 \tag{7-5}$$

同一个物质的某一个质子在不同兆数仪器中，其出峰位置即样品峰离标准物质的距离用化学位移表示时，其数值是相同的，但若用赫兹作为单位，其数值因仪器兆数而异。那么，以赫兹作为单位，它等于化学位移δ乘以仪器兆数，见式（7-6）。

$$\Delta v_{Hz} = \delta \times 仪器兆数 \tag{7-6}$$

例如，当化学位移是2时，用赫兹来表示化学位移，则在400兆的仪器上，氢在800Hz，碳在200Hz；在800兆仪器上，氢在1600Hz，碳在400Hz。

在核磁共振谱中化学位移和屏蔽作用大小可以这样来看，谱图左侧化学位移大，处于低场，屏蔽作用小；谱图右侧化学位移小，处于高场，屏蔽作用大。

五、质子高分辨核磁谱图

此处，以氢原子为衡量，以氯甲醚为例，来解析核磁谱图的具体产生情况（图7-3）。

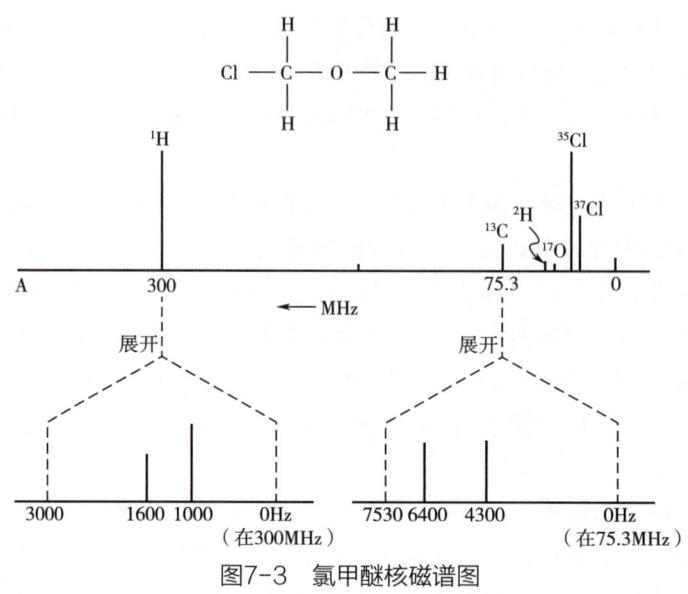

图7-3 氯甲醚核磁谱图

氯甲醚有4种原子，如果将常见同位素也考虑在内，就会有更多的原子类型。假设把共振频率从0Hz一直扫描到300MHz，就可以得到图7-3所示谱图。注意，这里是假想的一个谱图，相应的，此处峰高是没有参考意义的。图中显示，氢原子在300兆左右出峰，而^{13}C原子会在75兆左右出峰。再把300兆附近的谱图进一步放大，如左下图所示，则会发现原本是一组的一个氢原子峰，这时变成了两组。将300兆定为零点，则在1000MHz和1600MHz的时候，发现了两组峰，这说明有两种类型的氢原子。因此，根据不同氢原子的振动差异，就可以区分不同的氢原子，这种局部的放大图，称为高分辨的谱图，它能显示更多的待测物质结构信息。

第二节 核磁共振仪

一、仪器分类

核磁共振仪按其用途可分为波谱仪和成像仪等。根据样本的物态（适用对象）分为液体核磁和固体核磁。液体核磁仪是使用最广泛的，其测试的灵敏度高，分辨率较高。固体核磁仪适用于不溶解样本，样品不需要配制溶液，利用魔角技术在高速旋转的状态下，直接用固体粉末就可以进行测试。核磁成像仪主要应用于医学和生物学，可用于活体研究。

根据核磁共振的实现方式可将核磁共振仪分为扫频型核磁共振仪和扫场型核磁共振仪两种。第一种是扫频，这种方法能保持外磁场强度不变，以改变电磁波辐射频率来实现核磁共振；第二种是扫场，这种方法能保持电磁波辐射频率不变，以改变外磁场强度来实现核磁共振。

根据射频照射方式及数据采集处理方式可将核磁共振仪分为连续波核磁共振波谱仪（continuous wave NMR，CW–NMR）或脉冲傅里叶变换核磁共振波谱仪（pulse and fourier transform NMR，PFT–NMR）。连续波核磁共振波谱仪一般采用永磁铁或电磁铁作为磁场源，做样时间长，效率低，灵敏度差，无法完成^{13}C原子核的核磁共振和二维核磁共振的工作，已经基本不再生产。取而代之的是脉冲傅里叶变换核磁共振波谱仪。脉冲傅里叶变换核磁共振波谱仪采用强射频给以脉冲的方式，这个脉冲中同时包含了一定范围的各种频率的电磁波，将样品中所有的核一次性激发。为了提高信噪比，需多次重复照射接收将信号累加。脉冲傅里叶变换核磁共振波谱仪具有灵敏度高、测试速度快、使用方便、测试方法多、用途广泛等优点，可以对丰度小、旋磁比小的核进行测定，可以研究核的动态过程、瞬变过程、反应动力学等，还可以进行固体高分辨及二维谱等的测定。

核磁共振波谱法在解析分子结构中的多种谱图分析技术，根据测试方法可分为多种，常见的有以下几种：

①氢谱（^1H）：根据分子化学位移、耦合常数和积分值确定分子中氢的种类及个数。

②全去耦碳谱（^{13}C）：根据峰的化学位移及峰的个数确定分子中碳的种类及个数。

③无畸变极化转移技术（DEPT）：区分CH_3、CH_2、CH，结合全去耦碳谱可以区分季碳原子。

④$^1H—^1H$二维相关谱（$^1H—^1H$ COSY）：确定氢原子之间通过化学键相连接的关系，常用于解析多糖结构。

⑤核欧沃豪斯效应谱（NOESY）：确定核之间的空间关系。

⑥^1H异核多碳相关谱（HMBC）：确定氢原子和碳原子之间的远程耦合关系。

⑦异核单量子关系（HSQC）：确定氢原子和碳原子之间的一键连接关系。

⑧异核多量子关系（HMQC）：确定氢原子和碳原子之间的连接关系。

二、仪器主要结构

核磁共振谱仪主要由下列主要部件组成：磁铁，探头，射频和音频发射单元，频率和磁场扫描单元，信号放大、接收和显示单元。后三个部件装在波谱仪内（图7-4）。下面介绍脉冲傅里叶变换核磁共振仪的基本结构。

1. 磁铁

为测定提供稳定和可变磁场，有永久磁铁、电磁铁和超导磁铁等。永久磁铁由永磁材料制成，优点是消耗电功率小，缺点是对外界温度变化很敏感，一旦断电，重启后仪

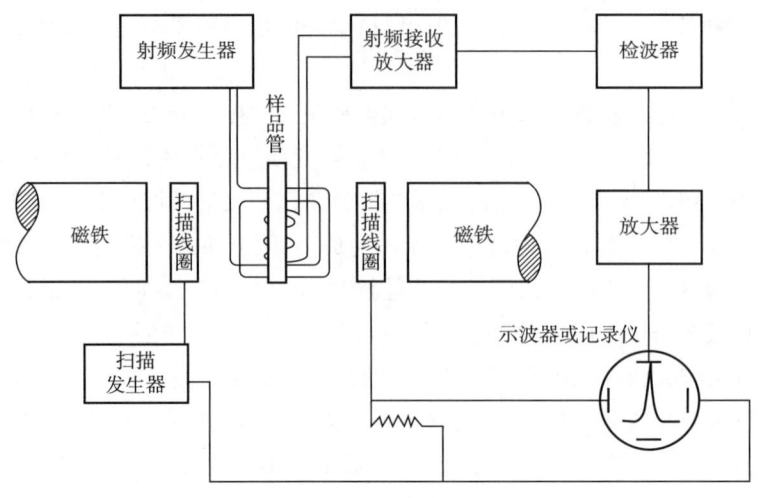

（1）连续波核磁共振仪

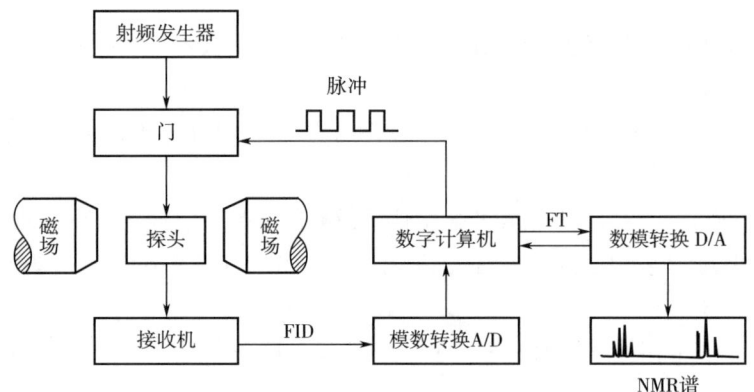

（2）脉冲傅里叶变换核磁共振仪

图7-4 连续波核磁共振仪和脉冲傅里叶变换核磁共振仪结构图

器需几天时间才能达到稳定，之后再正常使用。永久磁铁的磁场强度低，其提供的氢共振频率一般为60MHz。电磁铁是在软磁性材料外绕激磁线圈制成的，通电后产生磁场。其优点是能较快达到稳定状态，缺点是消耗电功率大，并且需要大量散热，因此必须配有冷却水系统或风冷系统，这不是环保节能的工作方式。电磁铁比永久磁铁的磁场强度高，可提供对氢的共振频率一般为80~100MHz。超导磁铁由装有铌钛合金丝绕成的螺线管构成，螺线管置于存有液氦的超低温（4K）环境中，导线电阻接近零，通电闭合后，会产生很强的磁场。目前高分辨率的谱仪基本上都是超导磁铁谱仪，它提供的共振频率一般为200~1000MHz。因为强磁场使仪器的灵敏度大大提高，原来集中在一起的峰被清晰分开了，使得谱图更容易解析。

2. 探头

探头的功能是采集射频信号。探头上装有发射和接收线圈，在测试时样品管放入探头中，处于发射和接收线圈中心。工作时，发射线圈发射照射脉冲，接收线圈接收共振信号。探头除了具有提供射频采集信号的功能外,其在仪器中的位置也很关键。超导磁铁中心有一个垂直向下且与外面大气相通的管道,探头就装在这个管道中磁铁的中心位置,这里是磁场最强、最均匀的地方。

3. 波谱仪

(1)射频源和音频调制　高分辨波谱仪要求有稳定的射频频率和功能。为此,仪器通常采用恒温下的石英晶体振荡器得到基频,再经过倍频、调频和功率放大得到所需要的射频信号源。为了提高基线的稳定性和磁场锁定能力,必须用音频调制磁场。为此从石英晶体振荡器中得到音频调制信号,经功率放大后输入到探头调制线圈。

(2)扫描单元　核磁共振的扫描方式有两种:一种是保持频率恒定,线性地改变磁场,称为扫场;另一种是保持磁场恒定,线性地改变频率,称为扫频。许多仪器同时具有这两种扫描方式,扫描速度的大小会影响信号峰的显示。速度太慢,不仅增加了实验时间,而且信号容易饱和;相反,扫描速度太快,会造成峰形变宽,分辨率降低。

(3)接收单元　从探头预放大器得到的载有核磁共振信号的射频输出,经一系列检波、放大后,显示在示波器和记录仪上,得到核磁共振谱。

4. 锁场单元

锁场单元可以补偿外界环境对磁铁的干扰,提高磁场的稳定性。锁场单元可分为两部分:一部分是磁通稳定器,可以补偿快变化的干扰;另一部分是场频联锁器,可以补偿慢变化的干扰。磁极间有两个线圈,一个是拾磁线圈,另一个是补偿线圈。拾磁线圈接收到磁场的快变化信号送到磁通稳定器,磁通稳定器反馈一定电流给补偿线圈,补偿线圈产生一个磁场抵消外来干扰。

5. 匀场线圈

匀场线圈的功能是调整静磁场的均匀性。磁极间有很多匀场线圈,它们可以提高磁场均匀性,提高分辨率。这些匀场线圈通电后产生一定形状的磁场,调节线圈电流能改变磁极间磁力线分布,磁力线分布越均匀,信号宽度越小,分辨率越高。

6. 工作站

工作站的功能是控制仪器的数据处理和显示。

三、仪器的性能指标

1. 分辨率

分辨率是指仪器分辨相邻谱线的能力。分辨率越高,谱线越窄,能被分开的两峰间距就越小。一般选用乙醛作标准品来测试仪器的分辨率,乙醛的—CHO是一组四重峰,取其高峰的半高宽作为分辨率的指标。一般仪器的分辨率在 $0.1 \sim 0.4 Hz$。

2. 灵敏度

灵敏度又称信噪比(signal-to-noise ratio,SNR),是衡量仪器检测最少样品量的能力。一般选用乙基苯作测试的标准品，它的—CH_2基团为四重峰。其最高峰高度为 S，最大噪声高度为 N，灵敏度 $=2.5 \times S/N$。

3. 线形

良好的线形是分辨谱图峰的一个重要指标，H 谱线性测试，核磁共振峰应为洛伦兹线形，用 $CHCl_3$ 的峰的半高宽、^{13}C 卫星峰高度处的宽度（0.55%）和 ^{13}C 卫星峰 1/5 高度处的宽度（0.11%）之间的比来表示。^{13}C 卫星峰高度处的宽度应为半高宽的 13.5 倍，^{13}C 卫星峰 1/5 高度处的宽度应为半高宽的 30 倍。

4. 稳定性

仪器的稳定性用信号的漂移来衡量。短期稳定性信号漂移要小于 0.2Hz/h；长期稳定性漂移要小于 0.6Hz/h。

四、核磁共振分析法注意事项

1. 试样

一般样品需要配制成溶液的状态，置于核磁管中进行测试。核磁管管内外壁干净，管壁无划痕，管口无破损、无弯曲。在硬地面上摔过、经高温烘干或超声过度的核磁管禁止使用。溶液在核磁管中的高度约为 5cm。配制样品时，样品应非磁性、非导电性；在氘代溶剂中具有良好的溶解性；溶解好的样品应为透明、无悬浮杂质的澄清溶液，且不黏稠，像铁粉这种铁磁性的金属物质或者导电性能比较强的物质不能放入进行检测。

如果是固体样品，要在专门的固体核磁仪器上测定。

如果是氢谱，样品的质量浓度就可以较小，以方便观察到精细结构，一般 1~20mg/mL 就足够。对于碳谱而言，最好质量浓度大一些，以方便采集信号，得到清晰的谱图，节省时间，质量浓度可以达到 5~50mg/mL，但要注意样品不要加入太多，避免出现沉淀、浑浊、固态化状态，影响仪器正常采样和数据的准确性。此外，可以适当延长辐照时间，样品的填充量可以到 0.4mL。

样品配制时样品的纯度越高越好，一般纯度在 95% 以上，以消除杂质带来的干扰，使谱图干净、容易解析。

2. 溶剂

选择溶剂时应注意以下几点：

①对样品有较好的溶解性；

②不能与样品有强烈相互作用；

③不干扰样品峰；

④流动性好；

⑤毒性低；

⑥易除去；

⑦价格便宜。

溶剂中要尽量避免氢的存在,使用没有信号的 ^{2}H 原子,也就是氘原子替换溶剂中的氢原子,避免干扰。这样的溶剂称作氘代溶剂。使用氘代试剂一方面有利于锁场和匀场,使测试谱图的信噪比和分辨率提高;另一方面,氘代试剂可以降低溶剂峰带来的干扰。常见的氘代溶剂包括重水、氘代氯仿、氘代丙酮、氘代二甲基亚砜、氘代苯等。

氘代溶剂会在氢谱中出现溶剂质子残留峰,有时还会有水峰出现,在碳谱中会出现氘代溶剂的碳峰,使用氘代溶剂时要注意在谱图上将氘代溶剂所带来的干扰去除掉。如表7-2所示,是氢谱中部分溶剂残留质子的化学位移值。

表7-2 氢谱中部分溶剂残留质子的化学位移值

溶剂	残留质子	溶剂	残留质子	溶剂	残留质子
$CDCl_3$	7.27	Diox-d_8	3.55	CD_3COOD	2.05,8.5*
CD_3OD	3.35,4.8*	DMF-d_7	2.77,2.93,7.5(宽)*	D_2O	4.7*
CD_3COCD_3	2.05	Py-d_5	6.98,7.35,8.50	CH_3NO_2	4.33
CD_3SOCD_3	2.50	C_6D_6	7.20	CH_3CN	1.95

注:*表示变动较大与所测化合物浓度及温度等有关。

3. 内标物

理想内标物应该满足以下条件:

①高度的化学惰性,不与样品缔合。
②磁各向同性或者接近磁各向同性。
③信号为单峰,出峰在高场,使一般有机物的峰出在其左边。
④易溶于溶剂中。
⑤易挥发,便于样品回收。

常用的内标物质是四甲基硅烷(TMS),一般在有机溶剂中作为内标物,在氢谱和全去耦碳谱中只在高场区出一根单峰。4,7-二甲基-7-硅代戊磺酸钠(DSS)和3-三甲基甲硅烷基-2,2,3,3-氘代丙酸钠(TSP),一般用于水溶剂中作为内标物质。但需要注意DSS会在烷烃区出三组峰,可能会对谱图产生干扰,分析时要加以区别。而TSP只在高场区出一根单峰。由于价格的原因,大部分水溶液选用DSS作为内标物。

4. 核磁共振仪使用注意事项

①不要将铁制品等比较容易磁化的物品,或者是被磁场干扰的其他仪器带入核磁共振仪的附近。
②超导体需要很低的温度,通常用液氦来使超导体保持在绝对零度附近的温度。
③由于样品要深入到超导磁体内部,而且还要避免金属物件的直接引入,所以一般采取压缩空气的方法进行样品带入和弹出。

④由于整个仪器的自重非常大，而且对振动的要求非常的高，所以大部分的核磁仪器都会装在地下室或者是一楼。

第三节 核磁共振氢谱

一、核磁共振氢谱的解析

核磁氢谱（^{1}H-NMR）是分析有机物结构最常见最重要的谱图。核磁氢谱中包含了3个重要信息，分别是化学位移值、裂分和积分，如图7-5所示。

不同氢原子核的谱峰位置相对于零点的距离反映了这些氢原子所处的化学环境，称为化学位移。化学位移值是判断化合物分子中氢种类的基本依据。

图谱上的波峰形状各不相同，存在不一样的裂分，这种裂分是自旋-自旋耦合引起的谱线裂分，通常代表氢原子所处的不同化学环境。

波峰的面积是通过积分进行运算的，峰面积一般与氢原子的数目成正比。

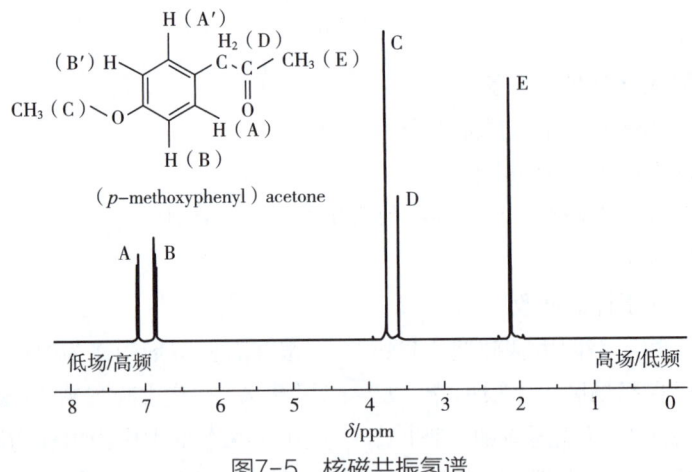

图7-5 核磁共振氢谱

1. 不同类型质子的氢谱化学位移

核磁氢谱中，在四甲基硅烷确定的零点之后，横坐标的零点是在右边，而且右边是高场，左边是低场。

0~3这一部分是高场的区域，一般是烷基上的氢；而在2~3这一区域属于中高场，这里的氢主要是末端炔氢；中低场里边5~6一般是烯氢；7~8是芳基，主要是苯环上的氢；再往左边，更低场则一般都是羧酸中的羧酸氢、醛基氢等，化学位移值通常比8个还要高一些。如表7-3所示。

表7-3 各类质子的化学位移范围

质子类型	脂肪族氢	β-取代基	α-取代基	炔氢	烯氢
δ/ppm	0.0~2.0	1.0~2.0	1.5~5.0	1.6~3.4	4.5~7.5
质子类型	芳环氢	醛基氢	醇羟基氢	酚羟基氢	羧羟基氢
δ/ppm	6.0~9.5	9~10.5	0.5~5.5	4.0~8.0	9~13.0
质子类型	脂肪胺氢	芳香胺氢	酰胺氢		
δ/ppm	0.6~3.5	3.0~5.0	5~8.5		

影响氢核化学位移的因素有内因和外因两方面情况。内因是氢核所处的化学环境，主要包括氢核电子云密度（屏蔽常数）的影响以及氢核所处的磁各向异性效应等。对核外电子云密度产生影响的因素有诱导效应、共轭效应、杂化轨道s成分影响、氢键效应等，这种影响是通过成键电子传递的。磁各向异性效应是指氢核受邻近π键或共轭大π键基团的电子环流产生的感应次级磁场的作用。磁各向异性的影响是通过空间远程传递的。外部因素对非极性碳上质子影响不大，对—OH、—NH、—SH等活泼氢的影响较大。

2. 峰的裂分（耦合作用）

从核磁谱图中得到的第二类重要信息就是峰的形状，也就是峰的裂分。因为邻近磁核的干扰，绝大多数共振吸收峰并不是单峰，而是分裂成多重峰。

峰的裂分耦合常数用J来表示。J和化学位移值δ一样，是有机物结构解析的重要依据。这类耦合也可以根据和之间的间隔距离分为三类，包括同碳耦合、邻碳耦合和远程耦合，其中又以邻碳耦合最为重要。对于烃结构中的氢而言，如果只被一组n个邻碳氢原子耦合就会导致其核磁峰发生裂分，裂分得到的峰的数目就是n加1。例如，乙基中甲基上的氢就会被邻近的CH_2裂分为2+1=3重峰。如果同时和两组氢耦合，情况有所不一样，两边的氢原子数目分别是n和m，对应的裂分峰的数目就是$n+1$和$m+1$的乘积。例如，丙基中中间标红的这个氢原子同时会受到两边氢的影响，左边两个氢，右边三个氢，所以裂分数目就是2+1=3和3+1=4的乘积，3×4=12，即为12重峰。裂分峰的整体化学位移值一般以其中心位置为准。

此外，对于裂分而言，存在裂距的概念，也就是说裂分峰之间最大的距离，它反映了耦合常数J的大小。J的值是裂距和仪器频率的乘积。例如某裂分峰，它的裂距是0.02ppm是在300兆的仪器上记录的，J值就是0.02乘以300兆。我们知道和MHz单位换算后可得到Hz，所以最终就是6Hz。

3. 峰面积（积分高度）

核磁谱图的第三个重要信息是峰面积以及峰的积分高度。^{1}H-NMR谱是在平衡状态下（符合Boltzmann分布）观测的，^{1}H核弛豫时间短，其峰强度与共振核数目成正比，峰强可用于定量。这个峰面积一般大致和对应的氢原子的数目成正比。所以可以选取特定的氢原子为标准，例如甲氧基定为3，其他氢的个数就能以此类推。更进一步，还可以利用这个性质来进行核磁定量。

二、核磁共振氢谱的解析步骤

①计算不饱和度：根据分子式计算不饱和度（U），初步判定结构式中的可能存在的复键类型、数目及环数目等信息。

②计算核组氢分布：由积分曲线或峰面积，参考分子式或孤立甲基峰，算出各核组的氢数目，即核组的氢分布。

③解析孤立甲基峰：根据孤立甲基峰的化学位移，初步确定其类型，如—O—CH$_3$及Ar—CH$_3$等。

④初步确定出现在低场峰的官能团氢的类型：例如，从醛基氢、羧羟基氢、酚羟基氢、烯醇羟基氢、苯环氢出现峰的大致位置，初步判断化合物的类型。

⑤确定耦合等级：确定图谱中的一级与高级耦合。先解析图谱中的简单耦合，根据化学结构的合理性，推出可能的几种结构供参考分析。

⑥对于含有活泼氢的化合物，可通过重水交换前后的图谱变化，确定活泼氢的峰位及类型。例如—OH、—NH、—SH及—COOH等。

⑦根据各核组的化学环境和耦合关系，写出可能的结构单元，并进一步推测可能存在的合理结构式（一种或几种）。

⑧查表或按经验式计算初步推测结构式各基团氢核的化学位移，与实测值比对，确定结构是否正确。更可靠的方法是，通过参考UV、IR及MS等图谱进行综合解析，或与标准图谱进行比对，最终确定正确的结构式。

以上解析顺序主要用于一级图谱，对于有高级耦合系统的图谱，则还需要应用各种去耦技术、二维图谱等技术解决。

三、应用实例——核磁共振氢谱测定电子烟烟液中烟碱

核磁共振是鉴定有机化合物结构的一种重要手段，可以提供化学位移δ、耦合常数J和各种核的信号强度比3种信息。

1. 原理

游离烟碱与质子化烟碱的核磁共振氢谱信息略有不同,根据游离烟碱与质子化烟碱中氢化学位移的不同,可以得出不同类型样品中游离烟碱的含量信息,与游离烟碱相比,质子化烟碱的氢化学位移显著增大,样品中游离烟碱比例(α_{fbn})可根据不同形态的烟碱He与芳香族质子Ha~Hd的化学位移差异计算得出。

^{1}H-NMR法是根据实测烟碱^{1}H位移为游离态和单质子态^{1}H位移的线性加和原理,以核磁共振方法直接得到实际的烟碱形态分布。

^{1}H-NMR法一般用于电子烟烟液、气溶胶和烟气中游离烟碱测定,优点是在测定电子烟烟液中的游离烟碱时不需要对其进行稀释,可以有效避免外加溶剂对样品产生影响,同时减少萃取所需时间,更方便、快捷。

2. 试剂与材料

具体试剂与材料信息如下:

①1,2-丙二醇($C_3H_8O_2$),99.8%;

②丙三醇($C_3H_8O_3$),99%;

③DMSO-d_6,99.8%D:含TMS内标,$V_{rms}:V_{mso}$=3:10000;

④烟碱,标准品;

⑤烟碱,99.9%;

⑥乙酸(CH_3COOH),99.5%;

⑦三乙胺($C_6H_{15}N$),99.0%;

⑧高纯水。

3. 主要仪器设备

主要的仪器如下:

①AVANCE Ⅲ核磁共振波谱仪,500MHz;

②电子天平,感量0.0001g;

③NI5CCI-B同轴核磁管,5mm。

4. 分析步骤

(1)取样 商品化电子烟液样品包括装填式和烟弹式,其中,烟弹式经过破拆吸出烟液,有棉芯的取出棉芯后使用针筒挤出烟液。

(2)试样制备 配制烟碱质量分数为20mg/g的溶液(溶剂:$m_{甘油}:m_{丙二醇}$=4:6)。取适量该溶液,加入等倍于烟碱摩尔数的三乙胺,得到游离烟碱标准溶液;另取适量该溶液,加入5倍于烟碱摩尔数的冰醋酸,得到单质子态烟碱标准溶液。使用同轴核磁管制备样品,外管中加入适量DMSO-d_6作为锁场溶剂,内管中加入适量电子烟液(或游离烟碱标准溶液、单质子态烟碱标准溶液),进行^{1}H-NMR测试。

将烟碱-三乙胺(1:1,摩尔比)溶于甘油-丙二醇($m_{甘油}:m_{丙二醇}$=4:6)中制得游离烟碱标准烟液,将烟碱-冰醋酸(1:5,摩尔比)溶于甘油-丙二醇($m_{甘油}:m_{丙二醇}$=4:6)中制得单质子态烟碱标准烟液。利用^{1}H-NMR谱图,通过烟碱吡啶环Ha~Hd的

化学位移 $\delta_{Ha\sim Hd}$ 和吡咯环甲基 He 的化学位移 δ_{He}。换算得到电子烟液的 α_{fbn}。

5. 结果计算与表述

$$\Delta\delta_{sample} = \delta_{Ha\sim Hd} - \delta_{He} \qquad (7-7)$$

$$\alpha_{fbn} = \frac{\Delta\delta_{sample} - \Delta\delta_{mpn}}{\Delta\delta_{fbn} - \Delta\delta_{mpn}} \qquad (7-8)$$

式中　$\Delta\delta_{sample}$——烟液的化学位移差；
　　　$\delta_{Ha\sim Hd}$——烟碱吡啶环 Ha~Hd 的化学位移；
　　　δ_{He}——烟碱吡咯环甲基 He 的化学位移；
　　　$\Delta\delta_{fbn}$——纯游离烟碱的化学位移差；
　　　$\Delta\delta_{mpn}$——纯单质子态烟碱的化学位移差。

第四节　核磁共振碳谱

碳谱（CMR）是 ^{13}C-NMR 的简称，它可直接提供分子的"碳骨架"结构信息，碳谱化学位移范围宽，比氢谱分辨率高，但是碳谱信号灵敏度较低。

一、核磁碳谱的解析

1. 核磁碳谱的特点

图 7-6 所示为质子去耦核磁碳谱，碳谱和氢谱相比较，碳谱的横坐标 δ 值变大，谱图也比氢谱尖锐，碳谱的解析相较于氢谱更容易，以下是碳谱的特点。

（1）核磁感应信号弱　^{13}C 的自然丰度只有 1.1%，^{13}C 旋磁比是 ^{1}H 的 1/4，所以 ^{13}C-NMR 信号比 ^{1}H 要低得多，大约是 ^{1}H 信号强度的 1/5800。

（2）化学位移范围宽　^{13}C 化学位移范围比 ^{1}H 的要宽得多，一般 ^{1}H 谱的 δ 范围在 0~12，而 ^{13}C 谱的 δ 范围在 0~200。

（3）碳氢耦合作用强　碳原子与氢原子联结，可以相互耦合，^{13}C—^{1}H 耦合常数 J 一般较大。所以，不去耦的 ^{13}C 谱各裂分的谱线彼此交叠，识别很困难。常规 ^{13}C 谱为质子噪声去耦谱，即加一个去耦场，包括所有质子的共振频率，去掉了 ^{1}H 与 ^{13}C 的耦合，得到各种碳谱线都是单峰。这样处理，使 ^{13}C 谱线强度大大增加。

（4）弛豫时间比较长　^{13}C 的弛豫比 ^{1}H 慢得多，而且不同种类的碳原子弛豫时间相差较大。可以利用这个差别采用脉冲技术，把伯碳、仲碳、叔碳和季碳 ^{13}C 原子从谱图上识别出来。

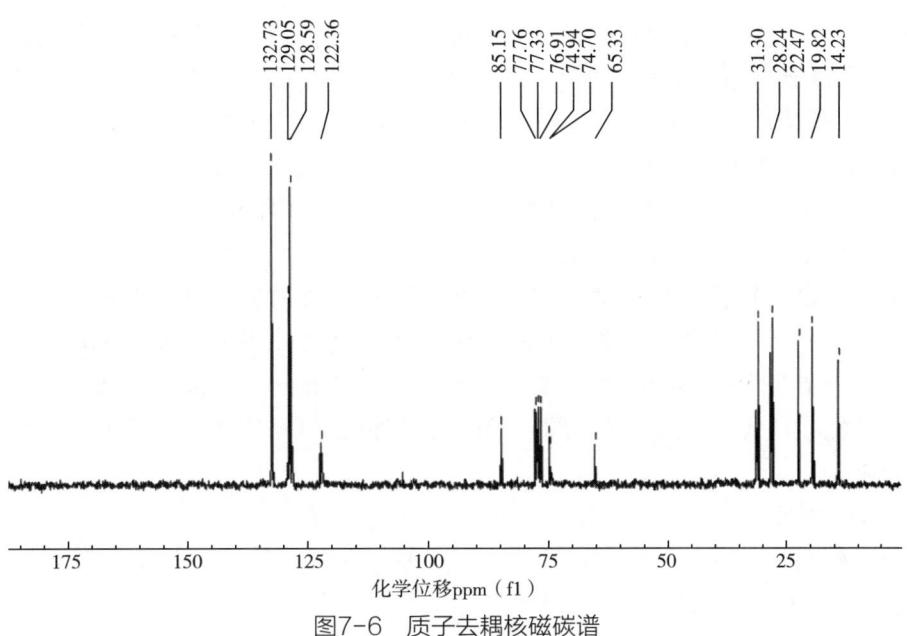

图7-6 质子去耦核磁碳谱

（5）峰强与碳数无关联 ^{13}C共振峰通常在非平衡条件下进行观测，弛豫时间长，不同基团的碳原子的弛豫时间不同，因而^{13}C谱峰强度不与碳核数成正比。^{13}C核信号强度顺序依次为$CH_3 \geqslant CH_2 \geqslant CH \geqslant C$。

2. 化学位移

对于核磁碳谱来说，化学位移是最重要的参数，以δ_C表示，其对应的碳核对化学环境非常敏感，范围一般在0~250（图7-7）。比如说对于分子质量在300~500的有机物，碳谱几乎可以分辨出每一个不同化学环境的碳原子，而氢谱有时却严重地重叠。

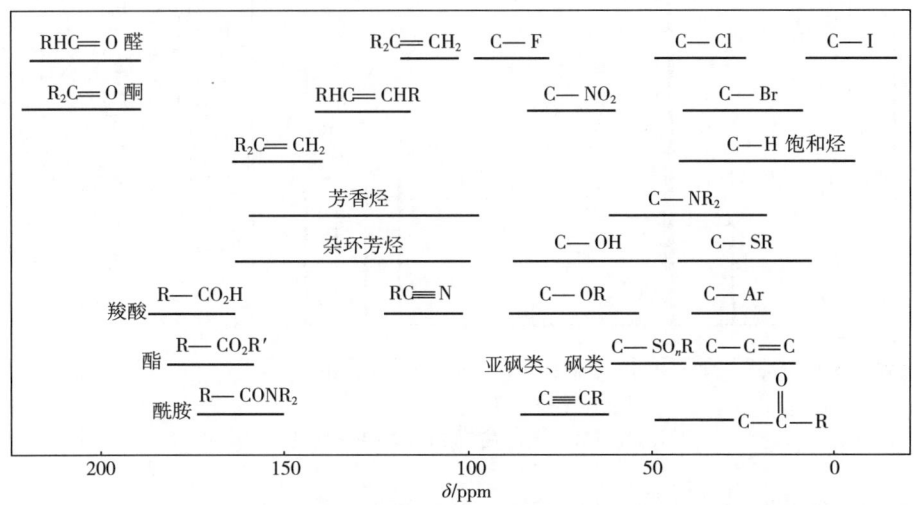

图7-7 核磁碳谱化学位移范围示意图

碳谱化学位移的简易规则。一般对于烷基碳，即 sp^3 杂化的碳原子，出现在 10~60 的区域；而炔碳以 sp 杂化为主的碳原子，主要出现在 50~100 的区域；至于 sp^2 杂化的碳原子，则一般出现在 110~250 的区域。烯基、芳基碳主要在 100~180，而羰基的位移值则更高，往往出现在 150~250。

影响碳谱化学位移的因素比氢谱更为复杂，内因归纳起来主要有碳原子杂化的影响；碳原子失去电子时，产生强烈的去屏蔽效应，δ_C 值移向低场，如有—OH、芳环取代，电子转移，则 δ_C 值可移向高场；化合物如有未成键孤对电子，则该碳原子的 δ_C 值向低场移动；亲电基团的诱导效应使 ^{13}C 去屏蔽；构型不同时，δ_C 值也不相同。外界环境的影响因素主要有不同的溶剂和介质、温度、顺磁物质、电场效应、共轭效应等。此外，还有中介效应，邻位各向异性效应、重原子效应与同位素效应等。

3. 耦合常数

一键碳氢耦合常数：1JCH 一般较大，为 120～300Hz。影响因素有：碳的杂化、环的大小及杂原子取代、取代基的诱导效应。

三键碳氢耦合常数：直链烃类的 2JCH 为 5～60Hz，3JCH 为 0～30Hz。

二、核磁碳谱的解析实例

某化合物分子式为 $C_{10}H_{14}$，其 ^{13}C-NMR 谱如图 7-8 所示，将质子偏共振去耦后的多重性标于图谱各峰上，试推断化合物的结构式（表 7-4）。

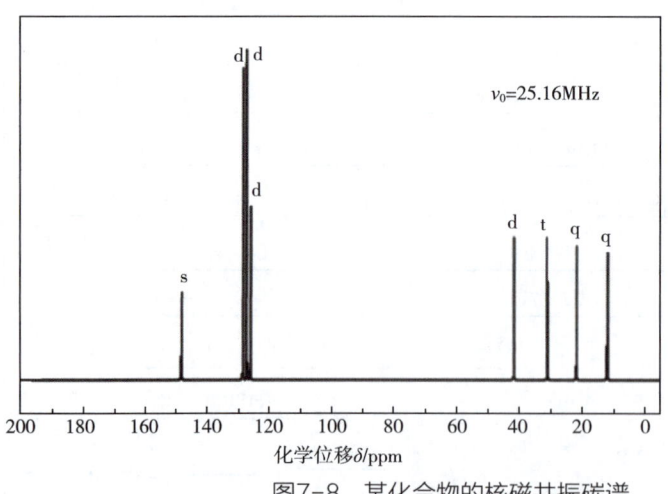

图 7-8 某化合物的核磁共振碳谱

解：不饱和度 =（2+2×10-14）/2=4，可能含有苯环。

表7-4 $C_{10}H_{14}$的^{13}C-NMR谱图解析

δ /ppm	InL/%	Assign	偏共振多重性	归属	推断
147.65	264	1	s（单峰）	C	苯环上有取代基的=CR
128.28	945	2	d（二重峰）	CH	苯环上无取代基的=CH
127.07	1000	3	d（二重峰）	CH	苯环上无取代基的=CH
125.82	527	4	d（二重峰）	CH	苯环上无取代基的=CH
41.79	433	5	d（二重峰）	CH	Ar-$\underline{C}$H—CH$_3$
31.25	433	6	t（三重峰）	CH$_2$	CH—$\underline{C}$H$_2$—CH$_3$
21.87	408	7	q（四重峰）	CH$_3$	CH—$\underline{C}$H$_3$
12.26	388	8	q（四重峰）	CH$_3$	CH$_2$—$\underline{C}$H$_3$

由偏共振多重性，推测碳上连接的氢核数。苯环没有取代基的=C的δ_C在115~165，环上有取代基的=CH的δ_C也在此范围，但偏共振后是单峰。由此推测化合物结构式如图7-9所示。

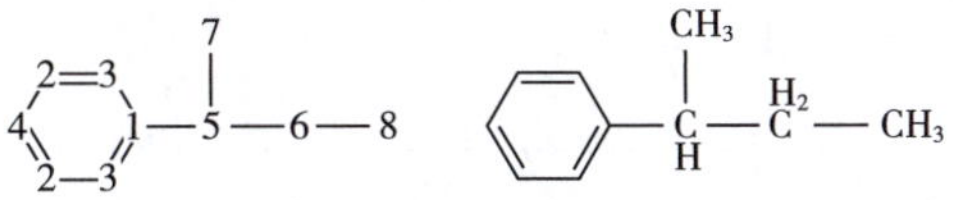

图7-9 $C_{10}H_{14}$结构式推测

思考题

1. 什么是核磁共振？核磁共振定性和定量分析的依据是什么？
2. 什么是化学位移？
3. ^{13}C-NMR的化学位移和^{1}H-NMR有何差别？^{13}C-NMR在解析谱图时有什么优越性？

第八章　X射线衍射分析法在烟草成分分析中的应用

本章导读与思政点

　　本章聚焦X射线衍射分析法在烟草成分分析中的应用，涵盖其原理、仪器结构、操作流程及实际应用。通过学习，学生将掌握相关技术知识，理解科技在保障产品质量与推动产业发展中的关键作用，增强对科技进步与社会责任的认识。在成分分析中，X射线衍射分析法的快速、无损检测不需要复杂的前处理过程且不会产生二次污染，符合绿色化学理念。同时，强调科技工作者在保障消费者健康方面的责任，培养学生严谨的科学态度和职业操守，激发学生对科技的兴趣和创新意识，为行业培养高素质的专业人才。

◎ **学习目标**

　　（1）掌握X射线衍射分析的基本原理，包括X射线的性质、衍射原理及布拉格方程。

　　（2）熟悉X射线衍射仪的结构和工作原理，了解其在烟草成分分析中的应用。

　　（3）能够解析X射线衍射图谱，进行烟草成分的定性和定量分析，并了解X射线衍射分析在烟草成分分析中的具体应用，如烟草中重金属元素的检测。

◎ **学习内容**

　　（1）学习X射线衍射分析的基本原理，如X射线的性质、衍射原理及布拉格方程。

　　（2）介绍X射线衍射仪的结构和工作原理，包括X射线源、测角仪、检测器和数据处理系统。

　　（3）探讨X射线衍射分析在烟草成分分析中的应用，如定性相分析和定量相分析，以及能量色散X射线荧光光谱法（EDXRF）在烟草中重金属元素检测中的应用。

◎ **学习重点**

　　（1）X射线衍射的基本原理、X射线衍射仪的主要结构及其功能、仪器的性能指标及影响因素。

（2）X射线衍射分析在烟草成分分析中的应用，以及X射线衍射图谱的解析方法。

◎ **学习难点**

（1）深入理解X射线衍射的产生条件及其基本关系式的推导，掌握布拉格方程的应用及X射线衍射图谱的解析技巧。

（2）了解X射线衍射仪的性能指标及其影响因素，以及如何通过实例解析烟草样品的X射线衍射图谱，进行成分的定性和定量分析。

以X射线为辐射源的分析方法统称为X射线分析（X-ray analysis），它包括直接X射线法、X射线吸收法、X射线荧光法、X射线衍射法和X射线光电子波谱法。其中用于成分分析的X射线荧光法和用于结构分析的X射线衍射法应用较为广泛。结合烟草及其制品成分分析特点，综合考虑不同仪器的特性，在此，仅介绍X射线衍射法。

第一节　X射线衍射分析的基本原理

一、X射线的性质

1895年，伦琴在研究阴极射线管时，发现管的阴极能产生一种具有穿透力的肉眼看不见的射线。由于当时这种射线的本质是"未知数"，因此将其称为X射线。X射线是一种波长极短、能量很大的电磁波，性质与可见光完全相同，只是波长相对较短，且同样具有波粒二象性。它的波长是10^{-2}~10^2Å，在真空中，X射线的传播速率是光速，且波长与频率的乘积等于光速c。通常把能量较高的X射线称为硬X射线，波长在0.01nm至0.1nm之间，能量较高，穿透性较强。这种硬X射线适用于金属部件的无损探伤以及金属的物相分析。而波长在0.1nm以上的则称为软X射线，其能量较低，穿透性比较弱，可用于非金属的分析。

X射线是光子辐射，光子是不带电粒子的。X射线表现为以光子形式辐射和吸收时，具有一定的质量、能量与动量，与物质相互作用时会发生能量交换，如光电效应、二次电子等。光子的能量为普朗克常数与频率的乘积，而动量为普朗克常量除以波长。由于X射线具有粒子性，所以X射线能被物质吸收和减弱，也能用来杀死生物细胞。因此，在使用X射线时要注意安全，必须防辐射对人体的伤害。进行X射线衍射分析主要是利用其具有波的特性。晶体的基本特征是其微观结构（原子、分子或离子的排列）具有周期性，当X射线照射到晶体上发生散射时，其中衍射现象是X射线被晶体散射的一种特殊表现。

二、X射线衍射原理

威廉·亨利·布拉格（William Henry Bragg）与其子威廉·劳伦斯·布拉格（William Lawrence Bragg）提出晶体衍射理论，建立了布拉格方程。

如图8-1所示，晶体的空间点阵可划分为一组平行且等间距的平面点阵（hkl），或称为晶面。同一晶体不同指标的晶面在空间的取向不同，晶面间距 $d_{(hkl)}$ 也不同。假设有一组晶面族，间距为 $d_{(hkl)}$，一束平行的X射线照到该晶面族上，入射角为 θ。它对于每一个镜面散射波的最大干涉强度的条件应该是入射角和散射角的大小相等，且入射线、散射线和平面法线三者在同一平面内，才能保证光程一样。图中入射线 S_0 在 P、Q 处的相位相同，而散射线 S 在 P1′、Q′ 处仍是同相，这是产生衍射的必要条件。晶面1和2间距为 $d_{(hkl)}$，相邻两个晶面上入射线和散射线的光程差为：BC+BD，而 BC=BD=$d_{(hkl)}\sin\theta$，即光程差为 $2d_{(hkl)}\sin\theta$。当光程差为波长 λ（单位：nm）的整数倍时，相干散射波才能互相加强从而产生衍射。由此得到晶面族产生衍射的条件为：

$$2d_{(hkl)}\sin\theta = n\lambda \tag{8-1}$$

该式称为布拉格方程。

式中　n——整数，称为衍射级数；

　　　d——hkl的晶面间距，nm；

　　　θ——入射线或反射线与反射面的夹角，称为布拉格角。由于它等于入射线与衍射线夹角的一半，故又称为半衍射角。把 2θ 称为衍射角。

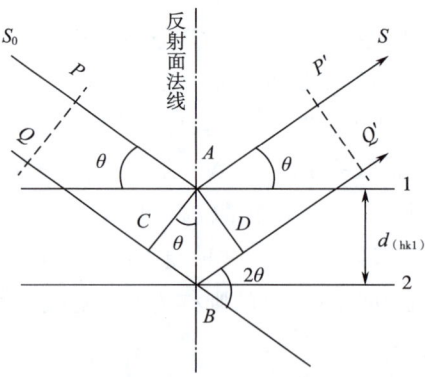

图8-1　晶体晶面产生X射线衍射图解

布拉格方程是晶体学中最基本的方程之一，只有符合布拉格方程的条件才能发生衍射。根据布拉格方程可知，如果要进行晶体衍射实验，其必要条件是：所用X射线的波长 $n\lambda < 2d$。对衍射而言，n 最小值为1，所以在任何可观测的衍射角下，产生衍射的限制条件为 $\lambda < 2d$，即能够被晶体衍射的电磁波的波长必须小于参加反射的晶面中最大面间距的两倍，否则不能产生衍射现象。但是不能太小，否则衍射角也会很小，衍射线将集中在出射光路附近的很小的角度范围内，观测就无法进行。晶面间距一般在 $10\mathring{A}$ 以

内，此外，考虑到在空气中波长大于 $2Å$ 的 X 射线衰减很严重，所以在晶体衍射工作中常用的 X 射线波长范围是 $0.5Å\sim2Å$。

三、X射线衍射法的定性定量分析

在物相鉴定的应用中，通常是先确定材料由哪些相组成和确定各组成相的含量，这主要包括定性相分析和定量相分析。

1. 定性测定

物相检索也就是"物相定性分析"。它的基本原理是基于以下三条原则：① 任何一种物相都有其特征的衍射谱；② 任何两种物相的衍射谱不可能完全相同；③ 多相样品的衍射峰是各物相的机械叠加。这就是 X 射线衍射物相分析的依据。

将待测样品的衍射图谱和各种已知单相标准物质的衍射图谱对比，能检索出样品中的全部物相。

2. 定量分析

每一物相的任一衍射线条的积分强度与该相在混合物中的体积分数有一定的数量关系，因此可根据谱线的积分强度求出各物相的定量组成。

由 X 射线衍射原理可知，物质的 X 射线衍射花样与物质内部的晶体结构有关。每种结晶物质都有其特定的结构参数（包括晶体结构类型、晶胞大小、晶胞中原子、离子或分子的位置和数目等）。因此，没有两种不同的结晶物质会给出完全相同的衍射花样。通过分析待测试样的 X 射线衍射花样，不仅可以知道物质的化学成分，还能知道它们的存在状态，即能知道某元素是以单质存在或者以化合物、混合物及同素异构体存在。同时，根据 X 射线衍射试验还可以进行结晶物质的定量分析、晶粒大小的测量和晶粒的取向分析。目前，X 射线衍射技术已经在烟草物质及其相关材料分析与研究工作中被使用。

第二节　X 射线衍射仪

一、X射线衍射仪的原理

X 射线的波长和晶体内部原子面之间的间距相近，晶体可以作为 X 射线的空间衍射光栅，即一束 X 射线照射到物体上时，受到物体中原子的散射，每个原子都会产生散射波，这些波互相干涉，结果就会产生衍射。衍射波叠加的结果使射线的强度在某些方向上加强，在其他方向上减弱。分析衍射结果，便可获得晶体结构。

X 射线的产生是用高速运动的粒子（一般用电子）与某种物质相碰撞后猝然减速，

且与该物质中的内层电子相互作用而产生的。简单来说，就是当高速运动的电子与物体碰撞时，发生能量转换，电子的运动受阻失去动能，其中1%左右的能量转变为X射线，而剩余99%左右的能量转变为热能，使得物体（靶）温度升高。

图8-2是X衍射仪中的X射线管剖面示意图，X射线管是多晶X射线衍射仪产生X射线的核心装置。其实质是个真空二极管，阴极是钨丝，阳极为金属片。平常所使用的X射线管实际上都属于热电子二极管，有密封式和转靶式两种。

在此以密封式X射线管的结构做介绍。当工作时，X射线管阴极接负高压，阳极接地。灯丝发出的热电子在电场的作用下聚焦轰击到靶面上，阳极靶面上受电子束轰击的焦点变成为X射线源，向四周发射X射线。在阳极一端的金属管壁上会开有射线的出射窗口，实验利用的X射线就是从这些窗口得到。由于X射线管消耗的功率有99%以上都转化为热能而被消耗掉，因此X射线管工作时必须用水流从靶面后面加以冷却，以免靶面被熔化毁坏。

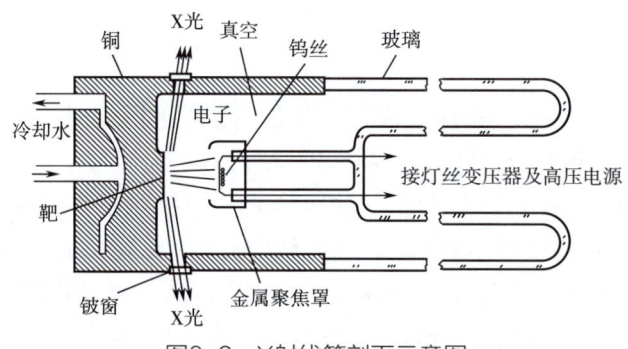

图8-2　X射线管剖面示意图

二、X射线衍射仪的结构

X射线衍射仪由X射线源、测角仪、检测器和数据处理系统四个部分（图8-3）组成，最关键的是测角仪。

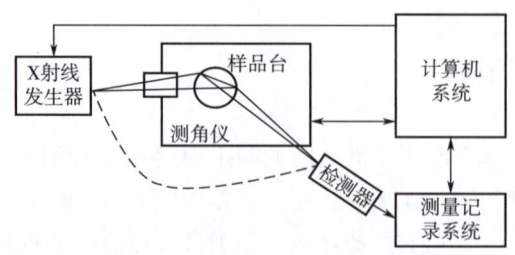

图8-3　X射线衍射仪基本结构

1. X射线源

X射线源是由X射线管靶面上的线状焦斑产生的线状光源，具有高度稳定性，它位于测角圆上。通过改变阳极靶材质来改变X射线的波长，调节阳极电压可控制X射线的强度。靶材均是金属材料，目前常用的靶材有铜靶、铁靶、钨靶、钴靶等。在靶材的选择上，需要考虑样品产生的荧光X射线对衍射图的影响。如果设备中配备有弯曲石墨单色器的话，可以得到严格单色的$K\alpha$波长的衍射图，因此，不需要考虑样品产生的荧光X射线的干扰，在这种情况下，Cu靶X射线管能够通用于各种样品，包括主要组成为Cr、Mn、Fe、Co、Ni等元素的样品。

2. 测角仪

测角仪是衍射仪上最精密的机械部件，可以用来精确测量衍射角。测角仪的中央是样品台，测角仪光路上配有一套狭缝系统，可减少X射线在衍射仪轴向方向的发散，从而获得较小的衍射角测量误差和峰形畸变，得到较佳的峰形和衍射角分辨率。测角仪角度可以准确到0.01°。

3. X射线检测器

X射线检测器可以检测衍射强度及方向，通过仪器测量记录系统或计算机处理系统可以得到衍射图谱数据。目前已有可以适用于X射线衍射工作的半导体电制冷硅检测器，能量分辨率为300eV，是近年来X射线检测实用技术的重要突破。

4. 衍射图的处理分析系统

该处理分析系统可以通过计算机系统以在线的方式来完成，计算机配有一套衍射仪专用的控制与分析操作系统，其特点是自动化和智能化。

三、应用实例——能量色散X射线荧光光谱法快速测定烟草中的镉和铅

能量色散X射线荧光光谱法（EDXRF）不需要复杂的前处理过程，检测过程中不会产生二次污染，可以对待测样品进行快速检测。

1. 原理

高能X射线与原子相互作用时，其能量只有大于或等于原子某一轨道电子的结合能时，电子壳层才会发生电离跃迁，在跃迁过程中，两电子壳层的能极差将以特征X射线逸出。能量色散X射线荧光光谱法对重金属元素进行检测时，加速电压必须达到一定的数值，产生相应能量的原级X射线才能对待测元素进行激发。管电压通常大于待测元素激发电位的3~10倍，才能获得最优激发，不同元素的最优激发电位不同，因此要对不同元素选择不同激发电位。在保证所测元素的最大强度的同时，还要考虑电流对谱仪死时间的影响。在测试之前，需要对仪器管电压和管电流进行优化，达到最佳的激发效果。

2. 样品前处理

烟丝在空气中风干，将烟丝样品在磨样机上粉碎4min，即可得到粉末样品。将烟

丝制成粉末以后混匀并过50目的筛，留作能量色散X射线荧光光谱使用。

3. 仪器

NX-500烟草重金属检测仪。

4. 仪器参数

（1）管电压　选择峰强度较大的50kV作为仪器测试镉的管电压条件，选择32kV作为测试铅的最佳管电压条件。管电流：选择600μA作为测试镉的管电流条件，选择500μA作为铅测量的管电流条件。

（2）样品量　选择3.5g烟粉样品进行镉的测定，选择1.5g烟粉样品进行铅的测定。

5. 操作步骤

（1）工作曲线的绘制　对于镉工作曲线的绘制，在仪器管电压为50kV、管电流为600μA的条件下，称取粉末样品3.5g，测量时间选择400s，以镉的相对强度为Y，以ICPMS测得的样品中镉的含量作为X，对每个样品分别测3次，拟合即可得到工作曲线［图8-4（1）］。

对于铅工作曲线的绘制，在仪器管电压为32kV、管电流为500μA的条件下，称取粉末样品1.5g，测量时间选择600s，以铅的相对强度为Y，以ICP-MS测得的样品中铅的含量作为X，对每个样品分别测3次，同样拟合可得到工作曲线［图8-4（2）］。

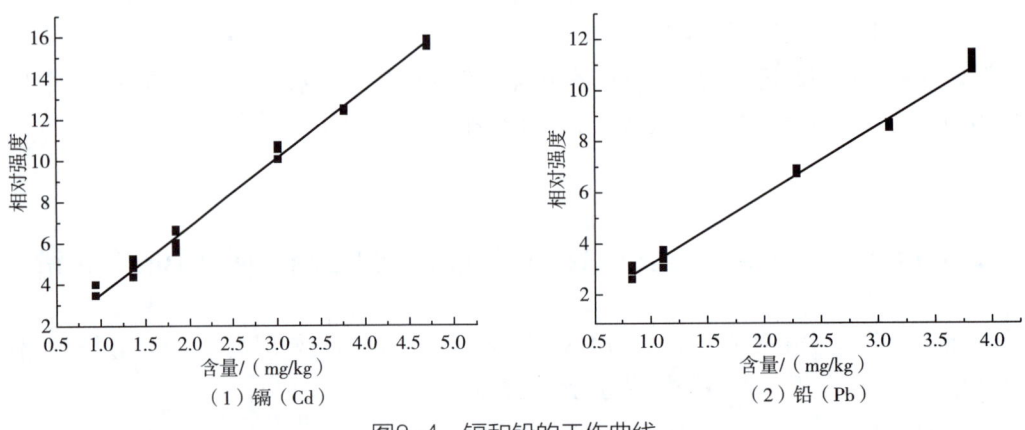

图8-4　镉和铅的工作曲线

（2）样品的测定　用能量色散X射线荧光光谱法分别对样品进行测定，带入标准曲线计算镉和铅的含量。可以将测得结果与ICP-MS测得值进行对比。表8-1是示例样品准确度的结果。

表8-1　准确度实验结果（$n=3$）

项目	样品编号							
	样品1		样品2		样品3		样品4	
元素	Cd	Pb	Cd	Pb	Cd	Pb	Cd	Pb

续表

项目	样品编号							
	样品1		样品2		样品3		样品4	
ICP-MS测定值/(mg/kg)	1.11	2.30	4.73	1.26	1.85	3.12	3.02	0.83
能谱测定值/(mg/kg)	1.10	2.33	4.69	1.28	1.76	2.98	3.09	0.84
相对偏差/%	−1.00	1.15	−0.84	1.73	−4.77	−4.57	3.23	1.50

由表中数据可以得出，测定结果与烟草行业标准ICP-MS法定值的相对偏差均小于5%，表明仪器稳定性较好，该方法适用于对烟草中的镉、铅进行快速检测。

思考题

1. 什么是X射线衍射？试述X射线衍射分析定性和定量分析的依据。
2. 叙述X射线衍射仪的结构。
3. X射线衍射仪法测定烟叶中金属元素与光谱法、色谱法相比，有什么优越性？

第九章 连续流动分析法在烟草成分分析中的应用

本章导读与思政点

本章将深入探讨连续流动分析法（continuous flow analysis，CFA）在化学分析中的应用，尤其是其在烟草成分分析中的重要性。通过学习，学生将了解连续流动分析法如何实现高通量、自动化样品处理和分析，以及它如何降低劳动强度、提高检测效率。本章旨在强调科技进步对提升分析效率和准确性的贡献，同时培养学生对科技创新的敏感性和对自动化技术发展趋势的认识。此外，还将引导学生认识到精确分析在保障产品质量中的关键作用，从而强化他们的责任感和职业精神。

◎ **学习目标**

（1）理解连续流动分析法的基本原理，包括流动分析技术的类型、原理及其在烟草分析中的应用。

（2）熟悉连续流动分析仪的结构组成，掌握其操作流程和数据分析方法。

（3）能够运用连续流动分析法进行烟草成分的定性和定量分析，特别是对烟草中硝酸盐和亚硝酸盐的测定。

◎ **学习内容**

（1）连续流动分析法的类型与原理：介绍CFA法的基本概念、发展历史以及它在样品分析中的优势。

（2）连续流动分析仪的构造：详述仪器的组成部分，包括进样系统、泵管、蠕动泵、混合反应系统、检测器和信息采集处理系统。

（3）连续流动分析法的应用实例：以烟草中硝酸盐和亚硝酸盐的测定为例，展示CFA法在实际分析工作中的应用。

◎ **学习重点**

（1）掌握连续流动分析法的基本原理，包括不同类型的流动分析技术及其特点。

（2）理解连续流动分析仪的关键组成部分及其功能，特别是蠕动泵和检测器的作用。

（3）学习如何通过连续流动分析法进行烟草成分的准确测定，特别是硝酸盐和亚硝酸盐的分析方法。

> ◎ **学习难点**
> （1）理解连续流动分析法中样品与试剂的精确控制及其对分析结果的影响。
> （2）掌握连续流动分析仪的操作技术，包括样品处理、系统清洗和数据采集。
> （3）解析连续流动分析法在烟草成分分析中的实际应用，特别是如何通过该技术进行精确的定量分析。

第一节 连续流动分析类型与原理

流动分析技术（flow analysis，FA）是一种用于化学分析的自动化湿化学分析方法，其基本原理是在流动载体（通常是液体）中，样品与试剂在流动过程中发生反应，通过检测反应产物的浓度来确定待分析物质的含量，旨在实现高通量、连续进行样品处理和分析的过程。其具有降低劳动强度，提高检测效率，由仪器自动完成整个检测过程，较手工检测精密度高等优点。FA将复杂的化学分析操作过程，例如消解、蒸馏、萃取、透析及离子交换等技术组合到流路体系中在线完成，将原来化学分析中间歇的手工操作自动化；在平衡或非平衡状态下，用各种测量手段高效率地完成试样的在线处理与定量测定，使一些反应过程复杂、检测条件要求苛刻及操作烦琐的分析方法变得简单易行。

一、连续流动分析法类型

按照发展过程，依次包括连续流动分析（continuous flow analysis，CFA）、气泡间隔连续流动分析（segmented continuous flow analysis，SCFA）、流动注射分析（flow injection analysis，FIA）、流动电化学分析和流动光学分析等多种形式，目前主流的流动分析技术术为CFA和FIA。

1. 连续流动分析

最著名的是Leonard Skeggs提出的连续流动分析（CFA）技术，是最典型和广泛应用的一种流动分析技术，其特点是连续地将待分析样品和试剂以液体流体的形式通过分析系统，通过稀释、混合、反应、提取等过程进行分析，并在线测定分析结果。这种方法具有高效、自动化的特点，适用于需要快速分析大量样品的场景，如水质监测、生化分析等。

2. 气泡间隔连续流动分析

气泡间隔连续流动分析（SCFA）技术是在CFA技术的基础上发展改良而来的。如图9-1所示，SCFA可以将样品和试剂以间歇的方式送入分析系统中，将样品分成以气泡分隔的离散段,以防止样品在分散过程中沿管扩散,增强样品和试剂之间的混合,同时减少不同样品之间的交叉污染,通过分段注入和混合,进行反应与分析。相比于CFA,气泡间隔连续流动分析更适用于对分析条件要求较严格、试剂与样品之间相互干扰较大的情况,能够实现更精确的分析。

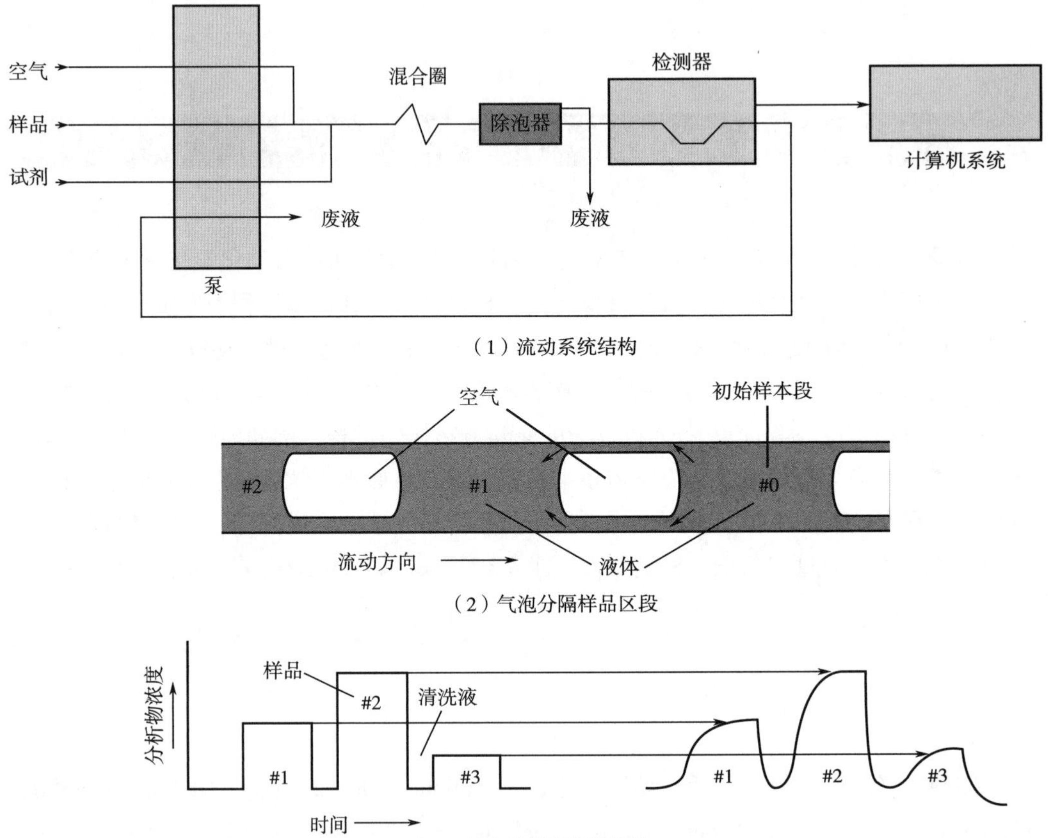

(1)流动系统结构

(2)气泡分隔样品区段

(3)检测器响应曲线

图9-1 气泡间隔连续流动分析技术

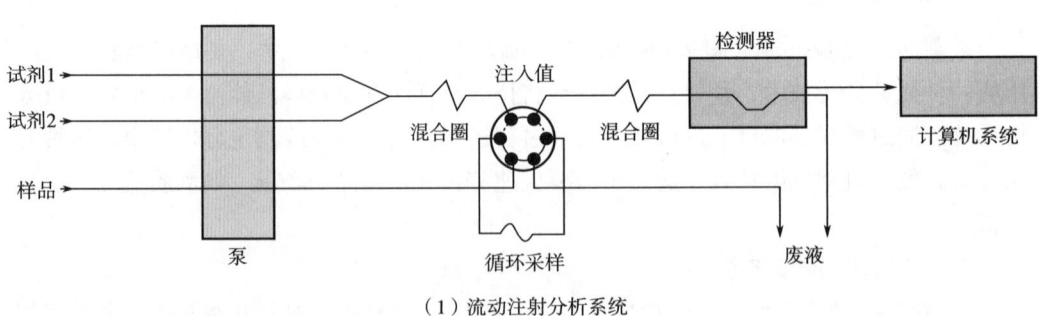

(1)流动注射分析系统

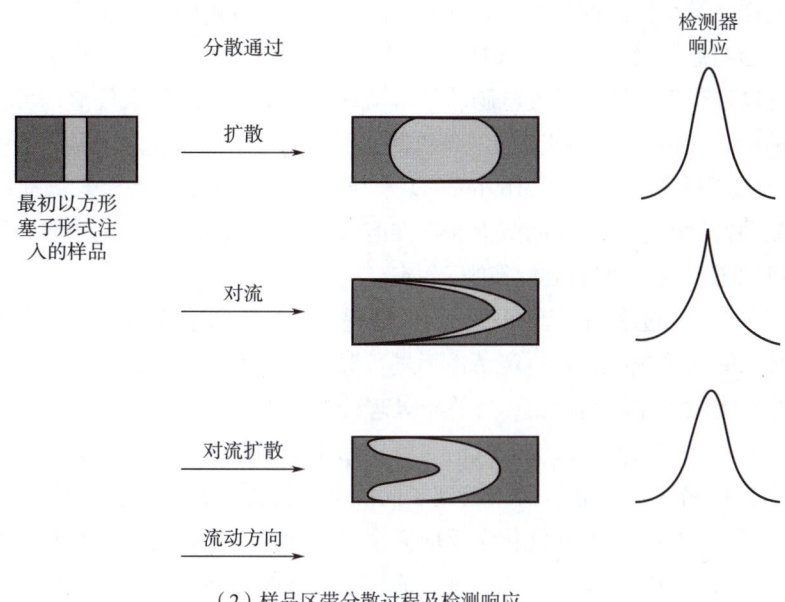

（2）样品区带分散过程及检测响应

图9-2 流动注射分析

3. 流动注射分析

流动注射分析（FIA）在1975年由丹麦学者Ruzicka和Hansen教授提出。FIA把一定体积的试样注入一个连续的、无气泡间隔的载流中，保证混合过程与反应时间的高度重现性，在非平衡状态下高效率地完成试样的在线处理与测定，打破了几百年来分析化学反应必须在化学平衡条件下完成的传统。FIA的分析过程（图9-2）是将样品与试剂按照特定的顺序和比例混合，在非完全反应的条件下进入流通池进行比色，用峰高或峰面积定量；试样与试剂虽然不完全混合，但只要流速和留存时间完全一致，依然可得到重现性良好的分析结果。FIA反应速度快，可以在1min时间内完成对水质样本的分析；而且FIA系统的反应管路较细，可以满足进样量小的要求，但仪器设计精密、复杂，对反应条件要求严格。其具有操作简便易行、快速、高精度、低消耗、灵活多样的特点。这种方法通常用于需要高灵敏度、高分辨率的分析，如生物样品的检测、药物浓度的测定等。

下面，以目前在烟草成分分析中使用较多的SCFA为例，进行连续流动分析法的学习。

二、连续流动分析技术基本原理

1. 连续流动分析仪基本原理

针对生成有色化合物过程中人工需要完成的各种化学反应，设计相互串联的化学反应器，使样品及反应试剂依次进入反应管路中可自动按顺序完成反应（如混合圈代替混合搅拌，透析膜代替过滤，在线加热装置代替手工加热等），最终形成的有色化合物进入分光光度计进行检测，通过电脑软件自动计算出来。系统引入气泡，可将每个样品分成不同的段，在段与段之间充当屏障以防止交叉污染，因为它们沿着管路的长度移动，气泡还可以通过产生湍流（turbulence）来帮助混合，以及为操作人员提供快速、简单的流体流动特性的检查。样品溶液和标准溶液以完全相同的方式流经相同长度的反应管路，形成稳态，然后通过检测器进行测定。

如图9-3，通过蠕动泵压缩不同内径的弹性泵管，将取样器自动吸取的样品和试剂按比例吸入管路系统中，在一定条件下进行混匀、分离干扰物、保温反应等操作，显色完全后测吸光度，用峰高定量，计算机处理分析结果。

分析过程中注入空气或氮气气泡，将样品流分隔成不同的片段流，每段发生相同的反应提高分析精度。气泡的引入起到了间隔和清洗的作用，降低了样品之间的交叉污染，并获得了足够长的时间使化学反应完全，从而确保了好的灵敏度和精度。适用范围广泛。反应条件的微小变化，如温度、流速、时间等不会影响测试结果。

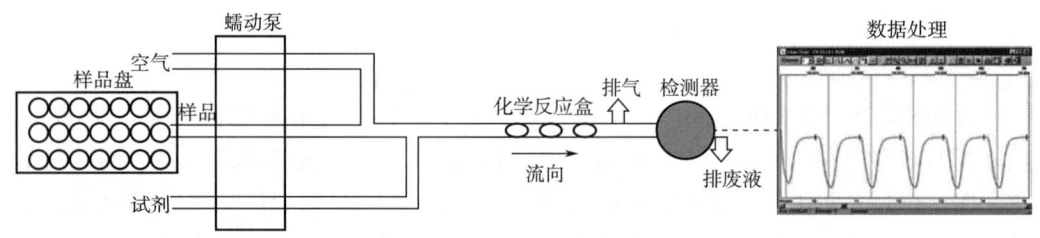

图9-3　连续流动分析原理图

2. 连续流动分析仪的特点

连续流动分析仪是基于完全化学反应的基础，将烦琐的手工操作变成仪器简便的自动化操作，具有以下几个特点。

（1）检测精度高　高精度蠕动泵将样品、试剂及空气泡按确定的流量泵入系统中；试剂流中引入气泡，降低扩散与内部夹带，降低了样品间的交叉污染，从而获得足够长的时间使反应完全；溶液中加入润滑剂，有效地防止了液体带流；采用渗透膜去除了基质中的干扰物质等。

（2）分析速度快　分析速率为60~150个样品/h，实现大批量样品的快速测定。

（3）完全自动化　自动进样、在线稀释、在线处理、自动校正、自动制作标准曲线、自动清洗管路等，使复杂的实际应用完全自动化，避免人工操作失误。

（4）操作相对安全　采用微流技术，试剂用量少，排出废液少；采用在线处理，避免检测人员直接接触有害试剂。

（5）每个分析通道100%独立　某个信道出现问题时，其他通道不受影响，可继续操作。

第二节 连续流动分析仪仪器构造

一、连续流动分析系统的组成和结构

连续流动分析仪由进样系统，流体驱动系统（泵管、蠕动泵），化学反应盒（混合反应系统），检测器和信息采集处理系统构成（图9-4）。每一个模块都有一个特定的功能。

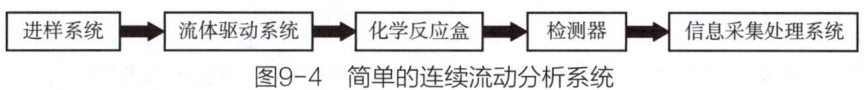

图9-4 简单的连续流动分析系统

1. 进样系统

自动进样器由信息采集处理系统事先编好程序，按照吸取清洗液、标准溶液和样品溶液的顺序依次进样，取样量由泵管的流量来确定。系统要准时、定量、连续地吸取标准液、样品液和洗针液，控制样品盘上任一位置的液体进入整个分析系统的进样量、次序、进样时间、清洗时间和进样速度。

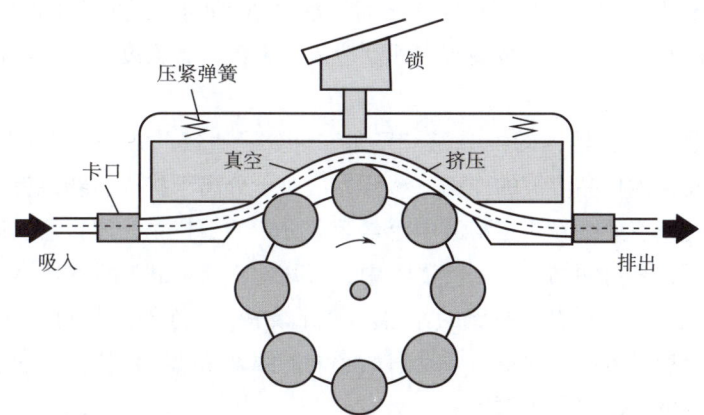

图9-5 流体驱动系统工作原理

2. 流体驱动系统

泵管是连续流动分析实现化学反应的基础，不同内径泵管代表不同的流量，在设计反应管路时，往往要根据经典方法的试样量和反应试剂量的最佳配比，选择适宜流量的泵管，确保显色反应试剂过量和最佳反应条件。

蠕动泵是流体驱动系统的核心。必要组件是弹性较好、有一定粗细比例的塑料泵管和轴承。由一个微型电机的主轴带动一组辊轴转动并断续挤压弹性泵管，利用辊轴前所形成的负压吸取液流，同时引入空气将液流分成等段的液节，被挤压封闭在两辊轴之间的液体或气体随辊轴推动向前流动。因而当蠕动泵开启以后，可以连续吸取液体，并使其在泵管

内不断向前流动。当泵的转速一定时,每个泵管内液体的流速也一定。设计不同内径的泵管,根据不同的测定方法,各泵管输出的液体体积有一定比例(按最佳反应需要选择适宜内径的泵管),故蠕动泵也称比例泵。泵速可变,如清洗时速度加快可节省时间(图9-5)。

3. 混合反应系统

混合反应系统又称为化学反应模块、化学反应盒,化学反应模块完成对样品的全自动预处理,是连续流动分析技术的核心,即实现样品与试剂在分析管路中进行的混合、透析、加热等处理,并在进入检测器前实现稳态完全反应。模块通常包括混合圈、渗析器、加热槽等。

(1) 混合圈　在混合圈内,反应物螺旋运动,加速高浓度和低浓度的相互扩散混合,使片断流内的液体充分混合均匀。混合圈是一组由玻璃制成的螺旋管,根据反应的需要,螺旋管的粗细、长度和匝数都有所不同。玻璃混合器用来保证两股流体混合。例如,样品与试剂或试剂与试剂,保证反应所需要的混合时间。它们通常安装在增加试剂的液流后面。混合器采用玻璃质有以下好处:惰性的、透明的,并且容易润湿。混合的时间依赖于试剂的黏度、浓度、流速和混合圈的直径。通过混合圈使反应物上下运动,高浓度和低浓度互相渗透,加速混合。在混合螺旋管内,液段长度应不大于圆周长的1/3,否则液段不能被完全倒置而彻底混合。

混合圈一般用在试剂添加到反应流之后。混合所需时间取决于试剂的黏度和密度、流速及混合圈的直径。通过安装混合圈使反应流上下流动,密度大的液体落入较轻的液体中,加快混合。

(2) 渗析器　渗析器内的半透膜,只允许小分子通过,大分子物质不能或极少通过,以起到净化待测样品溶液的作用。渗析方法对于分离干扰固体物或者大分子是一种方便的方法,可以有效去除测定溶液中色素等大分子的干扰物。渗析器实质上是起着净化测定液的作用,将待测物质筛入待测液中,而其他物质随载液排入废液池。在一些方法中,渗析器也能起到稀释样品流的作用。渗析器中的气泡不需要同步运行,2种载流只须有相同的流速和方向。对渗析效果造成影响的因素主要有液体的流速、温度、压力和渗析器上下部液体的离子浓度等。

(3) 加热器　当反应需要加热时,可根据方法需要,利用加热槽中的加热器来实现。加热器具有可更换的螺旋管,并带有高度精密调温器。加热器螺旋管破损、堵塞或损坏时应及时更换。水溶液的加热温度应低于95℃,有机溶液的加热温度应低于其沸点10℃,过高温度还会引起已溶解的气体从液流中释放出来,在流通池内形成气泡、出现噪声峰,干扰测定。

此外,反应模块还可通过安装特殊装置实现在线蒸馏、在线紫外消化、在线溶剂萃取、离子交换等所有实验室经典样品处理目标。

4. 检测器和信息采集处理系统

检测器就是检测反应完全后的待测液通过流通池时的光强变化,并将光信号转变为电信号响应,不同的分析方法可选择合适的检测器进行测定。常用的检测器包括有分光光度计（波长范围340～900nm）、UV-分光光度计（波长范围190～900nm）、火焰光度计、荧光光度计等。

数据处理系统就是将检测器转变的电信号响应进行记录和数据处理，该系统能够连续监测分析系统的信号值并记录分析的结果，可自动补偿由于基线、灵敏度等引起的误差。典型连续流动分析谱图见图9-6，图中标准样品和样品的峰形为"刀刃峰"。

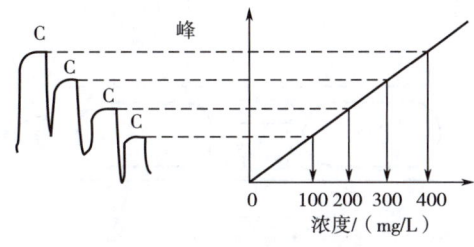

图9-6　连续流动分析谱图

二、管路的特点及改进

管路中的液体在流动过程中会产生管路湍流现象，影响测定结果。因此，增加了空气气泡、润湿剂、透析净化技术，从而使管道液体快速均匀稳定流动。

1. 管路湍流

流体在管内低速流动时呈现为层流，其溶液沿着与管轴平行的方向作平滑直线运动。根据流体力学原理，液体在管路中间的流速要快于管壁边缘的流速，即流体的流速在管中心处最大，其近壁处最小，如图9-7所示。

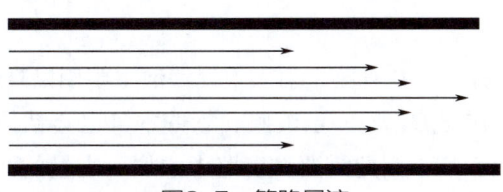

图9-7　管路层流

层流作用造成液体分散较慢，样品溶液浓度的差异会很难达到稳态，从而降低分析速度，甚至引起样品相互覆盖，如图9-8所示。

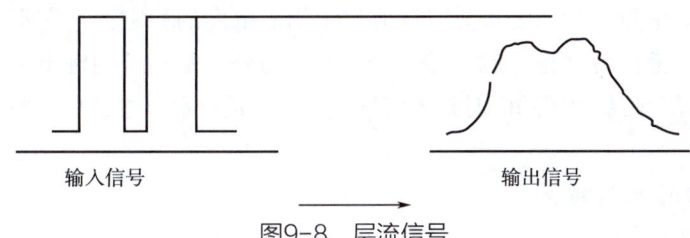

图9-8　层流信号

在连续流动分析管路中引入分割气泡形成管路湍流/片断流，如图9-9所示。湍流是一种高度复杂的三维非稳态、带旋转的不规则流动。在湍流中流体的各种物理参数，如速度、压力、温度等都随时间与空间的变化发生变化。片断流用气泡降低了扩散程度，且气泡必须填满管路以分割开气泡两边的溶液，每一片断通过系统时在同一环境状态下反应。湍流模式能够保证每一片断内的溶液快速混合均匀，还可保持管路表面的干净。

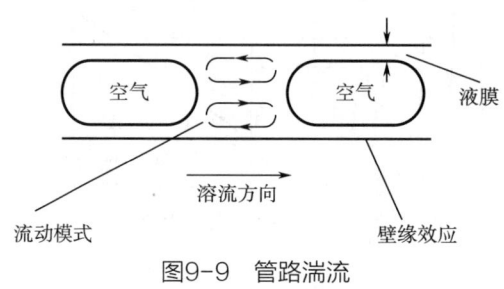

图9-9　管路湍流

气泡分割的作用是短时间内达到稳定状态和较高的分析频率，如图9-10所示。

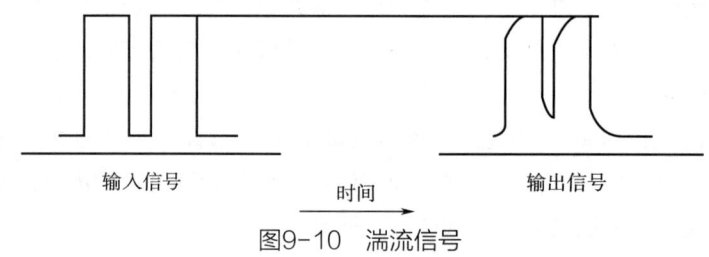

图9-10　湍流信号

2. 空气气泡的作用

在连续流动分析过程中，在管路中引入空气气泡主要用以降低扩散和带过的影响。因为气泡与管壁之间存在空隙，有一层液膜，管壁本身也会粘住一定的液体，这些情况会产生扩散与带过的影响。因此需要在管路中添加一定量的润滑剂或表面活性剂使气泡与管壁贴住，不留空隙。同时控制一定的流速，选择合适的管径，通过这些措施使扩散和带过最小化。空气气泡不但能够降低扩散和内部带过，而且能保证片段内部可以充分混合，实现完全反应。同时肉眼可以直接观察到流动形态是否正确，管路系统中的细微变化能够得到缓冲，如化学反应中产生的小气泡不会影响测定结果。连续流动分析的另一个重要特点是检测时反应流中物质浓度的稳定性，它不会随时间的变化而改变，反应液内达到稳定态，即完全反应。另外，蠕动泵的输出是不稳定的，以脉冲的方式进行，在泵运转的同时打入空气气泡，可消除脉冲造成的影响。因此，引入气泡的作用为：

（1）降低扩散与内部带过。

（2）清洁管道内壁。

（3）保证每一片断完全一致。
（4）保证片断内部可以混合。
（5）使肉眼可以观察到流动形态是否正确。
（6）容纳化学反应过程中产生的小气泡。
（7）消除脉冲造成的负面影响。

3. 润湿剂

当气泡有规律地流过管路时，气泡有可能被管路表面上的一层薄的液体分割开。因此，管路必须被液体润湿。所有的液体都能润湿玻璃，但是塑料管必须用含有润湿剂或者表面活性剂的液体来润湿。大多数的分析盒用的传输管是塑料管，所以大多数方法都用表面活性剂。气泡分割需要表面活性剂，对于只有液体（如试剂管）的传输管是没有必要加表面活性剂的。当气泡通过未润湿的管路时，需要比较高的泵压，因此流动变得无规律。连续流动分析常用表面活性剂如下。

（1）阴离子表面活性剂 如十二烷基硫酸钠、烷基磺化琥珀酰胺酸盐（Aerosol-22）。

（2）阳离子表面活性剂 如甲基溴化铵。

（3）非离子型表面活性剂 如十二烷基聚乙二醇醚（又称聚乙氧基月桂醚，商品名Brij35）、聚乙二醇辛基苯基醚（TritonX-100）。

由于Brij35低活性、低成本，可用于大多数方法的测定，但会与Brij35反应的方法就不能使用该润湿剂，如磷酸盐和硅酸盐的测定需要用钼酸盐试剂，钼酸盐易与Brij35发生化学反应，就不能使用。

此外，管路润湿与否可以通过气泡的状态进行判断，如图9-11所示。润湿的管路中气泡两端为圆形，未润湿的管路中气泡两端平齐形。

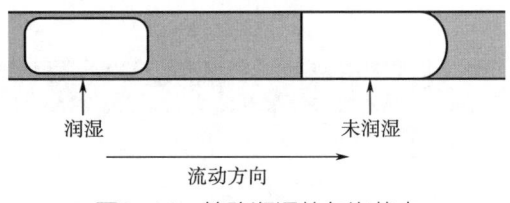

图9-11 管路润湿的气泡状态

4. 透析技术

透析就是将样品流中的干扰物或者大分子分离的一种常用方法，在CFA系统中透析膜通常为半透膜，膜厚度为12μm，孔径大约是4nm。

透析膜上层的液体是含有样品/标准品溶液和缓冲溶液/盐溶液的混合溶液，透析膜下层溶液通常是缓冲溶液、酸液或者盐溶液。两股液体通过透析混合到一起，自然地以相似的流速被透析膜分离。小的离子和大分子以透析膜为界从两个方向流出。

透析是一个扩散过程，通常情况下，透析的速度与液流的pH、离子浓度和温度密切相关，连续流动分析的透析过程在室温下进行，透析膜上下层溶液随液流运动方向很快达到平衡。此外，透析过程减少了带过，透析时必须减小采集样品速度，通常要降低20%的进样速度。液流透析过程见图9-12。

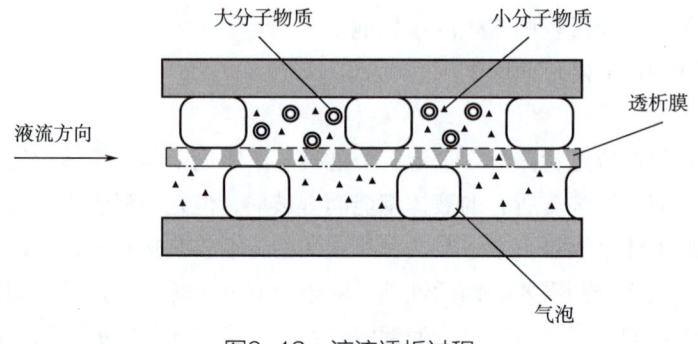

图9-12　液流透析过程

影响透析效果的因素主要有液流速度，尤其是透析膜的下层溶液，还有液流温度、压力和离子的浓度。

三、连续流动分析仪常用的分析检测方法

CFA技术主要涉及通过控制反应时间、温度和试剂浓度等条件来进行定量分析。常用的分析检测方法包括紫外分光光度法、分光光度法、火焰光度法和荧光光度法，这些方法是常见的分析检测器。

第三节　连续流动分析中误差的控制

一、样品处理

样品处理在CFA中非常关键，不当的处理方法会直接影响分析结果的准确性和重复性。
1. 质量控制
通过设置标准样品和盲样，定期检验分析结果的准确性和稳定性。
2. 避免交叉污染
使用一次性或经过严格消毒的容器和管道，降低样品之间的交叉污染风险。
3. 精确控制预处理条件
保持样品预处理过程（如pH调整、稀释倍数等）的一致性，确保每个样品都在相同的条件下进行分析。

二、系统清洗

在分析不同样品时，对CFA系统进行充分清洗，避免残余试剂或样品对后续分析的干扰。

液体在泵管内流动时，由于流体力学原理，形成管子中心流速大，靠近管壁的地方液体流速小，特别是水与泵管润湿性强时，这种现象更严重。这种现象的存在将产生一些不良作用。如由一个样品转换成另一样品时，泵管内剩余物的清除很费时间，样品在检测器中达到稳定状态也很慢。这样就会消耗大量的试液和样品液，减慢了分析速度。

为了防止前一个样品干扰后面样品的测定，就必须保持泵管清洁。因此需要在两个样品之间加清洗液，清洗泵管。采用样品→清洗液→样品→清洗液的程序进样，进样次数可根据要求进行调节。在这种情况下，在分析样品之前需要先确定进样时间和清洗时间。

1. 进样时间的确定

连续流动分析仪所给出的分析曲线如图9-13所示。图中纵轴表示被测物的峰高，横轴表示进样时间。反应物的峰形应具有一段稳定的直线，这段直线就是反应平台。无谓地延长进样时间会浪费试剂、造成分析时间延长、降低分析效率。根据分析曲线的形态，测试者可以自行选定进样时间，最适宜的进样时间是达到反应平台后再延长5s。通常确定进样时间时，都选择最高浓度的标准溶液进行测试。

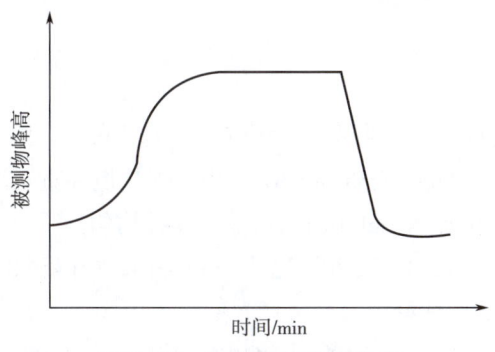

图9-13 被测物的分析曲线

2. 清洗时间的确定

为了防止前一个样品干扰后面的样品，就必须保持泵管清洁。因此需要在两个样品之间加入清洗液，清洗泵管。通常的做法是在最高浓度的标准溶液后面，接着进两个最低浓度的标准溶液，并且逐渐缩短清洗时间，直至最短时间也能产生同样高的两个最低浓度标准溶液的反应平台为止，此时间即为最佳清洗时间。

20世纪90年代，基于样品前处理简单、检测效率高、灵敏度高等优点，连续流动分析技术逐步应用于烟草化学成分分析，并发展了一系列烟草行业认可的标准分析方法，以及国际烟草科学研究合作中心（Cooperation Centre for Scientific Research Relative to Tobacco，CORESTA）推荐方法或美国分析化学家协会（Association of Official Analytical Chemists，AOAC）标准方法。目前连续流动法分析的主要化学成分包括水溶性总糖、还原糖、总植物碱、总氮、淀粉、蛋白质、钾、氯、总挥发碱、总挥发酸、水溶性灰分的碱度，这些方法为烟叶品质评价和卷烟配方设计提供了大量基础化学成分数据。

第四节 应用实例——连续流动分析法测定烟草中硝酸盐和亚硝酸盐

一、原理

用水或5%醋酸萃取试样，萃取液中的硝酸盐在碱性条件下与硫酸肼-硫酸铜溶液反应生成亚硝酸盐。亚硝酸盐与对氨基苯磺酰胺反应生成重氮化合物，在酸性条件下，重氮化合物与 $N-$（1-萘基）-乙二胺二盐酸发生偶合反应生成一种紫红色配合物，其最大吸收波长为520nm，用比色计测定。

二、试剂

除特殊要求外，应使用分析纯试剂，水应为去离子水。具体的试剂信息如下：

①Brij35溶液：将约250g Brij35加入1L水中，加热搅拌直至溶解。

②活化水：每1L水中加入1mL Brij35溶液，搅拌均匀。

③氢氧化钠溶液：称取约8.0g氢氧化钠（NaOH），精确至0.0001g，溶于800mL水中，加入1mL Brij35溶液后稀释至1L。

④硫酸铜溶液：称取约1.20g硫酸铜（$CuSO_4 \cdot 5H_2O$），精确至0.0001g，溶于100mL水中。

⑤硫酸肼-硫酸铜溶液：应选择最适宜的硫酸肼质量浓度，即0.60mg/mL≤最佳浓度≤1.00mg/mL。根据选择的硫酸肼质量浓度，称取相应量的硫酸肼（$N_2H_4 \cdot H_2SO_4$），溶于800mL水中，加入1.5mL硫酸铜溶液，稀释至1L，储存于棕色瓶中。此溶液应每月配制一次。

⑥对氨基苯磺酰胺溶液：移取25mL浓磷酸，加入175mL水中，然后加入约2.5g对氨基苯磺酰胺（$C_6H_8N_2O_2S$）和0.125g $N-$（1-萘基）-乙二胺二盐酸（$C_{12}H_{14}N \cdot 2HCL$），搅拌溶解，用水定容至250mL，过滤后转移至棕色瓶中。配好的溶液应呈无色，若为粉

红色，说明有亚硝酸根干扰，应重新配制。该溶液应即配即用。

三、标准溶液制备

①标准储备溶液（2mg/mL）：准确称取3.3g硝酸钾，精确至0.0001g，用水溶解后转移至1L容量瓶中，用水定容至刻度，混匀后存放于冰箱中。此溶液应每月配制一次。

②工作标准溶液：由标准储备液用水或5%醋酸溶液制备至少五个工作标准溶液，其浓度范围应覆盖预计检测到的试样中的硝酸盐的含量。工作标准溶液应贮存于0~4℃的条件下，每两周配制一次。工作标准溶液配制所使用的溶液应与样品萃取液保持一致。

四、主要仪器及材料

主要仪器及材料如下：
①连续流动分析仪；
②分光光度计，含520nm滤光片；
③分析天平，感量0.1mg；
④快速定量滤纸；
⑤振荡器。

五、分析步骤

1. 抽样与制样

按照GB/T 5606.1—2004和GB/T 19616—2004抽取样品。按YC/T 31—1996制备试样并测定水分含量。

2. 萃取

称取试样约0.25g，精确至0.0001g，至50mL具塞三角瓶中，加入25mL水，具塞后置于振荡器上，振荡萃取30min。用快速定量滤纸过滤萃取液，弃去前几毫升滤液，收集后续滤液作分析用。

3. 测定

按图9-14所示的管路图，测定试样萃取液，若萃取液浓度超出工作标准溶液的浓度范围，则应稀释后重新测定。

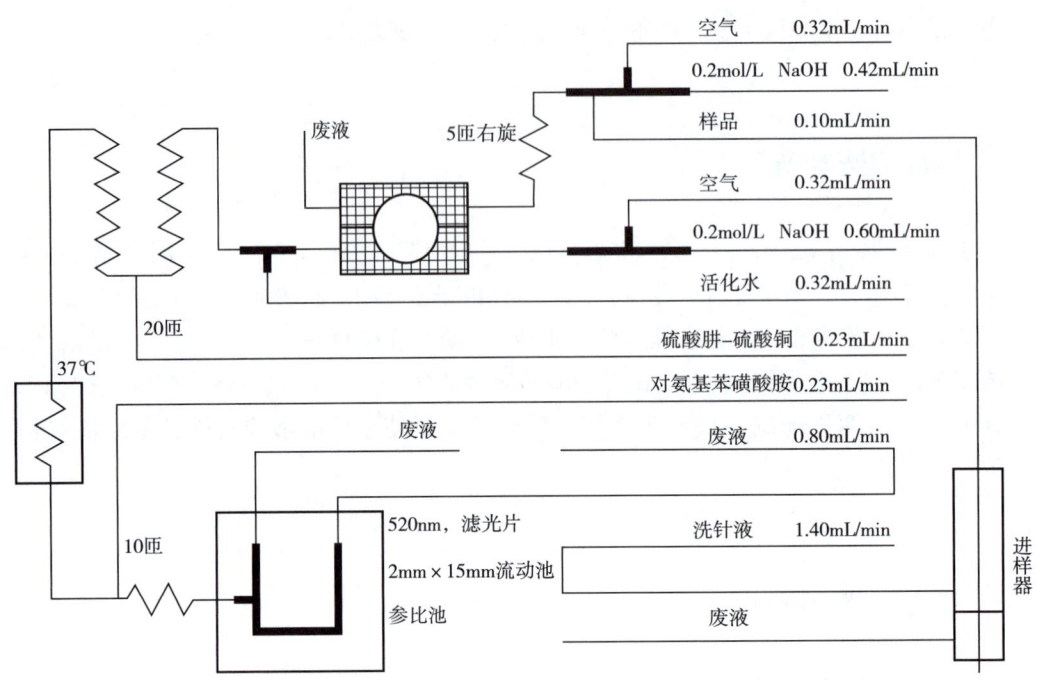

图9-14 硝酸盐/亚硝酸盐测定管路

六、结果计算与表述

以干基计的硝酸盐含量，由式（9-1）得出：

$$C = \frac{X \times V}{(m_1 - m_2) \times (1-w) \times 1000} \times 100\% \qquad (9-1)$$

式中　C——以干基计的硝酸盐含量，%；

　　　X——样品溶液硝酸盐的仪器观测值，mg/mL；

　　　V——萃取液体积，mL；

　　　m_1——称量瓶质量+样品质量，g；

　　　m_2——称量瓶质量，g；

　　　w——样品含水率，%。

结果以两次平行测定的平均值表示，精确至0.01%。两次平行测定结果绝对值之差应不大于0.05%。

思考题

1. 试述流动注射分析技术及连续流动分析技术的基本原理。
2. 简述连续流动分析仪管路的特点及作用。
3. 试述影响连续流动分析仪灵敏度的原因及解决方法。

第十章　现代仪器分析中的背景消除及多组学分析

本章导读与思政点

本章将深入探讨现代仪器分析中背景干扰的来源及其消除方法，以及多组学分析技术在复杂体系分析中的应用。通过学习，学生将掌握各种分析技术中背景干扰的产生机制和消除策略，理解多组学分析技术在解决实际问题中的重要性。本章旨在培养学生的创新思维和解决复杂问题的能力，同时增强他们对科技进步与社会责任的认识。在学习过程中，本章强调科技工作者在提升分析精度、保障数据可靠性方面的责任，培养学生严谨的科学态度和职业操守。

◎ **学习目标**

（1）理解现代仪器分析中背景干扰的来源及其对分析结果的影响。
（2）掌握色谱、光谱、质谱等分析技术中背景干扰的消除方法。
（3）了解多组学分析技术的基本原理及其在复杂体系分析中的应用。
（4）能够运用背景消除和多组学分析技术对实际样品进行分析。

◎ **学习内容**

（1）色谱分析干扰及消除方法：介绍色谱分析中噪声干扰和基线漂移的来源及其影响，详细讲解噪声去除和基线校正的常用算法。
（2）光谱分析干扰及消除方法：探讨紫外-可见分光光度法、红外吸收光谱法、拉曼光谱法等光谱分析技术中的干扰来源及消除方法。
（3）质谱分析干扰及消除方法：分析质谱分析中的光谱干扰和基体效应，介绍背景校正和干扰消除的技术。
（4）多组学分析的意义和技术：阐述多组学分析在复杂体系分析中的重要性，介绍主成分分析（PCA）、傅里叶变换（FT）、小波变换等数据预处理技术，以及人工神经网络、偏最小二乘法等非线性校正模型技术。

◎ **学习重点**

（1）背景干扰的来源和影响：理解色谱、光谱、质谱分析中背景干扰的产生机制及其对分析结果的影响。

（2）背景消除技术：掌握常用的背景消除方法，如滤波、快速傅里叶变换、小波软阈值去噪等。

（3）多组学分析技术：了解多组学分析的基本原理，掌握主成分分析、傅里叶变换、小波变换等数据预处理技术。

（4）非线性校正模型：学习人工神经网络、偏最小二乘法等非线性校正模型技术及其在多组学分析中的应用。

◎ **学习难点**

（1）复杂背景干扰的处理：理解并掌握处理复杂背景干扰的高级算法，如小波迭代法、惩罚最小二乘方法等。

（2）多组学数据分析：掌握多组学分析中的数据预处理和建模技术，能够处理高维、非线性数据。

（3）实际应用：将背景消除和多组学分析技术应用于实际样品分析中，解决复杂的分析问题。

第一节 色谱分析干扰及消除方法

在使用色谱仪进行分析试验过程中，由于仪器、样品背景、程序升温或者切换仪器阀门等影响，通常会存在噪声干扰和基线漂移的影响而难以达到理想的分离效果，导致后续谱峰检测和谱峰解析的准确率降低，严重降低了分析的准确性，特别是对弱信号的测量影响更大，难以应用于实际的样品检测。

色谱噪声干扰主要来自检测得到的模拟信号转换为计算机可识别处理的数字信号的过程。复杂色谱图在去噪后应当基本保持谱峰高度，且平缓区域较为光滑。基线漂移主要源于分离过程中的客观环境条件，比如流动相有杂质、温度波动等。一般情况下，基线漂移出现在最终得到的色谱图底部，它会严重影响谱峰高度和面积的计算。在实验中，研究人员发现谱峰高度会极大影响基线校正的效果和迭代次数。

传统的空白基线校正法是先进行空白信号试验，再扣除掉空白试验信号，但该方法实际操作非常麻烦，且无样和有样分析时基线不一定有很好的重现性。色谱工作站所采用的基线校正方法主要是传统的峰谷法和连带法，一般先采用这两种方法进行基线校正，再做垂直切割，最后对各分割部分做积分求峰面积。可往往切割结果并不合理，此时需要人为手动调节峰的起落点等参数，从而引入太多人为因素，造成结果不准确。因此，采用化学计量学的方法进行色谱背景扣除、基线校正获得了蓬勃发展。

一、噪声去除方法

实际的色谱信号由化学成分信号、高频噪声信号和基线漂移三部分组成，色谱去噪作为预处理的第一步，其目的是从中得到真实信号的近似值。在保持色谱信号基本不变形的情况下尽量去除锯齿状噪声的影响，使去噪后的信号较为光滑。由于无法得知真实信号，所以在去噪的过程中，色谱信号必然会受到影响，基本不可能恢复成真实信号，只能最大限度地逼近真实信号，确保信号不过多损失并提高信噪比。常用的去噪算法有以下几种：

1. 滤波

在信号处理和图像处理领域，滤波算法是一类用于去除噪声、平滑信号或提取特定特征的关键技术，其基本思路是设计一个窗口长度固定的滤波器，从左到右依次滑动并覆盖所有的信号位置，将滤波后的信号值设置为基于当前位置左右原始信号值的计算结果。一般来说，滤波对窗口大小敏感。窗口值越大，则平滑效果越好，但是与真实信号偏差越大，容易滤除掉色谱峰信息；窗口值越小，则平滑效果越不明显，特别是信号平缓区域依旧会存在明显的波动。常用的滤波算法包括均值滤波、中值滤波、Savitzky-Golay 滤波等。

2. 快速傅里叶变换

在色谱信号中，通常来说，噪声信号相对真实信号属于高频信号，利用傅里叶变换将原始信号转换到频率域上，再去除高频区域而后利用逆傅里叶变换重构即可得到去噪后的信号。

3. 小波软阈值去噪

小波变换（wavelet transform，WT）具有将信号分频的特性，即将信号分为高频和低频两个部分而各频率成分在时间轴上的位置保持不变。所分离的低频部分又可以相对分为高频部分和低频部分，如此继续划分，就可以将信号的不同频率成分从原信号中"解离"出来。由于色谱数据中基线信号频率较低而色谱峰信号频率较高，用小波变换可轻松地将色谱数据中的基线信号和色谱峰信号进行分离，从而可得到扣除基线后的色谱信号。

二、基线校正方法

去噪后的色谱信号可近似地看作是基线和真实信号的和，只需要去掉基线，即可得到近似的真实信号。常用的基线校正算法有以下几种：

1. 手动法

手动法基线校正是通过人工手动的选取一些可能位于色谱基线上的信号点，然后相邻点通过线性插值顺序相连生成色谱基线，最后减去该基线则得到校正后的色谱图信号。此方法显然存在很大的问题。首先，基线点需要人工选取，在大规模的色谱图数据上非常耗时，工作量极大，不切实际；其次，拟合出的基线准确度不高，非常依赖于操作者的经验；最后，若基线点很多，想要修改基线点也会非常麻烦。综上，该方法不适合计算机自动化处理，耗时的同时也难以取得较好的效果。

2. 小波迭代法

该方法选取合适的小波基函数，一般使用 DB 系小波，利用 Mallat 算法做多层分解，而基线可以看作是信号的低频部分，所以可去掉细节分量而将近似分量重构以获取基线。在实际色谱基线校正中，仅做一次小波分解重构得到的基线只能反映色谱图的趋势，而不能贴合真实基线，这就需要迭代的小波基线校正算法。

3. 惩罚最小二乘方法

惩罚最小二乘方法包括非对称最小二乘（asLS）、非对称重加权惩罚最小二乘（arPLS）、自适应迭代重加权惩罚最小平方（airPLS）、改进的 airPLS 和形态加权惩罚最小二乘法等，这些基线校正算法只需设置少量参数而不用知道色谱信号形状等先验信息即可得到较为光滑准确的基线。

若实际待检物质中某种成分含量较高，在色谱仪检测后会出现较强的信号值，即较高的色谱峰，若是采取全局的校正算法可能会造成峰区域基线抬升，导致后续定量分析不精确，需要寻求合适方案以尽量削除色谱峰的影响，这样可减少迭代次数，加快收敛，包括形态学削峰、局部极小法削峰、基点移动法削峰等。

三、色谱仪基线噪声大的原因及解决方法

色谱仪在分析化学领域有着广泛的应用，但是当其基线噪声大时，会严重影响分析结果。造成色谱仪基线噪声大的原因主要有以下几个方面：

1. 环境干扰

色谱仪应该在相对密闭、干燥的环境中运行。如果环境湿度过高或者存在挥发性有机物等气味的情况，会导致仪器出现基线波动。此时需要保持环境干燥，并且合理通风，以降低环境因素对仪器分析精度的干扰。

2. 色谱柱老化

色谱柱的寿命是有限的。过多地使用或者长时间未使用会导致色谱柱老化，出现基线噪音大等问题。因此需要及时更换色谱柱，以保证分析精度。

3. 进样口污染

色谱仪进样口的污染也会导致基线噪声过大。进样口的污染可能来自样品、溶剂、周围环境等因素。为了消除这种干扰，应该定期清洗进样口，加强对进样口的维护与保养。

在使用气相色谱仪的过程中，应该采用保持干燥环境、及时更换色谱柱、清洗进

样口等方法来解决基线噪声大的问题，以提高分析精度，保证测试结果的准确性和可靠性。

第二节 光谱分析干扰及消除方法

一、紫外-可见分光光度法

在紫外-可见分光光度法（UV-Vis）测定中，可能存在以下几种干扰情况：干扰组分本身有颜色，或能与显色剂反应生成有色化合物，并在测定波长有吸收；在显色条件下，溶液的酸度使干扰组分水解，析出沉淀，使溶液混浊，无法进行吸光度值测定；干扰组分能与待测离子或与显色剂形成更稳定的配合物，破坏显色反应进行完全。

1. 控制酸度

在配位平衡反应中，络合物的稳定常数不同，要求处在反应平衡中的配位体的浓度也不相同。利用控制酸度的方法，可控制显色剂的离解平衡，从而控制配位体浓度，提高反应的选择性，保证主反应进行完全。例如，双硫腙能与 Pb^{2+}、Cu^{2+}、Ni^{2+}、Cd^{2+}、Hg^{2+} 等10多种金属离子形成有色配合物，其中与 Hg^{2+} 生成的络合物最稳定，在 0.5mol/L 的 H_2SO_4 介质中仍能反应完全，而其他金属离子在此条件下不发生反应。

2. 加入掩蔽剂

在显色反应条件下，掩蔽剂不与待测离子作用，只与干扰离子反应，掩蔽剂与干扰离子形成的络合物应不干扰待测离子的测定。选择适当的掩蔽剂是消除干扰组分影响常用的有效方法。

3. 利用惰性络合物

例如钢铁中微量钴的测定，常用钴试剂为显色剂。但除 Co^{2+} 外，钴试剂还与 Ni^{2+}、Zn^{2+}、Mn^{2+}、Fe^{2+} 等有反应。但它与 Co^{2+} 在弱酸介质中完成反应后，所生成的惰性配合物在强酸酸化溶液中也不会分解，而 Ni^{2+}、Zn^{2+}、Mn^{2+}、Fe^{2+} 等与钴试剂所生成的配合物在强酸介质中很快分解，从而可消除它们的干扰，提高反应选择性。

4. 选择适当的波长

例如，$KMnO_4$ 的最大吸收波长 λ 为 525nm，但 $K_2Cr_2O_7$ 在该波长处也有吸收，将测定波长选为 $\lambda=545nm$，$K_2Cr_2O_7$ 则不干扰。

5. 分离

当上述方法不能消除干扰，则必须预先将待测组分与干扰组分分离。常用的分离方法有沉淀、萃取、离子交换、蒸发、蒸馏以及色谱分离等。

二、红外光谱法

红外光谱由于参比模式导致很大的基线漂移,这一问题对含有不同尺度物质的固体样品更为严重。因为颗粒尺寸决定了光谱波长,而变化的颗粒尺寸导致光谱基线漂移。影响光谱的额外因素,如粒径分布、粉末密度、样品杯中的包装材料以及湿度、仪器本身的因素和温度等均对光谱的基线漂移、斜率变化和曲线特性产生作用。因此,红外光谱是样品中化学组分信息和物理信息的综合反映,而后者是在数据分析中不希望得到的信息。对红外扫描样品和光谱进行合适的预处理可以降低诸如粒径、散射及其他因素对基线、斜率和光谱曲线特性的影响。所以,保证样品测试前、测试阶段测试参数及样品预处理方式的一致性是得到正确分析结果的前提。

红外光谱法中的噪声主要来自高频随机噪声、基线漂移、信号本底、样品不均匀、光散射等。因此要想通过红外光谱来分析样品的物质成分,就应该先进行光谱预处理,以便降噪、减少各种干扰的影响,简化后续建模处理运算过程,提高分析准确度。图10-1为预处理前后的烟叶近红外光谱,原始光谱经一阶微分处理后,可以明显看到光谱更平滑。

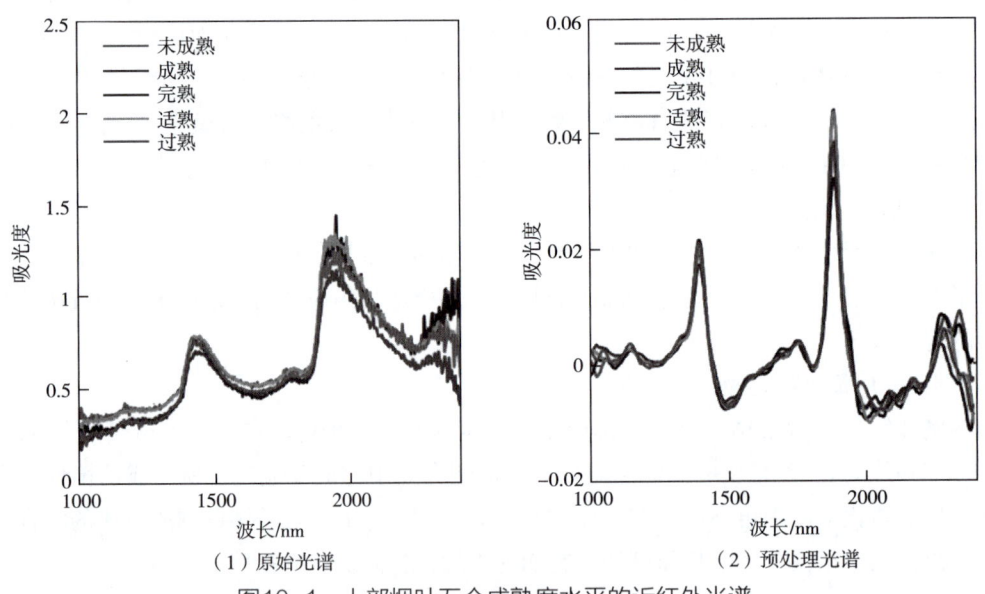

图10-1 上部烟叶五个成熟度水平的近红外光谱

1. 噪声滤除

①移动平均平滑,主要去掉高频噪声的干扰。平滑处理需要选择处理窗口的大小,较大的平滑窗口可以使信噪比提高,但同时也会导致信号的失真,要综合考虑。

②微分处理,扣除仪器背景或漂移对信号的影响。采用微分可以较好地净化谱图信息,但在微分处理时,根据微分的级数,要合理选择微分窗口数据点的大小。

2. 归一化处理

消除光程或样品稀释等变化对光谱响应造成的影响。

3. 数据筛选和光谱范围的优选

从原始光谱数据中剔除无效数据,根据测定的主成分特征舍弃光谱信息微弱的次要光谱范围,以减少计算的工作量。

4. 中心化及标准化预处理

从每个光谱数据中减去各个样品的平均值,使所有数据都分布在零点两侧,充分反映变化信息,从而简化以后的回归运算。

三、拉曼光谱法

拉曼光谱及其仪器是近年来市场和应用的一个热点,而荧光干扰和基线漂移是困扰用户和仪器厂商的关键问题。拉曼光和荧光都经由激发光激发产生,荧光的存在,导致在光谱处理时谱峰的基底可能被抬高,在某些情况下,荧光光谱强度接近甚至大于拉曼谱峰强度,使得有效拉曼谱峰与荧光噪声叠加在一起难以被识别。一方面,为了避免荧光干扰,往往推荐采用波长更长的激发光,如785nm或者1064nm的激光。受到造价和元器件性能的约束,785nm是目前拉曼光谱主要选择的激发波长。尽管如此,荧光问题仍然是普遍存在的;另一方面,长波长激发又会带来其他问题,诸如拉曼激发效率低、热效应强可能导致样品被烧毁等。有效、可靠地消除背景干扰,得到清晰、准确的拉曼谱图,仍然是仪器研发和使用中的关键问题。

根据对基线漂移产生的原因进行分析,可以通过以下几种方法来解决拉曼光谱中的荧光干扰问题,包括荧光猝灭法、光漂白法、紫外/红外光激发法、激光移频相减法以及基线拟合校正法等。

1. 荧光猝灭法

荧光猝灭法通过向样品中加入荧光猝灭剂,使样品与猝灭剂分子发生化学反应以降低样品的荧光强度,达到抑制荧光的目的。荧光猝灭剂一般为卤素离子、重金属离子、硝基分子,以及硝基化合物、重氮化合物、羧基和羰基化合物等。该方法具有成本低、操作简单且不需要对拉曼光谱仪进行调整的优点。但是,向样品中加入猝灭剂,不仅可能会影响样品的拉曼光谱,而且需考虑到猝灭剂的选择和浓度问题。目前,关于如何选取猝灭剂并没有统一的指导方案,因此该方法应用范围有限。

2. 光漂白法

光漂白法是指在进行拉曼光谱检测前,用激光对样品照射一段时间,使样品中的荧光基团与光子发生作用,导致样品中荧光分子的荧光辐射能力被破坏,可较大幅度减弱荧光信号,而样品的拉曼光谱保持不变。照射时间范围一般从几秒到几小时。光漂白法适合在实验室中操作,且操作简单、不需要改变激光波长、效率高,在一定条件下具有无损性。但该方法的荧光抑制效果受控于激光器功率,光漂白作用受限于被测区域范围。若对样品的照射时间过长,可能会破坏样品的分子结构,导致样品的变性、热分解等。为了减小样品被破坏的可能性,一般从较短的照射时间开始预处理。

3. 紫外光激发法

在紫外光照射下,大部分物质所产生的荧光主要位于可见光波段,而产生的拉曼散射光主要位于紫外波段,荧光光谱和拉曼光谱基本不会发生重叠,且紫外激发下所产生的拉曼散射强度高,有利于信号检测与分析。因此,通过紫外光激发法可以避开荧光干扰,得到信噪比较高的拉曼光谱。紫外光激发法适用面广,不仅能去除样品的荧光背景,而且能增强其拉曼信号,提高信噪比。尤其在深紫外光照射下,拉曼光谱中几乎无荧光背景。但紫外光照射时,可能会对样品造成损坏,导致其分解变质。另外,应用紫外光激发对操作人员要求较高,成本也高,推广有难度。

4. 红外光激发法

样品在红外光照射下很少能吸收红外波段的光子,基态电子很难被激发,样品产生荧光的效率较低。但拉曼散射光强度与波长的4次方成反比,所以拉曼散射强度较弱。红外光激发法能有效减弱样品的荧光信号且破坏性小。与短波和紫外激光相比,近红外激光能达到更深的组织穿透深度和更小的光子毒性,更适合于生物组织分析。但采用此方法所得到的拉曼信号较弱,不同样品需要经过多次实验才能找到合适激发波长的激光器检测。

5. 激光移频相减法

使用两种波长相近的激光分别激发待测物质,使其产生拉曼散射效应,同时也伴随着荧光,再将两次接收到的光谱求差值,此时由于两次光谱中的荧光光谱在分布和强度上十分接近,二者求差后可明显削弱荧光光谱。该方法消除荧光效果好,但需要复杂的激发光源,光源波长相差较大会降低分辨率,拉曼峰会出现侧翼调制的问题。

6. 基线拟合校正法

近年来,主要通过非均匀B样条、连续小波变换、全自动基线校正(FABC)、自动迭代移动平均算法(AIMA)、不对称最小二乘(ALS)以及自适应迭代再加权惩罚最小二乘(AirPLS)、多项式拟合等手段进行低通滤波,拟合出基线,实现直观的扣减,满足用户的"视觉"要求。这种扣减并非机制或实质上的解释,因而难以保证数据处理的真实性与合理性。

四、原子吸收光谱法与原子荧光光谱法

原子吸收光谱法分析中的干扰主要包括物理干扰、化学干扰、电离干扰和光谱干扰。

1. 物理干扰及其消除方法

(1)物理干扰 物理干扰是指试样溶液的物理性质发生变化而引起吸收信号强度变化,物理干扰属非选择性干扰。在火焰原子化法分析中,如试样溶液表面张力或黏度发

生变化时，不仅影响到试样溶液的提升量和雾化效率，而且会影响脱溶剂效率、蒸发效率和原子化效率，最终影响原子化过程中原子蒸气密度。物理干扰一般都是负干扰。

（2）减少或消除的方法　为减少或消除物理干扰，一般采用以下方法：

①最常用的方法是配制与待测试样溶液基体相一致的标准溶液。

②当配制与待测试样溶液基体相一致的标准溶液有困难时，采用标准加入法。

③被测试样溶液中元素的浓度较高时，采用稀释方法来减少或消除物理干扰。

2. 化学干扰及其消除方法

（1）化学干扰　化学干扰是待测元素在原子化过程中，与基体组分原子或分子之间产生化学作用而引起的干扰，主要影响待测元素或化合物的熔融、蒸发、解离和原子化等过程。化学干扰可以增强原子吸收信号，也可以降低原子吸收信号。化学干扰是一种选择性干扰，它不仅取决于待测元素与共存元素的性质，还涉及不同的原子化方法与条件等。

（2）减少或消除的方法　火焰原子化法主要采用以下几种减少或消除化学干扰办法：

①改变火焰类型：利用高温 $N_2O-C_2H_2$ 火焰，许多在空气$-C_2H_2$ 火焰中出现的干扰，在 $N_2O-C_2H_2$ 火焰中可以减少或完全地消除。

②改变火焰特性：对于形成难熔、难挥发氧化物的元素，如硅、钛、铝、铍等，使用强还原性气氛火焰更有利于这些元素的原子化。

③加入释放剂：待测元素和干扰元素在火焰原子化器中形成稳定化合物所产生的干扰，通过加入一种被称为释放剂的物质使之与干扰元素反应生成更容易挥发的化合物，从而使待测元素释放出来。

④加入保护剂：加入一种物质使待测元素不与干扰元素生成难挥发的化合物，可以保护待测元素不受干扰，所加入的物质被称为保护剂。例如，EDTA 保护剂可抑制磷酸根对钙的干扰，8-羟基喹啉保护剂可抑制铝对镁的干扰。

⑤加入缓冲剂：在试样溶液和标准溶液中都加入一种过量的物质，使该物质产生的干扰恒定，进而抑制或消除该干扰对分析结果的影响，这种物质被称为缓冲剂。例如，用 $N_2O-C_2H_2$ 火焰原子化法分析钛时，铝抑制钛的原子化，但是当铝的质量浓度大于 200μg/mL 时，干扰趋于稳定。

⑥采用标准加入法：详见原子吸收光谱定量分析部分。

3. 电离干扰及其消除方法

（1）电离干扰　电离干扰是由于电离能较低的碱金属和碱土金属元素在原子化过程中产生电离而使基态原子数减少，导致吸光度下降。原子化过程中元素电离度与原子化温度和元素的电离能有密切关系。原子化温度越高，元素电离电位越低，则电离度越大，电离度随元素总浓度的增加而减小。

（2）减少或消除方法　最常用的方法是加入电离能较低的消电离剂，利用强还原性富燃火焰也可抑制电离干扰；标准加入法也可在某种程度上减少或消除电离干扰；提高金属元素总浓度也是减少或消除电离干扰的基本方法。

4. 光谱干扰及其消除方法

（1）光谱干扰　原子吸收光谱法分析应该是在选用的光谱通带内，仅有一条锐线光源所发射的谱线和原子化器中基态原子与之相对应的一条吸收谱线。当光谱通带内存在其他谱线时，会产生光谱干扰；分子吸收和光散射也属于光谱干扰，吸收谱线重叠（即原子化器在原子化过程中所发射的复合光谱，直流发射）以及干扰元素的其他吸收谱线（非吸收线）时，都会产生光谱干扰。

（2）减少或消除吸收线重叠干扰方法　①吸收线重叠干扰：当光谱通带内存在两种以上元素的吸收线相重叠，同时或部分吸收锐线光源所发射特征谱线时，产生吸收线重叠干扰，这种干扰使分析结果偏高。

②减少或消除的方法：选用较小的光谱通带，选用被测元素的其他分析线，预先分离干扰元素。

（3）减少或消除直流发射光谱干扰方法　①直流发射干扰：原子化器在高温原子化过程是光辐射源，其中包括发射待测元素的共振线，这种干扰使结果偏低，但是这种光辐射是直流发射过程。

②减少或消除的方法：采用锐线光源的电源调制技术，见结构与工作原理中的空心阴极灯部分。

（4）减少或消除非吸收线光谱干扰方法　①非吸收线干扰：这些谱线可能是待测元素的其他共振线或非共振线，也可能是锐线光源中电极材料或杂质的发射谱线。

②减少或消除的方法：选用较小的光谱通带，选用较低空心阴极灯（HCL）电流。

5. 背景的吸收与校正

背景吸收也属光谱干扰，包括分子吸收和光散射两个部分。

（1）分子吸收与光散射　分子吸收是指在原子化过程中所产生的无机分子或自由基等对特征谱线的吸收，分子吸收光谱是带光谱（带宽为20~100nm），而原子吸收光谱是线光谱（带宽为10^{-3}nm）。分子吸收会在一定波长范围内对原子吸收形成光谱干扰。光散射是指原子化过程中所产生的微小颗粒物对特征谱线的散射，其作用使吸光度增大。分子吸收与光散射的干扰都会造成吸光度增大，产生正误差。

（2）背景校正技术　原子吸收分光光度计采用氘灯背景校正、塞曼（Zeeman）效应背景校正、谱线自吸收背景校正等技术和非吸收谱线背景校正技术。以下主要介绍氘灯背景校正技术和塞曼效应背景校正技术。

①氘灯背景校正技术：氘灯背景校正是火焰原子化法、石墨炉原子化法和低温原子化法都可以采用的背景校正技术。

在垂直于锐线光源和原子化器之间增加氘灯光源和切光器，氘灯发射紫外波段的连续带光谱，通过控制切光器的频率，让锐线光源所发射的特征谱线和一定光谱通带氘灯所发射的谱线分时通过原子化器，当特征谱线进入原子化器时，原子化器中的基态原子的外层电子对其进行吸收，同时分子吸收和光散射背景吸收也会产生，检测得到的是原子吸收（AA）和背景吸收（AB）的总吸收（A）。当氘灯所发射的谱线进入原子化器后，宽带背景吸收要比窄带原子吸收大许多倍，此时原子吸收可忽略不计，检测只获得背景吸收（AB）。根据光吸收定律的加和性，两束谱线吸收结果差减：$AA=A-AB$，得到扣除背景吸收以后的原子吸收（AA）。需要注意的是，氘灯背景校正的灵敏度高，动态线性范围宽，但仅对紫外光谱区（<350nm）有效。

②塞曼效应背景校正技术：石墨炉原子化器中的自由原子浓度较高且滞留时间较长，同时基体组分的浓度也较高，因此背景吸收干扰比火焰原子化法更严重，塞曼效应背景校正是石墨炉原子化法必须采用的背景校正技术之一。

利用原子化器中原子核外层电子能量简并能级，在强磁场作用下产生塞曼裂分来进行背景校正称为反向塞曼效应背景校正技术，而对锐线光源进行同样调制的背景校正称为正向塞曼效应背景校正技术。反向塞曼效应背景校正技术又分为恒定磁场调制方式与交变磁场调制方式两种。

③背景校正的能力：背景校正能力将影响复杂基体试样分析的准确度，一般以吸光度（A）为1Au时，背景校正的相对标准差小于1%作为标准。

火焰原子化法：仪器运行稳定后，在无背景校正方式下，将$A \approx 1$的铜丝网插入火焰原子化器的光路中，读取吸光度A_1。再改为氘灯背景校正方式，同样把铜网插入光路，读取吸光度A_2。A_2/A_1应小于1%。

石墨炉原子化法：仪器运行稳定后，在无背景校正方式下，往石墨炉原子化器中加入氯化钠溶液（5mg/mL），使其在石墨炉原子化过程中产生约1Au的吸光度，读取吸光度A_1。再改为氘灯或塞曼（Zeeman）效应背景校正方式，测量等量氯化钠溶液在石墨炉原子化过程中产生的吸光度A_2，A_2/A_1应小于1%。

五、原子发射光谱法

在原子发射光谱中的干扰类型可分为光谱干扰和非光谱干扰两大类。

1. 光谱干扰

在发射光谱中最重要的光谱干扰是背景干扰。带光谱、连续光谱以及光学系统的杂散光等，都会造成光谱的背景干扰。其中，光源中未解离的分子所产生的带光谱是传统光源背景的主要来源，光源温度越低，未解离的分子就越多，因而背景就越强。在电弧光源中，最严重的背景干扰是空气中的N_2与碳电极挥发出来的C所产生的稳定化合物CN分子的三条带光谱，其波长范围分别是353~359nm、377~388nm和405~422nm，干扰许多元素的灵敏线。此外，仪器光学系统的杂散光到达检测器，也会产生背景干扰。由于背景干扰的存在使校准曲线发生弯曲或平移，因而影响光谱分析的准确度，故必须进行背景校正。

校正背景的基本原则是：谱线的表观强度I_{l+b}减去背景强度I_b。常用的校正背景的方法有校正法和等效浓度法。

背景校正法是在被测谱线附近两侧测量背景强度，取其平均值作为被测谱线的背景

强度 I_b。若是均匀背景,以谱线任一侧的背景强度作为被测谱线的背景强度。对于光电记录光谱法,离峰位置可由置于光路中的往复移动的石英折射板来控制。对于照相记录光谱法,离峰位置可通过移动谱板来调节。

等效浓度法是在分析线波长处分别测量含有与不含有被测元素的试样的谱线强度 I_l 和 I_b,若被测元素和干扰元素的浓度分别为 c 与 c_b,有:

$$I_l = A \cdot c \tag{10-1}$$

$$I_b = A_b \cdot c_b \tag{10-2}$$

$$I_{l+b} = I_l + I_b = A \cdot c + A_b \cdot c_b \tag{10-3}$$

在实验中测得分析线的表观强度为:

$$I^* = A \cdot (c + A_b c_b / A) = A \cdot c^* \tag{10-4}$$

式中 c^* 是表观浓度。$A_b c_b / A$ 成为背景等效浓度,以 c_{eq} 表示。真实浓度 c 为:

$$c = c^* - c_{eq} \tag{10-5}$$

式中 c^* 与 c_{eq} 可由被测元素与干扰元素在分析波长的校准曲线求得,由上式便可求得 c。

2. 非光谱干扰

非光谱干扰主要来源于试样组成对谱线强度的影响,这种影响与试样在光源中的蒸发和激发过程有关,也被称为基体效应。

(1)试样激发过程对谱线强度的影响 物质蒸发进入等离子体内并原子化,原子或离子在等离子体温度下被激发,激发态原子或离子按照光谱选择定则跃迁到较低的能级或基态,伴随着发射特定波长的特征辐射。激发温度与光源等离子体中主体元素的电离能有关,当等离子区中含有大量低电离能的成分时,激发温度较低。电离能愈高,光源的激发温度就愈高。所以,激发温度也受试样基体组成的影响,进而影响谱线的强度。

(2)基体效应的抑制 在实际分析过程中,由于标准试样与试样的基体组成差别常常较大,因此存在基体效应,使测量结果产生误差。所以应尽量采用与试样基体一致的标准试样,以减少测定误差。但是,由于实际试样千差万别,要做到这一点是很不容易的。

在实际工作中,特别是采用电弧光源时,常常向试样和标准试样中加入一些添加剂以减小基体效应,提高分析的准确度,这种添加剂有时也被用来提高分析的灵敏度。添加剂主要有光谱缓冲剂和光谱载体。

第三节 质谱分析干扰及消除方法

一、原子质谱法

与等离子体光谱相比,等离子体质谱所得到的谱图要简单很多,而且容易识别,特别是对于那些发射谱线非常多的元素,如稀土元素。

1. 光谱干扰

当等离子体中离子种类与分析物离子具有相同的 m/z,即产生光谱干扰。光谱干扰有四种:同质量类型离子、多原子或加和离子、双电荷离子、难熔氧化物离子。

(1)同质量类型离子　同质量类型离子干扰是指两种不同元素有几乎相同质量的同位素。对使用四极杆质量分析器的原子质谱仪器来说,同质量类型指的是质量相差小于一个原子质量单位的同位素。使用高分辨率仪器时质量差可以更小一些。周期表中多数元素都有同质量类型重叠的一个、两个甚至三个同位素。铟有 $^{113}In^+$ 和 $^{115}In^+$ 两个稳定的同位素,前者与 $^{113}Cd^+$ 重叠,后者与 $^{115}Sn^+$ 重叠。更为常见的是,同质量种类干扰出现在最大丰度峰,即最灵敏同位素峰上。例如,$^{40}Ar^+$ 与最大丰度钙同位素 $^{40}Ca^+$(97%)的峰相重叠,因而有必要使用次最大丰度钙同位素 $^{44}Ca^+$(2.1%)。因为同质量重叠可以从丰度表上精确预计,此干扰的校正可以用适当的计算机软件进行。现在许多仪器已能自动进行这种校正。

(2)多原子离子干扰　多原子离子(或分子离子)是 ICP-MS 中干扰的主要来源。一般认为,多原子离子并不存在于等离子体本身中,而是在离子的引出过程中,由等离子体中的组分与基体或大气中的组分相互作用而形成。氢和氧占等离子体中原子和离子总数的 30% 左右,余下的大部分是由 ICP 炬的氩气产生的。

ICP-MS 的背景峰主要是由这些多原子离子给出。它们有两组:以氧为基础质量较轻的一组和以氩为基础质量较重的一组,两组都包含氢的分子离子。较轻的一组中,最强的峰是 $^{16}O^+$、$^{16}O^1H^+$、$^{16}O^1H^{+2}$,较弱的是 $^{14}N^+$ 和 $^{16}O^1H^{3+}$。较重的一组峰由高度相近的 $^{40}Ar^+$ 和 $^{40}Ar^1H^+$ 两个较强的峰,以及 $^{16}O^{+2}$ 和 $^{40}Ar^{2+}$ 两个较弱的二聚离子峰组成。此外,还有 $^{40}Ar^{16}O^+$、$^{40}Ar^{14}N^+$、$^{14}N^{16}O^+$、$^{14}N^{16}O^1H^+$ 和 $^{14}N^{2+}$ 等多原子离子峰。它们对一些同位素检测有比较严重的干扰,例如 $^{14}N^{+2}$ 对 $^{28}Si^+$、$^{14}N^{16}O^1H^+$ 对 $^{31}P^+$ 等。其中有些干扰可用空白进行校正,另一些则必须采用不同的分析同位素。

(3)氧化物和氢氧化物干扰　在 ICP-MS 中,另一个重要的干扰因素是由分析物、基体组分、溶剂和等离子气体等形成的氧化物和氢氧化物,其中分析物和基体组分的这种干扰更为明显些。它们几乎都会在某种程度上形成 MO^+ 和 MOH^+,M 表示分析物或基体组分元素,进而有可能产生与某些分析物离子峰相重叠的峰。例如,钛的五种天然同位素的氧化物,质量数分别为 62、63、64、65 和 66,会对分析物 $^{62}Ni^+$、$^{63}Cu^+$、$^{64}Zn^+$、$^{65}Cu^+$ 和 $^{66}Zn^+$ 产生干扰。表 10-1 列举了部分元素可能受到的氧化物/氢氧化物干扰。

表10-1　部分元素可能受到的氧化物/氢氧化物干扰

m/z	元素[①]	干扰
56	Fe(91.66)	^{40}ArO,^{40}CaO
57	Fe(2.19)	$^{40}ArOH$,$^{40}CaOH$

续表

m/z	元素[①]	干扰
58	Ni（67.77），Fe（0.33）	^{42}CaO，NaCl
59	Co（100）	^{43}CaO，^{42}CaOH
60	Ni（26.16）	^{43}CaOH，^{44}CaO
61	Ni（1.25）	^{44}CaOH
62	Ni（3.66）	^{46}CaO，Na$_2$O，NaK
63	Cu（69.1）	^{46}CaOH，^{40}ArNa
64	Ni（1.16），Zn（48.89）	^{32}SO$_2$，^{32}S$_2$，^{48}CaO
65	Cu（30.9）	^{33}S^{32}S，^{33}SO$_2$，^{48}CaOH

注：①圆括号里面为元素的自然丰度。

氧化物的形成与许多实验条件有关，例如进样流速、射频能量、取样锥－分离锥间距、取样孔大小、等离子气体成分、氧和溶剂的去除效率等，调节这些条件可以解决某些特定的氧化物和氢氧化物重叠的问题。

（4）仪器和试样制备所引起的干扰　等离子气体通过采样锥和分离锥时，活泼性氧离子会从锥体镍板上溅射出镍离子（相当于2ng/mL的水平）。采取措施使等离子体的电位下降到低于镍的溅射阈值，可使此种效应减弱甚至消失。痕量浓度水平上常出现与分析物无关的离子峰，例如在几个ng/mL的水平出现的铜和锌通常是溶剂酸和去离子水中的杂质。因此，进行超纯分析时，必须使用超纯水和溶剂。最好用硝酸溶解固体试样，因为氮的电离能高，其分子离子相当弱，很少有干扰。

2. 基体效应

ICP-MS中所分析的试样，一般为固体含量质量分数小于1%，或质量浓度约为1000μg/mL的溶液试样。当溶液中共存物的质量浓度高于500~1000μg/mL时，ICP-MS分析的基体效应才会显现出来。共存物中含有低电离能元素如碱金属、碱土金属和镧系元素且超过限度，由于它们提供的等离子体的电子数目很多，进而抑制包括分析物元素在内的其他元素的电离，影响分析结果。试样固体含量高会影响溶液的雾化和蒸发，以及等离子体的产生和输送过程。试样溶液提升量过大或蒸发过快，ICP炬的温度就会降低，影响分析物的电离使被分析物的响应下降。基体效应的影响可以采用稀释、基体匹配、标准加入法或者同位素稀释法降低至最小。

二、分子质谱法

色质联用特别是液质联用质谱总离子流色谱图谱通常都伴随着较强的本底碎片离子

干扰。质谱去背景用于扣除质谱基线噪声，可提高原先湮没在基线噪声中的微量成分的质谱数据的信噪比，同时起到减小数据量、改善积分以及图谱基线的效果。一般可以采用化学计量学方法进行背景扣除，化学计量方法有3种不同类型的背景扣除方法。

1. 线性背景扣除

该方法将低于设定强度阈值的碎片离子去除，运行速度最快，但效果相对较差。

2. 空白基线扣除

该方法通过在图谱中挑选一段视为空白基线的保留时间范围，从而将该范围的合并质谱图用于扣除背景。该方法精确度较高，但缺点是不适用于无合适基线可选或某些梯度洗脱时的基线组成发生变化的情况。

3. 背景离子扣除

该方法通过计算整个保留时间范围内每个碎片离子的质量色谱图，从而将被判断为属于低频噪声信号的碎片离子从全谱中去除。该方法扣除效果最佳，但计算开销较大。

第四节 多组分分析的意义

近年来，随着科技的进步，单组分检测技术已经非常成熟，但是在实际体系中，共存组分种类繁多，且它们之间往往相互干扰，传统的化学分析方法和化学分析仪器难以一次性精确地检测出各个组分的浓度，需要对共存组分进行同时测定。

对共存组分进行同时测定，传统的化学分析方法是首先进行组分的预分离，然后采用单组分检测技术进行分析检测。这种方法的分离过程往往冗长烦琐，实验条件苛刻，费时费力，而且检测精度低，无法应用于现场的检测。

随着计算机科学技术、光谱学和化学信息学的发展，复杂体系的多组分分析已成为当今仪器分析技术的研究热点，应用范围涉及环境监测、石油化工、高分子化工、食品工业和制药工业等领域，而且需求日益显著。如有机微量分析、物种鉴别分析（色谱分析、色谱指纹图谱技术）、无损分析（近红外光谱为其代表）、基因与蛋白质分析（毛细管电泳、液相色谱与串联质谱等、蛋白质组学）、高通量分析（蛋白质组学、代谢组学、中药和植物药分析等）、高分辨质谱和核磁共振谱的直接生物样本分析等。这样，如何有效地使用仪器分析手段解决复杂体系的分析问题，以及如何高效地从这些复杂的化学测量工具和手段中获取样本的化学组成、结构信息、整体性定性分析以及其他有用化学信息，这是目前急需解决的新问题。所幸的是，与此同时，计算机科学和统计学近年来也得到了飞速发展，特别是信息科学发展带动的信息时代的出现，使得机器学习、数据发掘、统计推断等都变成了各门学科的常用工具。由此，化学计量学在近20年来也得到了较快的发展。

化学计量学是一门通过统计学或数学方法将对化学体系的测量值与体系的状态之间建立联系的学科，它应用数学、统计学和其他方法和手段选择最优试验设计和测量方法，并通过对测量数据的处理和解析，最大限度地获取有关物质系统的成分、结构及其他相关信息。目前，已有许多化学计量学方法从不同程度和不同方面解决了分析化学中多组分同时测定的问题，如偏最小二乘法（PLS）、主成分回归法（PCR）、卡尔曼滤波法、多元线性回归（MLR）等，这些方法减少了分离的麻烦，使试验更加科学合理。化学计量学已为复杂体系的定性定量分析、化工制药及生物发酵的过程分析与控制、复杂样本的模式分析和识别等做出了不少贡献。

一、多组分分析的数据预处理技术

这些方法用来降噪、消除无关信息。

1. 主成分分析法

在处理多元样本数据时，假设总体为 $X=(x_1, x_2, x_3 \cdots\cdots x_n)$，其中每个 x_i（$i=1,2,3\cdots\cdots n$）为要考察的数量指标，在实践中常常遇到的情况是这 n 个指标之间存在着相关关系。如果能从这 n 个指标中构造出 k 个互不相关的所谓的综合指标（$k<n$），而且这几个综合指标充分地反映了原来的 n 个指标的信息，则称这些综合指标为主成分。这一处理过程则称为主成分分析。这里所说的主成分分析是数理统计中常用的一种技巧，用于光谱的前期预处理。

2. 傅里叶变换（FT）

傅里叶变换（FT）是一种十分重要的信号处理技术，它能够实现频域函数与时域函数之间的转换，其实质是把原光谱分解成许多不同频率的正弦波的叠加和。根据需要可通过FT对原始光谱数据进行平滑、插值、滤波、拟合及提高分辨率等运算，或用FT频率谱即权系数直接参与模型的建立。在NIR光谱分析中，傅里叶变换可用来对光谱进行平滑去噪、数据压缩以及信息的提取。

3. 小波变换（WT）

近年来，小波变换在信号和图像处理中的应用逐渐广泛和成熟起来。与FT相比，WT具有时频局部化特性，能够将化学信号根据频率的不同，分解成多种尺度成分，并对大小不同的尺度成分采取相应粗细的取样步长，从而能够聚焦于信号中的任何部分。高频信息留在较低的尺度上，低频信息留在较高的尺度上。这样，若设定一定的阈值，除去小于阈值的高频信息则达到去噪的作用。

4. 净分析信号算法

净分析信号也是有浓度阵参与的一种预处理算法，最早由Lorber提出。它的基本思想与正交信号校正法（OSC）基本相同，都是通过正交投影除去光谱阵中与待测组分无关的信息。

5. 模糊聚类法

模糊聚类法是一种基于模糊逻辑理论的用来探寻数据潜在结构的无监督聚类方法。聚类分析可以定量地确定研究对象之间的亲疏关系，达到对其合理分类的目的。模糊聚类法已成功应用于多个领域，比如图像分析、人脸识别及转录组学等。申明金将模糊聚类分析与 RBF 神经网络法相结合，对模拟原油中吸收光谱严重重叠的重金属多组分体系进行解析，较好地解决了光度分析计算中校准模型的优化问题，提高了分析结果的准确度。

二、波长选择方法

1. 相关系数法

相关系数法是将校正集光谱阵中的每个波长对应的吸光度向量 X 与浓度阵中的待测组分浓度向量 Y 进行相关性计算，得到波长—相关系数图。对应相关系数越大的波长其信息相应越多，因此，可结合已知的化学知识给定一阈值，选取相关系数大于该阈值的波长参与模型建立。

2. 逐步回归分析法

逐步回归法的基本思想是，逐个选入对输出结果有显著影响的变量，每选入一个新变量后，对选入的各变量逐个进行显著性检验，并剔除不显著变量。如此反复选入、检验、剔除，直至无法剔除且无法选入为止。

三、非线性校正模型技术

1. 人工神经网络

人工神经网络是模拟人脑细胞的工作原理建立模型进行分类和预测的一种化学计量学方法，具有并行分布处理、自组织、自适应、自学习等优良性质，且具有非线性映射功能，能处理高度非线性问题，将一定量的神经元以网络的形式连接成一定的拓扑结构，可以有效地解决化学多组分体系同时测定的难题。

人工神经网络法在分析化学中的应用日益受到分析工作者的重视，是多元校正和分辨的较好方法之一，尤其是人工神经网络与分光光度法相结合，由于无须分离，所用的仪器简单，操作方便，因而广泛应用于多组分的同时测定。

2. 卡尔曼滤波法

卡尔曼滤波法是一种递归滤波方法，Poulisse 将卡尔曼滤波法用于多组分分析以后，其就在混合体系光谱分析中得到广泛应用。其基本思想是，根据测量获得的新数据对前面利用旧的测量数据所得的估计值不断地进行修正，进而预测新的估计值，直到最佳的估计值为止。该方法的特点是在已知吸光度误差方差的前提下,具有较好的分析效果,具有边测量边分析的优点。

近年来,利用卡尔曼滤波理论与分光光度法相结合,实现吸收光谱相互重叠的各组分含量同时测定的报道很多。秦侠等发现,在ICP-AES中,卡尔曼滤波法是一种有效的光谱干扰校正方法,并将小波变换引入卡尔曼滤波法,使得卡尔曼滤波法的分析准确度得到了提升。

3. 偏最小二乘法

偏最小二乘法(partial least squares,PLS)提供了一种多因变量对多自变量的回归建模方法,可以有效地解决变量之间的多重相关性问题,能够对数据信息进行分解和筛选,同时能够剔除多重相关信息和无解释意义信息的干扰。用偏最小二乘法进行建模,其分析结论具有较强的可靠性和整体性,在多组分的同时测定中表现出显著的优越性。但偏最小二乘法属于代数法,计算工作量大,当数据量较大时,处理起来比较困难。

4. 主成分回归法

主成分回归法是建立在主成分分析基础上的多参数拟合和多组分分析方法。其首先采用主成分分析方法选取重要的因子,然后采用常规的回归方法建立数学模型,从而实现对原来数据的降维处理。用主成分回归法处理问题,不但可以解决原始变量间可能存在的共线问题,而且还可以收到由于分析空间的维数减少使计算效率提高和计算误差减小的效果。所以,主成分回归常用于多参数拟合和多组分分析。

5. 支持向量机

支持向量机(support vector machines,SVM)是Vapnik等根据统计学习理论提出的一种通用的学习方法,能较好地解决小样本、非线性、高维数等实际问题,是统计学习理论中最年轻、最实用的部分。其基于结构风险最小化,克服了传统学习的过度学习和陷入局部最小等问题,具有良好的泛化能力,同时能够很好地解决有限数量样本的高维模型的构造问题,而且所构造的模型具有很好的预测性能。该方法已经广泛地应用于计算科学的各个领域,如数字信号处理、图像处理、数据挖掘、人脸图像识别以及生物信息学、物理学、化学化工、药物质量控制、光谱信号处理等。

四、模拟后的误差分析

1. 回归分析和相关性分析

对训练结果进行回归分析,分析其相关性。对于神经网络而言,当相关系数大于0.8时,可以认为其训练效果较好,该神经网络的结构是比较合适的。而当相关系数小于0.8时,应该考虑神经网络的结构是否合适,比如是否应该增加隐层的神经元个数等。

2. 置信区间分析

用神经网络进行模拟所得到的结果的可信程度,就是模型的置信度问题。在训练过程结束后一般有一个检验样本的检验过程，可以充分利用检验样本所包含的信息对模拟结果的置信度进行预测。

思考题

1. 试述色谱分析中干扰产生的原因及消除方法。
2. 试述光谱分析中干扰产生的原因及消除方法。
3. 试述质谱分析中干扰产生的原因及消除方法。
4. 谈谈多组分分析在烟草及其制品组分分析中的运用前景。

附录

哈蒙表 （单位：mg）

铜	葡萄糖	铜	葡萄糖	铜	葡萄糖	铜	葡萄糖	铜	葡萄糖	铜	葡萄糖	铜	葡萄糖
10	4.6	71	34.5	132	65.4	193	97.3	254	130.4	315	164.7	376	200.3
11	5.1	72	35.0	133	65.9	194	97.9	255	131.0	316	165.3	377	200.9
12	5.6	73	35.5	134	66.4	195	98.4	256	131.6	317	165.9	378	201.5
13	6.0	74	36.0	135	66.9	196	99.9	257	132.1	318	166.5	379	202.1
14	6.5	75	36.5	136	67.4	197	99.5	258	132.7	319	167.0	380	202.7
15	7.0	76	37.0	137	68.0	198	100.0	259	133.2	320	167.6	381	203.3
16	7.5	77	37.5	138	68.5	199	100.5	260	133.8	321	168.2	382	203.9
17	8.0	78	38.0	139	69.0	200	101.1	261	134.3	322	168.8	383	204.5
18	8.5	79	38.5	140	69.5	201	101.6	262	134.9	323	169.3	384	205.1
19	8.9	80	39.0	141	70.0	202	102.2	263	135.4	324	169.9	385	205.7
20	9.4	81	39.5	142	70.5	203	102.7	264	136.0	325	170.5	386	206.3
21	9.9	82	40.0	143	71.1	204	103.2	265	135.5	326	171.1	387	206.9
22	10.4	83	40.5	144	71.6	205	103.8	266	137.1	327	171.6	388	207.5
23	10.9	84	41.0	145	72.1	206	104.3	267	137.7	328	172.2	389	208.1
24	11.4	85	41.5	146	72.6	207	104.8	268	138.2	329	172.8	390	208.7
25	11.9	86	42.0	147	73.1	208	105.4	269	138.8	330	173.4	391	209.3
26	12.3	87	42.5	148	73.7	209	105.9	270	139.3	331	173.9	392	209.9
27	12.8	88	43.0	149	74.2	210	106.5	271	139.9	332	174.5	393	210.5
28	13.3	89	43.5	150	74.7	211	107.0	272	140.4	333	175.1	394	211.1
29	13.8	90	44.0	151	75.2	212	107.5	273	141.0	334	175.7	395	211.7
30	14.3	91	44.5	152	75.7	213	108.1	274	141.6	335	176.3	396	212.3
31	14.8	92	45.0	153	76.3	214	108.6	275	142.1	336	176.8	397	212.9
32	15.3	93	45.5	154	76.8	215	109.2	276	142.7	337	177.4	398	213.5

续表

铜	葡萄糖	铜	葡萄糖	铜	葡萄糖	铜	葡萄糖	铜	葡萄糖	铜	葡萄糖	铜	葡萄糖
33	15.7	94	46.0	155	77.3	216	109.7	277	143.2	338	178.0	399	214.1
34	16.2	95	46.5	156	77.8	217	110.2	278	143.8	339	178.6	400	214.7
35	16.7	96	47.0	157	78.3	218	110.8	279	144.4	340	179.2	401	215.3
36	17.2	97	47.5	158	78.9	219	111.3	280	144.9	341	179.7	402	215.9
37	17.7	98	48.0	159	79.4	220	111.9	281	145.5	342	180.3	403	216.5
38	18.2	99	48.5	160	79.9	221	112.4	282	146.0	343	180.9	404	217.1
39	18.7	100	49.0	161	80.4	222	112.9	283	146.6	344	181.5	405	217.8
40	19.2	101	49.5	162	81.0	223	113.5	284	147.2	345	182.1	406	218.4
41	19.7	102	50.0	163	81.5	224	114.0	285	147.7	346	182.7	407	219.0
42	20.1	103	50.6	164	82.0	225	114.6	286	148.3	347	183.2	408	219.6
43	20.6	104	51.1	165	82.5	226	115.1	287	148.8	348	183.8	409	220.2
44	21.1	105	51.6	166	83.1	227	115.7	288	149.4	349	184.4	410	220.8
45	21.6	106	52.1	167	83.6	228	116.2	289	150.0	350	185.0	411	221.4
46	22.1	107	52.6	168	84.1	229	116.7	290	150.5	351	185.6	412	222.0
47	22.6	108	53.1	169	84.6	230	117.3	291	151.1	352	186.2	413	222.6
48	23.1	109	53.6	170	85.2	231	117.8	292	151.7	353	186.8	414	223.3
49	23.6	110	54.1	171	85.7	232	118.4	293	152.2	354	187.3	415	223.9
50	24.1	111	54.6	172	86.2	233	118.9	294	152.9	355	187.9	416	224.5
51	24.6	112	55.1	173	86.7	234	119.5	295	153.4	356	188.5	417	225.1
52	25.1	113	55.6	174	87.3	235	120.0	296	153.9	357	189.1	418	225.7
53	25.6	114	56.1	175	87.8	236	120.6	297	154.5	358	189.7	419	226.3
54	26.1	115	56.7	176	88.3	237	121.1	298	155.1	359	190.3	420	227.0
55	26.5	116	57.2	177	88.9	238	121.7	299	155.6	360	190.9	421	227.6
56	27.0	117	57.7	178	89.4	239	122.2	300	156.2	361	191.5	422	228.2
57	27.5	118	58.2	179	89.9	240	122.7	301	156.8	362	192.0	423	228.8
58	28.0	119	58.7	180	90.4	241	123.3	302	157.3	363	192.6	424	229.5
59	28.5	120	59.2	181	91.0	242	123.8	303	157.9	364	193.2	425	230.1
60	29.0	121	59.7	182	91.5	243	124.4	304	158.5	365	193.8	426	230.7

续表

铜	葡萄糖	铜	葡萄糖	铜	葡萄糖	铜	葡萄糖	铜	葡萄糖	铜	葡萄糖	铜	葡萄糖
61	29.5	122	60.2	183	92.0	244	124.9	305	159.0	366	194.4	427	231.4
62	30.0	123	60.7	184	92.6	245	125.5	306	159.6	367	195.0	428	232.0
63	30.5	124	61.3	185	93.1	246	126.0	307	160.2	368	195.6	429	232.7
64	31.0	125	61.8	186	93.6	247	126.6	308	160.7	369	196.2	430	233.3
65	31.5	126	62.3	187	94.2	248	127.1	309	161.3	370	196.8	431	234.0
66	32.0	127	62.8	188	94.7	249	127.7	310	161.9	371	197.4	432	234.7
67	32.5	128	63.3	189	95.2	250	128.2	311	162.5	372	198.0	433	235.3
68	33.0	129	63.8	190	95.7	251	128.8	312	163.0	373	198.5	434	236.1
69	33.5	130	64.3	191	96.3	252	129.3	313	163.6	374	199.1	435	236.9
70	34.0	131	64.9	192	96.8	253	129.9	314	164.2	375	199.7		

参考文献

[1] 白银娟，张世平，王云侠，等.波谱原理及解析［M］.4版.北京：科学出版社，2021.

[2] 蔡凯，向章敏，张婕，等.气相色谱法同时测定初烤烟叶中的4种水溶性糖［J］.分析试验室，2012，31（1）：91–94.

[3] 陈浩，李胜清.分析化学实验［M］.2版.北京：中国农业出版社，2016.

[4] 陈浩，汪圣尧.仪器分析［M］.4版.北京：科学出版社，2022.

[5] 陈勇，陶德欣，鲁黎明，等.DNS法测定烟草还原糖条件的优化［J］.江苏农业科学，2011（5）：405–407.

[6] 董慧茹.仪器分析［M］.4版.北京：化学工业出版社，2022.

[7] 杜艳仓.化学检测样品前处理技术分析［J］.化纤与纺织技术，2024，53（1）：47–49.

[8] 冯辉霞，杨万明.无机及分析化学［M］.2版.武汉：华中科技大学出版社，2018.

[9] 郭军伟，王洪波，张仕祥，等.电感耦合等离子体质谱法测定烟草中的微量硼［J］.烟草科技，2014（4）：71–73.

[10] 郭军伟，王洪波.连续流动分析技术及应用［M］.北京：中国轻工业出版社，2020.

[11] 韩富根.烟草化学［M］.北京：中国农业出版社，2010.

[12] 韩富根，赵铭钦.烟草品质分析［M］.北京：中国农业出版社，2014.

[13] 郝亮，吴大朋，关亚风.大气颗粒物中有机物色谱分析的样品制备技术［J］.色谱，2014，32（9）：906–912.

[14] 胡坪，王氢.仪器分析［M］.5版.北京：高等教育出版社，2019.

[15] 黄兰，徐迎波，田振峰，等.气相色谱–质谱/选择离子监测法分析烟草中的重要香味物质［J］.烟草科技，2012（1）：34–42.

[16] 吉昂，卓尚君，李国会.能量色散X射线荧光光谱［M］.北京：科学出版社，2011.

[17] 荆文光，程显隆，郭晓晗，等.中药及天然药物质量分析样品前处理技术研究进展［J］.药物分析杂志，2021，41（9）：1487–1504.

[18] LAYTEN D D，NIELSEN M T，BAKER RICHARD R，et al.Tobacco production, Chenistry and technology［M］.国家烟草专卖局科技教育司，中国烟草科技信息中心，译.北京：化学工业出版社，2002.

[19] 李志富，陈建平.分析化学［M］.武汉：华中科技大学出版社，2015.

［20］李继萍.仪器分析［M］.北京：北京理工大学出版社，2013.

［21］廖力夫，刘晓庚，邱凤仙.分析化学［M］.武汉：华中科技大学出版社，2015.

［22］梁逸曾，许青松.复杂体系仪器分析：白、灰、黑分析体系及其多变量解析方法［M］.北京：化学工业出版社，2012.

［23］刘志广，张华，李亚明.仪器分析［M］.大连：大连理工大学出版社，2004.

［24］刘江生，赖伟玲，谢卫，等.固相微萃取－气相色谱－质谱法在烟草香味成分分析中的应用［J］.福建分析测试，2003，12（1）：1689-1691.

［25］刘约权.现代仪器分析［M］.3版.北京：高等教育出版社，2015.

［26］陆婉珍，袁洪福，徐广通，等.现代近红外光谱分析技术［M］.北京：中国石化出版社，2000.

［27］罗夏琳，胡玉斐，李攻科.微波辅助消解－电感耦合等离子体原子发射光谱测定烟草中的重金属［J］.分析科学学报，2016，32（2）：249-252.

［28］穆小丽，蒋腊梅，杜文.高效液相色谱－串联质谱法分析烟草中拟除虫菊酯农药残留［J］.农药，2009，48（5）：365-367.

［29］倪子月，陈吉文，刘明博，等.能量色散X射线荧光光谱法快速测定烟草中的镉和铅［J］.中国烟草学报，2016，22（4）：8-13.

［30］欧阳璐斯，赖燕华，王予，等.高效液相色谱－分段检测法同时测定烟草中14种多酚类化合物［J］.分析测试学报，2021，40（3）：411-416.

［31］庞夙，陶晓秋，黄玫，等.电感耦合等离子体发射光谱检测烟叶样品中的钠钾钙镁［J］.分析仪器，2020，1（1）：44-47.

［32］濮文虹，刘光虹，龚建宇.水质分析化学［M］.3版.武汉：华中科技大学出版社，2018.

［33］邱军，王允白，张怀宝，等.近红外光谱法预测烟气总粒相物中的烟碱含量［J］.中国烟草科学，2006（2）：12-13.

［34］任宗灿，陈黎，史天彩，等.非极性柱下保留指数结合GC-MS/MS分析烟草香味成分［J］.烟草科技，2020，53（8）：24-35.

［35］尚军，王鹏，吕祥敏，等.烟草及烟草制品中硝酸盐/亚硝酸盐流动分析模块的建立［J］.安徽农业科学，2011，39（11）：6509-6510+6512.

［36］石杰，严会会，刘惠民，等.LC-MS/MS方法分析烟草中的38种农药残留［J］.中国烟草学报，2011，17（4）：16-22.

［37］孙延一，吴灵.仪器分析［M］.武汉：华中科技大学出版社，2012.

［38］孙毓庆.现代色谱法［M］.2版.北京：科学出版社，2015.

［39］宋凌勇，赵琪，黄世杰，等.气相色谱－质谱法同时测定卷烟主流烟气中15种酚类成分［J］.理化检验：化学分册，2020，56（10）：1085-1090.

［40］苏志平.分析化学：下册［M］.5版.北京：中国水利水电出版社，2011.

［41］田红玉，孙宝国，张慧丽.香成分分析中的样品制备技术［J］.北京工商大学学报（自然科学版），2006，24（5）：1-5.

［42］田振锋，马丽伊，孔俊，等.柱后基体分离－高效液相色谱质谱法测定烟草中香

味成分［J］.安徽农业科学，2018，46（21）：178-181.

［43］ 王娟，王帆，张鸽，等.烤烟烟叶淀粉含量5种测定方法的比较［J］.分子植物育种，2019，17（5）：1673-1678.

［44］ 王金荣.QuEChERS预处理技术在饲料安全多组分同步分析中的应用［J］.饲料工业，2022，43（17）：1-8.

［45］ 武汉大学.分析化学：上册［M］.6版.北京：高等教育出版社，2016.

［46］ 武汉大学.分析化学：下册［M］.6版.北京：高等教育出版社，2018.

［47］ 王雪莹，陆舍铭，拔丽，等.微波消解-电感耦合等离子质谱法同时测定烟用香精中24种微量元素［J］.分析科学学报，2013，29（2）：206-210.

［48］ 夏振远，雷丽萍，吴玉萍.氢化物发生-原子荧光光谱法检测烟草中痕量砷和铋［J］.光谱实验室，2006，23（5）：992-996.

［49］ 谢剑平.烟草与烟气化学成分［M］.北京：化学工业出版社，2010.

［50］ 熊维巧.仪器分析［M］.成都：西南交通大学出版社，2019.

［51］ 闫甜甜，王晓瑜，彭桂新，等.高分辨GC-QTOF MS法分析烟草中的醛酮类香味成分［J］.烟草科技，2020，53（3）：36-49.

［52］ 严衍禄.现代仪器分析［M］.3版.北京：中国农业大学出版社，2010.

［53］ 杨桂娣.现代仪器分析［M］.北京：高等教育出版社，2020.

［54］ 杨瑞春，夏芳.电感耦合等离子体质谱法测定烟草中总钼［J］.理化检验：化学分册，2010，46（10）：1215-1215+1217.

［55］ 杨艳芹，袁凯龙，储国海，等.微波辅助-顶空固相微萃取-气相色谱-质谱法测定不同产地烟草中挥发性成分［J］.理化检验：化学分册，2016，52（8）：894-900.

［56］ 姚开安，赵登山.仪器分析［M］.南京：南京大学出版社，2017.

［57］ 俞汝勤.化学计量学导论［M］.长沙：湖南教育出版社，1991.

［58］ 张海霞，王春明.仪器分析［M］.兰州：兰州大学出版社，2019.

［59］ 张威，何声宝，刘楠.连续流动分析方法在烟草化学检测中的应用［M］.北京：化学工业出版社，2022.

［60］ 赵嘉幸，陈黎，任宗灿，等.GC-MS/MS法测定烟草中的57种酯类香味成分［J］.烟草科技，2019，52（12）：39-49.

［61］ 赵海娟，陈伟华.不同连续流动分析仪在烟草化学分析中的应用比较［J］.中国西部科技，2012（10）：33-34.

［62］ 郑亚君，路芳芳，张智平.复杂样品的固相微萃取：直接质谱分析技术研究进展［J］.分析测试学报，2021，40（2）：201-207.

［63］ 朱明华.仪器分析［M］.北京：高等教育出版社，2008.

［64］ 左天觉.Production, physiology and biochemistry of tobacco［M］.朱尊权，等译.上海：上海远东出版社，1993.

［65］ AKHTAR I, JAVAD S, ANSARI M, et al.Process optimization for microwave assisted extraction of Foeniculum vulgare Mill, using response surface methodology［J］.J King

Saud Univ Sci, 2020, 32(2): 1451.

[66] ANASTASSIADES M, LEHOTAY S J, STAJNBAHER D, et al.Fast and easy multi-residue method employing acetonitrile extraction/partitioning and 'dispersive solid-phase extraction' for the determination of pesticide residues in produce [J].Journal of AoacInternational, 2003, 86(2): 412-431.

[67] AOAC Official Method. Pesticide residues in foods by acetonitrile extraction and partitioning with magnesium sulfate [S]. Gaithersburg, USA: AOAC Int., 2007.

[68] CHRISTIAN G D, DASGUPTA P K, SCHUG K A. Analytical chemistry [M]. 7th ed. John Wiley & Sons, 2013.

[69] DANZER K. Analytical Chemistry, Theoretical and Metrological Fundamentals [M]. Berlin: Springer, 2007.

[70] DONG H, XIAN Y P, XIAO K J, et al.Development and comparison of single-step solid phase extraction and QuEChERS clean-up for the analysis of 7mycotoxins in fruits and vegetables during storage by UHPLC- MS/MS [J]. Food Chemistry, 2019, 274: 471-479.

[71] FU H Y, LI H D, YU Y J, et al.Simple automatic strategy for background drift correction in chromatographic data analysis [J]. Journal of Chromatography A, 2016, 1449: 89-99.

[72] GEMPERLINE P J.Practical Guide to Chemometrics [M].2nd ed.Boca Raton, USA: CRC, 2006.

[73] HARRIS D C.Quantitative Chemical Analysis [M].8th ed.New York, USA: W. H.Freeman and Company, 2010.

[74] KAUR P, KUMAR P D, GUPTA B C, et al.Simultaneous microwave assisted extraction and HPTLC quantification of mangiferin, amarogentin, and swertiamarin in Swertia species from Western Himalayas [J].Ind Crop Prod, 2019, 132: 449.

[75] KOLDA T G, BADER B W.Tensor decompositions and applications [M].SIAM Review, 2009, 51: 455-500.

[76] QuEChERS Method. Foods of plant origin-determination of pesticide residues using GC-MS and/or LC-MS/MS following acetonitrile extraction and partitioning and cleanup by dispersive SPE: EN 15662: 2008 [S].Brussels, Belgium, 2008.

[77] SKOOG D A, HOLLER F J, CROUCH S R.Principles of Instrumental Analysis [M]. 6th Edition. Belmont, USA: Thomson Brooks/Cole, 2007.

[78] SKOOG D A, WEST D M, HOLLER F J, et al. Fundamentals of Analytical Chemistry [M].9th Edition.Belmont, USA: Cengage Learning, 2014.

[79] SKOOG D A, WEST D M, HOLLER F J, et al.Fundamentals of Analytical Chemistry [M].10th Edition. Belmont, USA: Cengage Learning, 2022.